高等职业院校精品教材系列

教育部职业教育
教学资源库课程
配套教材

电工电子技术基础及技能训练

（第2版）

王　欣　王兆霞　主　编
武莉莉　孙慧松　副主编
王宏玉　主　审

扫一扫下载本课程电子教案

扫一扫看拓展知识——半导体器件型号命名方法

扫一扫看拓展知识——常用半导体分立器件参数

扫一扫看拓展知识——半导体集成电路型号命名法

扫一扫看拓展知识——常用半导体集成电路参数和符号

扫一扫看拓展知识——TTL门电路、触发器和计数器的部分品种型号

扫一扫看拓展知识——国标、部标和国外逻辑符号对照表

扫一扫看拓展知识——触发器新、旧符号对照表

扫一扫下载全书的技能训练

電子工業出版社
Publishing House of Electronics Industry
北京•BEIJING

内容简介

本书在第1版得到广泛使用的基础上，依据教育部最新的职业教育课程改革要求，本着全面素质培养，遵循以能力为本位、以企业需求为依据、以就业为导向，适应企业对技术发展的要求，体现教学内容的先进性，以学生为主体，体现教学组织的科学性和灵活性的原则进行修订。全书共 9 个单元，主要包括电路与电路定律、线性直流电路的分析方法、正弦交流电路分析、三相电路分析、半导体器件与整流电路分析、基本放大电路分析、集成运算放大器与应用、门电路与组合逻辑电路基础、触发器与时序逻辑电路基础。每个单元配有丰富的例题、思考与练习题、配套试卷、知识疏理与总结等。

本书配有 15 个技能训练项目文件，可供教师在教学时下载，如直流电路中电压、电流的测量，半导体元器件的识别与检测等。本书还配有讲解性视频、单元教学课件、原理性动画等立体化媒体资源的二维码，扫描二维码后即可阅览或下载相应资源，有助于开展信息化教学，提高本课程的教学质量与效果。

本书为高等职业院校建筑智能化、电气、电子、通信、自动化、计算机等专业电工电子课程的教材，也可作为开放大学、成人教育、自学考试、中职学校、培训班的教材，还可作为工程技术人员与自学者的参考书。

图书在版编目（CIP）数据

电工电子技术基础及技能训练 / 王欣，王兆霞主编．—2 版．—北京：电子工业出版社，2023.5

高等职业院校精品教材系列

ISBN 978-7-121-38130-0

Ⅰ. ①电… Ⅱ. ①王… ②王… Ⅲ. ①电工技术－高等职业教育－教材 ②电子技术－高等职业教育－教材

Ⅳ. ①TM②TN

中国版本图书馆 CIP 数据核字（2019）第 272590 号

责任编辑：陈健德（E-mail：chenjd@phei.com.cn）

特约编辑：田学清

印　　刷：天津画中画印刷有限公司

装　　订：天津画中画印刷有限公司

出版发行：电子工业出版社

北京市海淀区万寿路 173 信箱　　邮编：100036

开　　本：787×1092　1/16　印张：13　字数：333 千字

版　　次：2012 年 9 月第 1 版

2023 年 5 月第 2 版

印　　次：2023 年 9 月第 2 次印刷

定　　价：55.00 元

凡所购买电子工业出版社图书有缺损问题，请向购买书店调换。若书店售缺，请与本社发行部联系，联系及邮购电话：（010）88254888，88258888。

质量投诉请发邮件至 zlts@phei.com.cn，盗版侵权举报请发邮件至 dbqq@phei.com.cn。

本书咨询联系方式：E-mail：chenjd@phei.com.cn。

前　言

本书在第 1 版得到广泛使用的基础上，依据教育部最新的职业教育课程改革要求，本着全面素质培养，遵循以能力为本位、以企业需求为依据、以就业为导向，适应企业对技术发展的要求，体现教学内容的先进性，以学生为主体，体现教学组织的科学性和灵活性的原则进行修订。课程组人员结合本课程改革要求和多年的校企合作经验，根据传统教学的优点与缺点，对内容编排、理论深浅、知识应用等方面进行了优化与调整，使本书更方便教师教学，实用性更强。

本书具有如下特点。

（1）本书根据高等职业教育的教学规律、课程设置及知识结构安排，确定了合理的基本知识内容体系，以“够用”为原则，删除了以往电工电子课程中电动机、变压器、电气控制等内容（目前许多院校已把电动机、变压器、电气控制等内容设置为单独的专业课程内容），使本课程的知识脉络更加清晰合理。

（2）本书以行业岗位技能需求为目标，增加了与生产实践相近的案例与技能训练环节，突出了操作能力的培养和训练。

（3）本书在内容的组织上，采用图、表、文字并用，优化并压缩理论证明和公式推导过程，通过提示、案例、注意事项等模块加深学生的理解，使内容更加直观易懂。

（4）本书配有“职业导航”，有利于学生更加明确本课程与职业岗位的关系；在每个单元中同时配有“教学导航”，对教与学有很好的指导作用；正文中的“知识分布网络”有利于学生掌握学习目标与章节重点；每个单元的结束部分配有“知识梳理与总结”，有利于学生更加有效地学习与归纳。

全书共 9 个单元，主要包括电路与电路定律、线性直流电路的分析方法、正弦交流电路分析、三相电路分析、半导体器件与整流电路分析、基本放大电路分析、集成运算放大器与应用、门电路与组合逻辑电路基础、触发器与时序逻辑电路基础。本书的参考学时为 100 学时，各院校可根据不同专业的教学需要对内容和课时进行适当调整。

本书由黑龙江建筑职业技术学院王欣、王兆霞主编，由王宏玉主审。其中，单元 1～4 由王欣编写；单元 5、单元 7～9 由王兆霞编写；单元 6 及拓展知识由武莉莉和孙慧松编写；技能训练内容由盛炎春编写；教学课件由张恬、张晓峰制作。全书由王欣统稿。黑龙江建筑职业技术学院李梅芳教授对本书提供了非常珍贵的修改意见，同时本书在编写过程中参考了大量的书刊资料，在此一并表示诚挚的谢意。

限于编者水平有限且时间仓促，书中缺点在所难免，恳请广大读者提出宝贵意见，以便修改。

本书提供免费的微课视频、电子教学课件、动画、习题参考答案、试卷等资源，有助于开展信息化教学，提高教学质量与效果，有需要的老师通过扫描书中二维码，即可阅览或下载，也可登录华信教育资源网（http://www.hxedu.com.cn）免费注册后进行下载。如有问题请在网站留言或与电子工业出版社联系（E-mail:hxedu@phei.com.cn）。

编　者

扫一扫看真实考试卷 1

扫一扫看真实考试卷 2

扫一扫看真实考试卷 3

扫一扫看真实考试卷 4

扫一扫看真实考试卷 5

职业导航

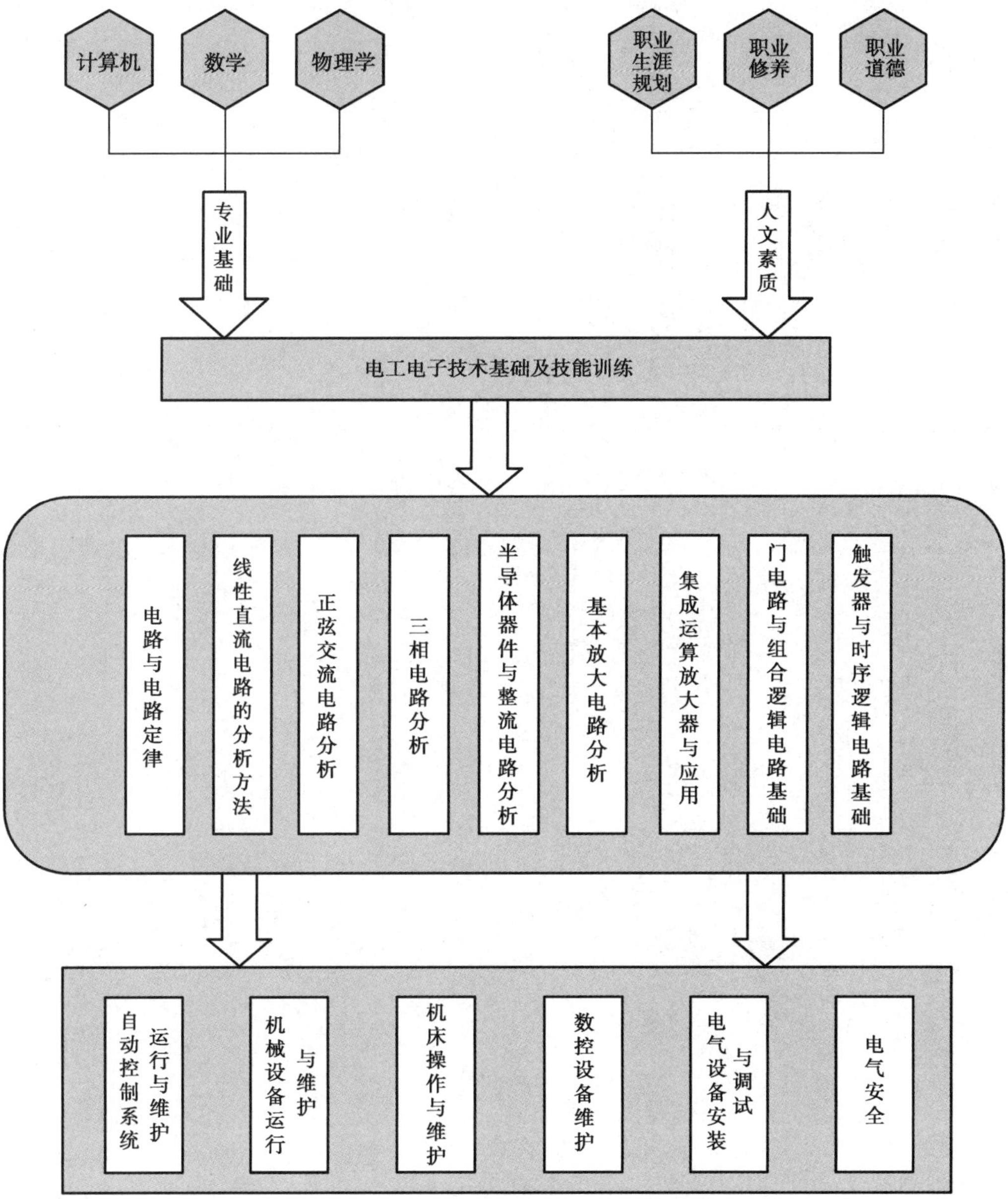
计算机
数学
物理学
职业生涯规划
职业修养
职业道德
专业基础
人文素质
电工电子技术基础及技能训练
电路与电路定律
线性直流电路的分析方法
正弦交流电路分析
三相电路分析
半导体器件与整流电路分析
基本放大电路分析
集成运算放大器与应用
门电路与组合逻辑电路基础
触发器与时序逻辑电路基础
自动控制系统运行与维护
机械设备运行与维护
机床操作与维护
数控设备维护
电气设备安装与调试
电气安全

目录

单元 1

电路与电路定律

扫一扫看单元 1 教学课件

教学导航

<table>
<tr><td rowspan="4">教</td><td>知识重点</td><td>1．电路的组成结构　2．电路中各物理量的参考方向
3．电路中电位的计算　4．电路的电功率与电能
5．欧姆定律　6．电源有载工作、开路与短路分析
7．基尔霍夫定律及其应用</td></tr>
<tr><td>知识难点</td><td>1．电源有载工作、开路与短路分析
2．基尔霍夫定律及其应用</td></tr>
<tr><td>推荐教学方法</td><td>讲解例题与实例</td></tr>
<tr><td>建议学时</td><td>10 学时</td></tr>
<tr><td rowspan="3">学</td><td>推荐学习方法</td><td>以小组讨论的学习方式为主</td></tr>
<tr><td>必须掌握的理论知识</td><td>1．电路的组成结构　2．电路中各物理量的参考方向
3．电路中电位的计算　4．电路的电功率与电能
5．欧姆定律　6．电源有载工作、开路与短路分析
7．基尔霍夫定律及其应用</td></tr>
<tr><td>必须掌握的技能</td><td>1．常用电工导线认知、电工工具及仪表的使用
2．物理量的测量方法</td></tr>
</table>

扫一扫下载技能训练 1　直流电路中电压、电流的测量

扫一扫下载技能训练 2　基尔霍夫定律的验证

扫一扫下载思考与练习题 1

扫一扫下载思考与练习题 1 参考答案

1.1 电路的基本概念与认知

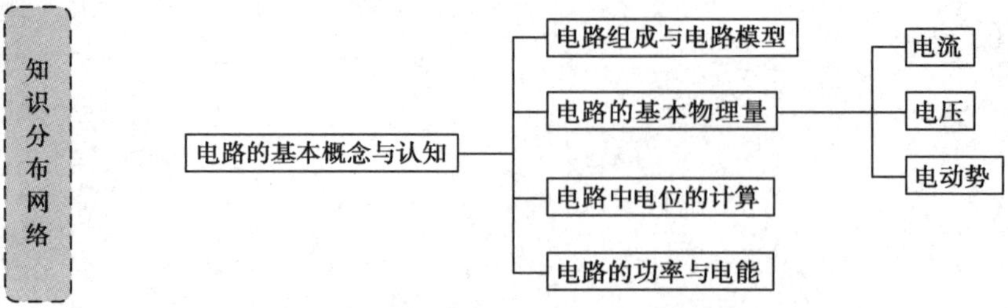

1.1.1 电路组成与电路模型

电路是由电路器件（如晶体管）和电路元件（如电容、电阻等）按一定要求相互连接而成的，它提供了电流流通的路径。实际上，有些电路十分复杂，如通过发电机、变压器、输电线等完成电力产生、输送和分配的电路；有些电路十分简单，如手电筒电路，如图 1.1 所示。

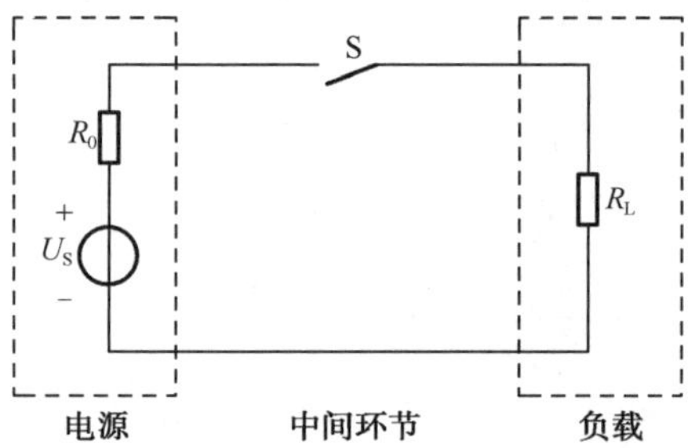

图 1.1 手电筒电路

扫一扫看电路组成与电路模型微课视频

扫一扫看电路组成原理动画

电路的结构无论简单还是复杂，电路必定是由电源、负载和中间环节三大部分组成的。

电源是将非电能转换成电能的装置，如将化学能转换成电能的电池。电源是推动电流运动的源泉。

负载是将电能转换成非电能的装置，如将电能转换成光能和热能的灯泡。负载是使用电能的装置。

中间环节是把电源与负载连接起来的部分，具有输送、分配、控制电路通断的功能。

由此可知，电路具有两个主要功能：其一，在电路中随着电流的流动能实现电能与其他形式能量的转换、传输和分配。例如，发电厂把热能（通过燃烧煤粉等）转换成电能，再通过变压器、输电线把电能送给各用户，各用户再把电能转换成光能、热能和机械能。其二，电路可以实现信号的传递和处理。例如，电视接收天线将含有声音和图像信息的高频电视信号通过高频传输线送至电视机，高频电视信号经过选择、变换、放大和检波等处理，恢复出声音和图像信息，在扬声器中发出声音，并在显示器上呈现图像。

实际上电路器件工作时的电磁性质是比较复杂的，不是单一的。例如，电阻炉在通电工作时能把电能转换成热能，具有电阻的性质，但因存在电压和电流，会产生磁场，故也具有存储磁场能量的性质，即电感的性质。在分析和计算时，若把该器件的所有电磁性质都考虑进去，则是十分复杂的。因此，为了表征电路中某一部分的主要电磁性能，以便进行定性、定量分析，可以把该部分电路抽象成一个电路模型，即用理想的电路元器件来代替这部分电路。

那么，什么是理想的电路元器件呢？理想的电路元器件指的是突出该部分电路的主要电磁的性质，而忽略次要的电磁性质的假想元器件。因此，可以用理想的电路元器件及它们的组合来反映实际电路元器件的电磁性质。例如，电感线圈是由导线绕制而成的，既有电感量又有阻值，在实际分析时往往忽略它的电阻性质，突出它的电磁性质，把它表征为一个存储磁场能量的电感元件。又如，电阻丝是用金属丝一圈一圈绕制而成的，既有电感量又有阻值，在实际分析时往往忽略它的电感性质，突出它的电阻性质，把它表征为一个消耗电能的电阻元件。

下文将理想的电路元器件简称为电路元器件。电路元器件通常包括理想的电压源、电流源及电阻、电容、电感，前两种元器件是提供能量的，称为有源元件，后三种元件均不产生能量，称为无源元件。常见电路元器件符号如图 1.2 所示。

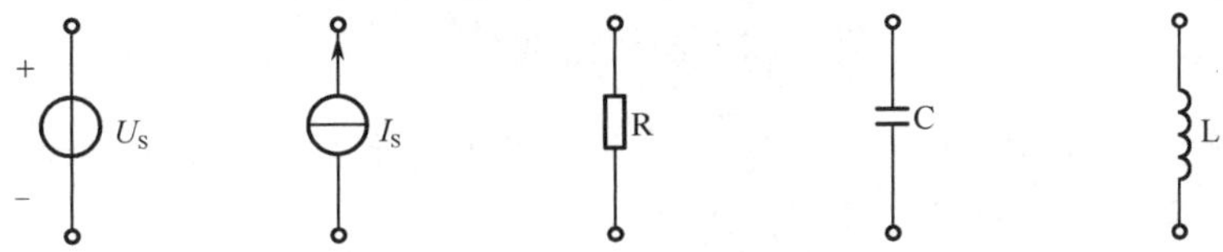

（a）电压源　（b）电流源　（c）电阻　（d）电容　（e）电感

图 1.2　常见电路元器件符号

1.1.2　电路的基本物理量

扫一扫看电路的基本物理量微课视频

扫一扫看直流电路中的电流走向动画

1. 电流

带电质点有规律运动的物理现象称为电流。带电质点在电介质中是指带正电荷或负电荷的正离子或负离子，在金属导体中是指带负电的自由电子。在电场的作用下，正电荷沿电场方向运动，负电荷沿逆电场方向运动。

电流大小等于单位时间内通过导体某一横截面的电荷量。设在极短的时间 $\mathrm{d}t$ 内通过导体某一横截面的电荷量为 $\mathrm{d}q$，则通过该截面的电流为

$$i = \frac{\mathrm{d}q}{\mathrm{d}t} \tag{1.1}$$

式（1.1）表明电流 i 是随时间变化的。若电流不随时间变化，即 $\mathrm{d}q/\mathrm{d}t$ = 常数，则称这种电流为恒定电流，简称直流，可写为

$$I = \frac{Q}{t} \tag{1.2}$$

电流是客观存在的物理现象，虽然看不见，摸不着，但可以通过各种效应来体现它的客观存在。日常生活中的开灯、关灯分别体现了电流的“存在”与“消失”。国际单位制（SI）规定，电流的单位是库[仑]/秒，即安[培]，简称安（A）；电荷的单位是库仑（C）；时间的单位是秒（s）。电子电路中的电流都很小，常以毫安（mA）、微安（μA）作为计量单位；而电力系统中的电流都比较大，常以千安（kA）作为计量单位，它们之间的换算关系是

$$1\text{kA}=10^3\text{A} \qquad 1\text{A}=10^3\text{mA} \qquad 1\text{mA}=10^3\,\mu\text{A}$$

在分析电路时，不仅要计算电流的大小，还应了解电流的方向。习惯上规定正电荷的移

动方向为电流方向（实际方向）。对于比较复杂的直流电路，往往不能确定电流的实际方向；对于交流电路，其中的电流方向是随时间变化的，难以判断。因此，为分析方便引入电流的参考方向这一概念。电流的参考方向可以任意设定，在电路中用箭头表示，并规定，当电流的参考方向与实际方向一致时，电流为正值，即 $i>0$，如图 1.3（a）所示；当电流的参考方向与实际方向相反时，电流为负值，即 $i<0$，如图 1.3（b）所示。

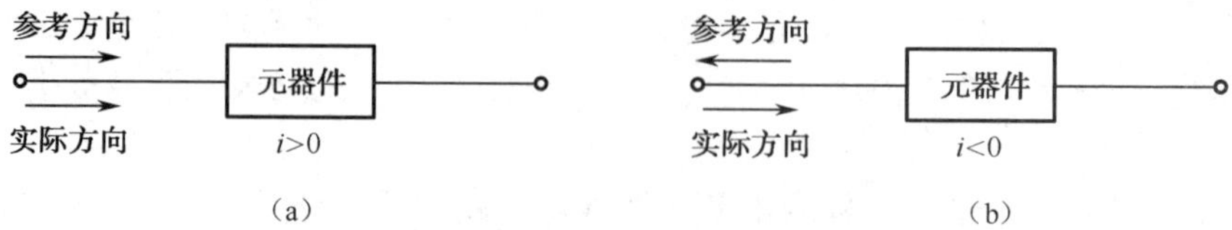

图 1.3　电流的参考方向与实际方向的关系

有时还可以用双下标表示电流方向，如 I_{ab} 表示电流从 a 点流向 b 点，I_{ba} 表示电流从 b 点流向 a 点，即 $I_{ab}=-I_{ba}$。注意，负号表示与规定的方向相反。

提示：在分析电路时，要先假定电流的参考方向，并以此为标准进行分析计算，最后通过结果的正、负来确定电流的实际方向。

2．电压

电荷在电路中运动必然受到电场力的作用，也就是说，电场力对电荷做了功。为了衡量其做功的能力，引出“电压”这一物理量。电场力把单位正电荷从 a 点移动到 b 点所做的功称为 a 点、b 点间的电压，即

$$u=\frac{\mathrm{d}w}{\mathrm{d}q} \tag{1.3}$$

式中，$\mathrm{d}q$ 为由 a 点移到 b 点的电荷量，单位为库[仑]（C）；$\mathrm{d}w$ 为电场力将正电荷从 a 点移到 b 点所做的功，单位为焦[耳]（J）；电压的单位为伏[特]（V），有时会使用千伏（kV）、毫伏（mV）、微伏（μV）等作为计量单位，它们之间的换算关系是

$$1\text{kV}=10^3\text{V} \qquad 1\text{V}=10^3\text{mV} \qquad 1\text{mV}=10^3\,\mu\text{V}$$

在直流电路中，式（1.3）应写为

$$U=\frac{W}{Q} \tag{1.4}$$

提示：电路中任意两点间的电压仅与这两点在电路中的相对位置有关，与选取的计算路径无关。

习惯上规定电压的实际方向由高电位指向低电位。和电流一样，电路中两点间的电压可任意选定一个参考方向，并规定当电压的参考方向与实际方向一致时，电压为正值，即 $U>0$；当电压的参考方向与实际方向相反时，电压为负值，即 $U<0$。

电压的参考方向可用箭头表示；也可用正（+）、负（−）极性表示，如图 1.4 所示；还可用双下标表示，如 u_{AB} 表示 A 点、B 点间的电压参考方向由 A 点指向 B 点。

（a）箭头表示　　　（b）极性表示

图 1.4　电压的参考方向

对于任意一个元器件的电流或电压的参考方向可以独立地任意指定。如果指定流过元器件的电流的参考方向是从电压正极性一端指向负极性一端，即两者的参考方向一致，就把电流和电压的参考方向称为关联参考方向，如图 1.5（a）所示；如果两者的参考方向不一致，就把电流和电压的参考方向称为非关联参考方向，如图 1.5（b）所示。

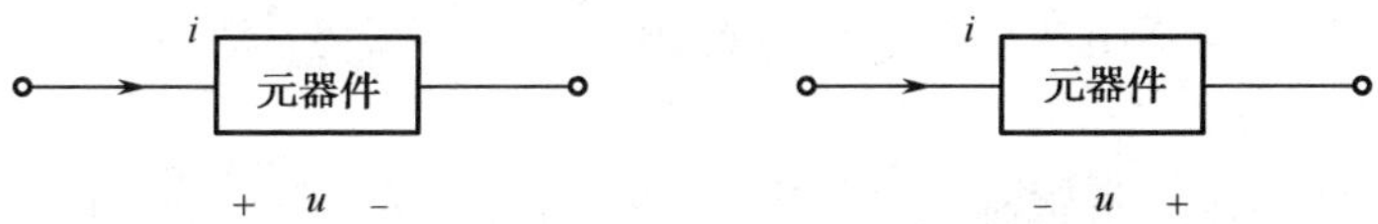

（a）关联参考方向　　　（b）非关联参考方向

图 1.5　关联与非关联参考方向

3．电动势

在电路分析中，常用到电动势这个物理量。

电源的电动势 E 在数值上等于电源力把单位正电荷从电源的负极经电源内部移到电源正极所做的功，也就是单位正电荷从电源负极到电源正极所获得的电能。

电动势的基本单位也是伏[特]（V）。习惯上规定电动势的实际方向是由电源负极（低电位）指向电源正极（高电位）。

> **提示：** 在电路分析中，常用电压源的电动势大小来表示端电压的大小。需要注意的是，电压源端电压的实际方向和电动势的实际方向是相反的。

从电压与电动势的定义可以得出结论：电场力把单位正电荷从电源的正极移到负极，而电源力把单位正电荷从电源的负极移到正极，这样该电荷实际上在电路中完整地绕行了一周。也就是说，电路中的电流从电源的正极流出经外电路再经电源负极流回电源正极。

【例 1.1】　如图 1.6 所示，电动势 $E_1 = 50\text{V}$，$E_2 = 30\text{V}$，参考方向已在图中标出，试求 U_{ab} 与 U_{ba} 的大小。

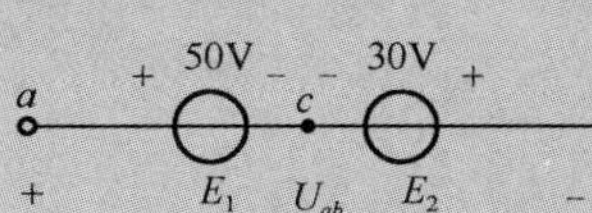

图 1.6　例 1.1 图

【解】　以 U_{ab} 的方向为参考，显然 U_{ac} 与 U_{cb} 的方向与 U_{ab} 的方向一致，a、b 两点间的电压是该支路上各段电压降的代数和。

$$U_{ab} = U_{ac} + U_{cb} = E_1 + (-E_2) = 50 - 30 = 20\text{（V）}$$

$$U_{ba} = -U_{ab} = -20\text{（V）}$$

扫一扫看电路中电位的计算微课视频

1.1.3 电路中电位的计算

为了便于分析电路，常指定电路中任意一点为参考点 0。根据电压定义，将电场力把单位正电荷 q 从电路中任意一点 a 移到参考点 0 时所做的功称为 a 点的**电位**，记为 V_a。

提示： 实际上电路中某点的电位就是该点与参考点之间的电压。

为确定电路中各点的电位，必须在电路中选取一个参考点，可归纳如下。

（1）参考点 0 的选取是任意的，其本身的电位为 0，即 V_0=0，比参考点电位高的电位为正，比参考点电位低的电位为负。

（2）参考点选取不同，电路中各点的电位也不同。一旦选定参考点，电路中各点的电位就只能有一个数值。

（3）在电路中只要两点位置确定，不管参考点如何变更，两点之间的电压只有一个数值。

（4）在研究同一电路系统时，只能选一个电位参考点。

提示： 参考点在电路中通常用接地符号“⊥”表示。在电子电路中常以多条支路汇集的公共点作为参考点；许多电气设备常把外壳接地，该外壳可以作为电位参考点。

注意： 在电子学中常采用电位来分析问题，较少采用电压这一物理量。例如，在研究晶体管处于何种工作状态时，通过各个电极的电位高低来分析比较，从而确定晶体管的工作状态。

【例 1.2】 在如图 1.7 所示的电路中，分别以 0 点和 B 点为参考点，试求电路中各点的电位。

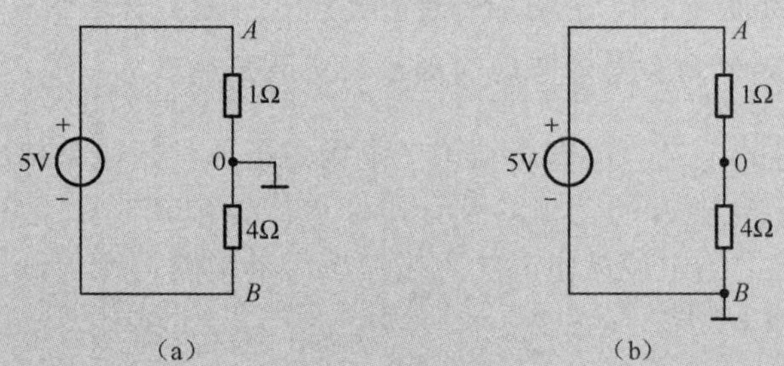

图 1.7 例 1.2 图

【解】 在电路中，$I=\dfrac{5}{1+4}=1$（A）。

若以 0 点为参考点［见图 1.7（a）］，则有

$$V_0=0\text{（V）}，V_A=1\times1=1\text{（V）}，V_B=-(1\times4)=-4\text{（V）}$$

验算：$U_{AB}=V_A-V_B=1-(-4)=5$（V）。

若以 B 点为参考点［见图 1.7（b）］，则有

$$V_B=0\text{（V）}，V_A=[1\times(1+4)]=5\text{（V）}，V_0=(1\times4)=4\text{（V）}$$

验算：$U_{AB}=V_A-V_B=5-0=5$（V）。

此电位的引入给电路分析带来了便利，在电子电路中往往不画出电源而改用电位标出。图 1.8 所示为电路的一般画法与电子电路中的习惯画法示例。

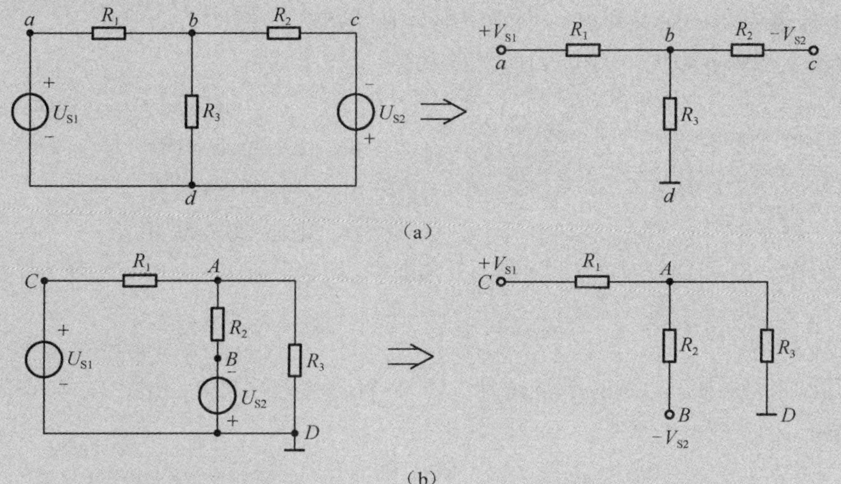

图 1.8　电路的一般画法与电子电路的习惯画法示例

【例 1.3】　在如图 1.9 所示的电路中，试求当开关 S 断开与闭合时 a 点的电位。

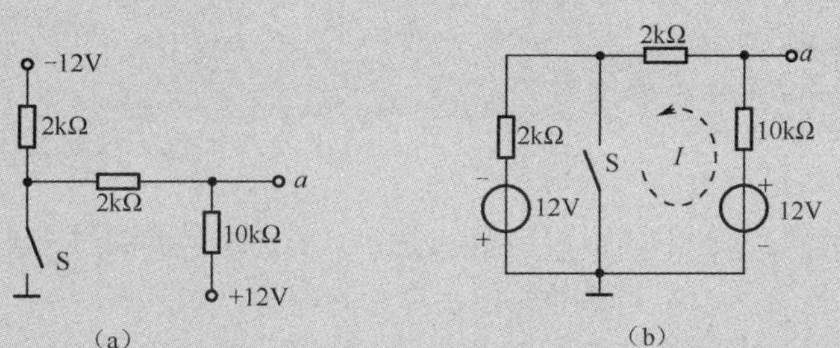

图 1.9　例 1.3 图

【解】　为便于分析，把如图 1.9（a）所示的电路改画成如图 1.9（b）所示的电路。

当开关 S 断开时，有

$$I=\frac{12+12}{(10+2+2)\times 10^3}\approx 1.7\times 10^{-3}\ \text{（A）}$$

则

$$V_a=-I\times 10\times 10^3+12=-1.7\times 10^{-3}\times 10\times 10^3+12=-17+12=-5\ \text{（V）}$$

当 S 闭合时，有

$$V_a=\frac{12}{10+2}\times 2=2\ \text{（V）}$$

1.1.4　电路的电功率与电能

扫一扫看电路的电功率与电能微课视频

在电路的分析和计算中，能量和电功率的计算是十分重要的。这是因为电路在工作状况下总伴随着电能与其他形式能量的相互交换；而且电气设备、电路部件本身都有电功率的限制，在使用时要注意其电流值或电压值是否超过额定值。

在电气工程中，电功率简称功率，是衡量每单位时间内所消耗电能大小的。

在如图 1.10 所示的电路中，a、b 两点间的电压为 U，流过的电流为 I。根据电压的定义可知，当正电荷 q 在电场力的作用下通过电阻从 a 点移到 b 点时，电场力所做的功为

$$W = U \cdot q = U \cdot I \cdot t \quad (1.5)$$

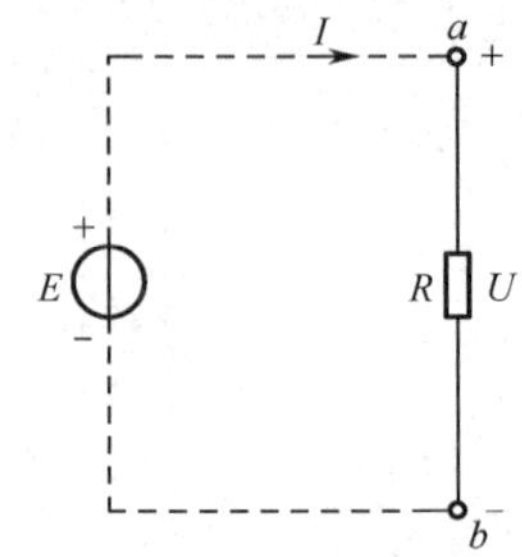

图 1.10 电阻吸收的功率

这个功也就是电阻在 t 时间段内所吸收的电能。电阻吸收的电能全部转换成热能，其大小为 $W_R = U \cdot I \cdot t = RI^2 \cdot t$。在国际单位制中，电能、热能的单位都是焦[耳]，用字母 J 表示。电阻吸收的功率可定义为单位时间内能量的转换率，其表达式为

$$P = \frac{W_R}{t} = \frac{UIt}{t} = UI = RI^2 \quad (1.6)$$

在国际单位制中，功率的单位是瓦（W），有时会使用 kW、mW、μW 作为计量单位，它们之间的换算关系为

$$1\text{kW}=10^3\text{W} \qquad 1\text{W}=10^3\text{mW} \qquad 1\text{mW}=10^3\mu\text{W}$$

在电路分析中不仅要计算能量和功率的大小，还要判别哪些电路元器件是电源，输出功率；哪些电路元器件是负载，吸收功率，对此，可进行如下归纳。

（1）根据电压的实际方向、电流的实际方向可确定某一电路元器件是电源还是负载。

① 电源：U 和 I 实际方向相反。

② 负载：U 和 I 实际方向相同。

（2）根据电压的参考方向、电流的参考方向和公式 $P=UI$ 可确定某一电路元器件是电源还是负载。

① 当某一电路元器件上的电压 U 和电流 I 为关联参考方向时：$P>0$，电路元器件吸收功率，为负载；$P<0$，电路元器件输出功率，为电源。

② 当某一电路元器件上的电压 U 和电流 I 为非关联参考方向时：$P>0$，电路元器件输出功率，为电源；$P<0$，电路元器件吸收功率，为负载。

提示：根据能量守恒定律，电源输出的功率和负载吸收的功率应该是平衡的。

【例 1.4】 在如图 1.11 所示的电路中有 5 个未知元器件，各电压、电流的参考方向均已设定，已知 I_1=2A，I_2=1A，I_3=−1A，U_1=7V，U_2=3V，U_3=−4V，U_4=8V，U_5=4V。试判别未知元器件是电源还是负载，功率是否平衡。

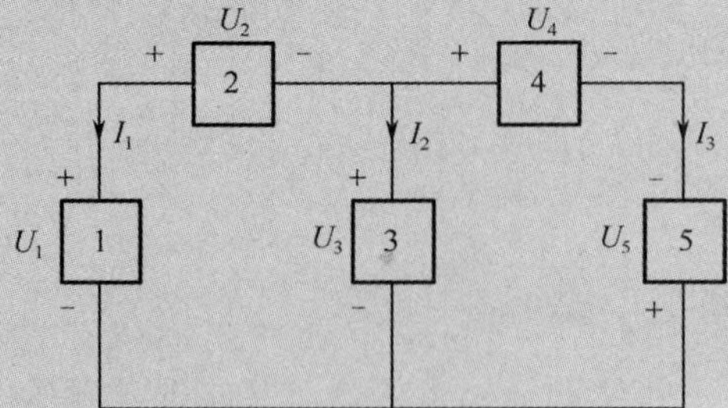

图 1.11 例 1.4 图

【解】 元器件 1、元器件 3、元器件 4 的电压、电流为关联参考方向：

$$P_1=U_1I_1=7\times2=14\ (\text{W})\ (\text{吸收功率})$$

$$P_3=U_3I_2=-4\times1=-4\ (\text{W})\ (\text{输出功率})$$

$$P_4=U_4I_3=8\times(-1)=-8\ (\text{W})\ (\text{输出功率})$$

因此元器件 1 是负载，元器件 3 和元器件 4 是电源。

元器件 2、元器件 5 的电压、电流为非关联参考方向：

$$P_2=U_2I_1=3\times2=6\ (\text{W})\ (\text{输出功率})$$

$$P_5=U_5I_3=4\times(-1)=-4\ (\text{W})\ (\text{吸收功率})$$

因此元器件 2 是电源，元器件 5 是负载。

电源输出的总功率为 4+8+6=18（W），负载吸收的总功率为 14+4=18（W），这说明功率平衡，符合能量守恒定律。

1.2 电路的基本定律与工作状态分析

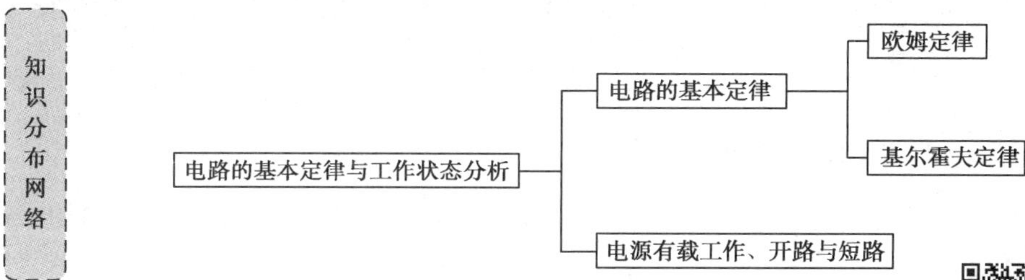

扫一扫看欧姆定律微课视频

1.2.1 欧姆定律

欧姆定律是电路的基本定律之一，用来确定电路各部分电压、电流之间的关系，也称为电路的 VCR（Voltage Current Relation，电压电流关系）。

欧姆定律表明流过线性电阻的电流 I 与电阻两端的电压 U 成正比。当流过电阻的电压和电流是关联参考方向时，欧姆定律可表示为

$$U=IR \tag{1.7}$$

由式（1.7）可知，当所加电压一定时，阻值 R 越大，电流 I 越小。显然，电阻具有阻碍电流作用的物理性质。

当电阻的电压和电流是非关联参考方向时，欧姆定律可表示为

$$U=-IR \tag{1.8}$$

电阻的单位是欧[姆]，用符号 Ω 表示。大电阻常以千欧（kΩ）、兆欧（MΩ）为单位。电阻的大小与金属导体的有效长度（l）、有效截面积（S）及电阻率（ρ）有关，它们之间的关系可写为

$$R=\rho\frac{l}{S} \tag{1.9}$$

电阻的倒数称为电导，用符号 G 表示，其单位是西[门子]（S），即

$$G=\frac{1}{R} \tag{1.10}$$

若电阻的阻值是一个常数，与通过它的电流无关，则称这样的电阻为线性电阻，线性电阻上的电压、电流的关系遵守欧姆定律。若流过电阻的电流或电阻两端的电压变化，电阻的阻值也随之改变，则称这样的电阻为非线性电阻。显然，非线性电阻两端的电压和流过该电阻的电流不遵守欧姆定律。本书如无特殊说明均指线性电阻。

【例 1.5】 应用欧姆定律对如图 1.12 所示的电路列式子，并求阻值 R。

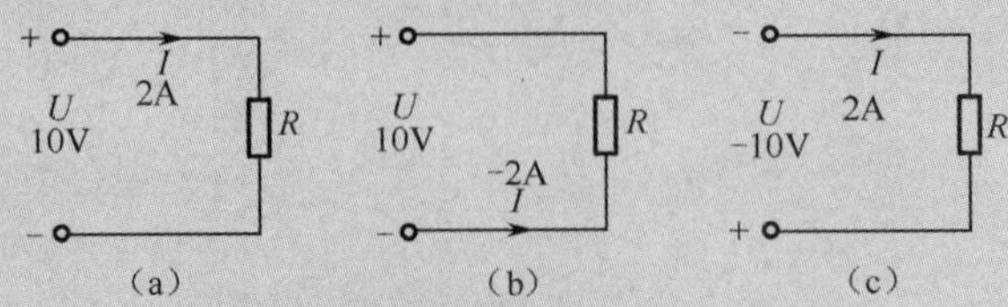

图 1.12 例 1.5 图

【解】 图 1.12（a）：$R=\dfrac{U}{I}=\dfrac{10}{2}=5$（Ω）。

图 1.12（b）：$R=-\dfrac{U}{I}=-\dfrac{10}{-2}=-5$（Ω）。

图 1.12（c）：$R=-\dfrac{U}{I}=-\dfrac{-10}{2}=5$（Ω）。

1.2.2 电源有载工作、开路与短路

电路在不同的工作条件下会处于不同的工作状态，也有不同的特点，充分了解电路不同的工作状态和特点对正确使用各种电气设备是十分有益的。

现以如图 1.13（a）所示的简单直流电路为例来分析电路的有载工作状态、开路状态、短路状态。在如图 1.13（a）所示的电路中，E、U 和 R_0 分别为电源的电动势、端电压和内阻阻值，R_L 为负载电阻阻值。

扫一扫下载看电源的有载工作状态动画

扫一扫看电源的有载工作状态微课视频

1. 有载工作状态

将图 1.13（a）中的开关 S 闭合，接通电源和负载，称此状态为电路的有载工作状态。电路中的电流为

$$I=\frac{E}{R_0+R_L} \tag{1.11}$$

当 E 和 R_0 一定时，电流由负载电阻 R_L 的大小决定。

端电压为

$$U=E-IR_0 \tag{1.12}$$

由式（1.12）可知，电源端电压小于电动势，两者之差为电流通过电源内阻产生的压降 IR_0。电流越大，电源端电压下降得越多。表示电源端电压 U 与输出电流 I 之间关系的曲线称为电源的外特性曲线，如图 1.13（b）所示。电源外特性曲线的斜率与电源内阻的阻值 R_0 有关。电源内阻一般很小，当 $R_0 \ll R$ 时，$U \approx E$。

式（1.12）中的各项乘以电流 I，可得到功率平衡式为

$$UI=EI-I^2R_0$$

$$P=P_E-\Delta P \tag{1.13}$$

式中，P_E 为电源产生的功率，$P_E = EI$；ΔP 为电源内阻消耗的功率，$\Delta P = I^2 R_0$；P 为电源输出功率（负载消耗功率），$P = UI$。

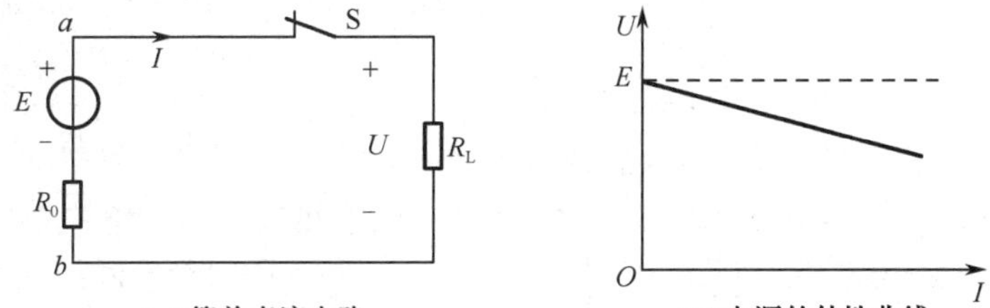

（a）简单直流电路　　（b）电源的外性曲线

图 1.13　电源的外特性

式（1.11）、式（1.12）和式（1.13）分别表示电路有载工作状态时的电流、电压和功率三方面特征。

提示：用电设备通常并联在电源的两端，并联的用电设备个数越多，电源提供的电流越大，电源输出的功率也越大。对于一个电源来说，负载电流不能无限增大，否则将会因电流过大而把电源烧坏。各个电源和各用电设备的电压、电流及功率都有规定的数据，这些数据就是电源、用电设备的额定值。

额定值是设计和制造部门规定的电气产品的使用值，通常用 U_N、I_N、P_N 表示额定电压、额定电流和额定功率。电气设备只有在额定值下工作，才能保证安全可靠，充分发挥电气设备的效用，同时不缩短电气设备的使用寿命。大多数电气设备的使用寿命与绝缘强度有关。当通过电气设备的电流超过额定值较多时，电气设备将会因过热而破坏绝缘，或者因加速了绝缘材料老化而缩短使用寿命；当电压超过额定值较多时，绝缘材料会被击穿。所以，在正常工作条件下，若负载电流大于额定值，则会出现超载情况；同样，若负载电流远小于额定值，则会出现欠载情况。欠载情况下的电气设备的能力不能被充分利用。在工程上，超载情况和欠载情况都是不允许出现的。

只有当负载电流与额定值相近，趋于满载时，设备的运行才能实现经济合理和高效率。

电气设备的额定值通常标在铭牌或使用说明书上，在使用时，必须仔细核对额定值的具体数据。

提示：在使用电气设备时，电压、电流、功率的实际值不一定等于额定值。白炽灯、电阻炉等设备只要在额定电压下使用，其电流和功率都能达到额定值。但是因为电动机、变压器等设备的实际值和设备的机械负荷的大小与电负荷的大小有关，当其在额定电压下工作时，实际电流和功率不一定与额定值一致，有可能出现欠载或超载的情况，在使用时必须加以注意。

2．开路状态

扫一扫看电源的开路和短路状态微课视频

在如图 1.13（a）所示的电路中，将开关 S 断开，则电路不通，此时电路处于开路（空载或断路）状态，如图 1.14 所示。在开路状态下，电源不接负载，此时外电路对电源来说，负载电阻阻值 R_L 为无穷大（∞），电流为零，电源两端的端电压（开路电压或空载电压 U_0）等于电源电动势 E，电源不输出功率。

如上所述，电路开路时的特征可用下列各式表示：

$$\begin{cases} I = 0 \\ U = U_0 = E \\ P = 0 \end{cases} \tag{1.14}$$

扫一扫看电源的短路状态动画

3．短路状态

在如图 1.13（a）所示的电路中，当电源的两端 a 和 b 由于某种事故而直接相连时，电源被短路，如图 1.15 所示。当电源短路时，外电路的电阻可视为 0，电流不再流过负载电阻。因为在电流的回路中仅有很小的电源内阻阻值 R_0，所以电流很大，此电流称为短路电流 I_S。此时负载电阻两端的电压为 0，电源不输出功率，电源产生的电能全部被内阻消耗并转成热能，电源的温度迅速上升，从而损坏。

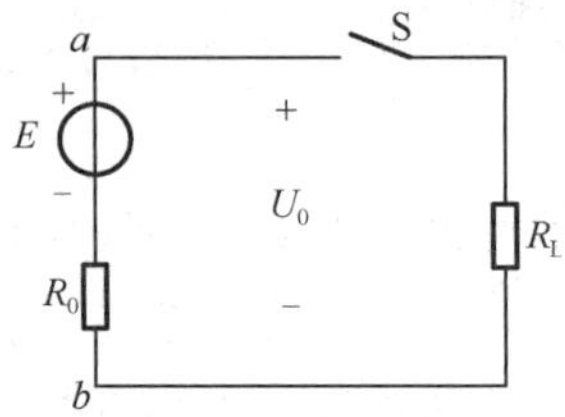

图 1.14　开路

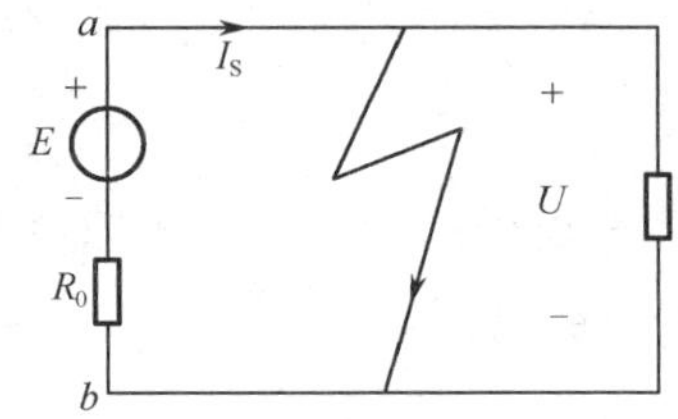

图 1.15　短路

如上所述，电源短路时的特征可用下列各式表示：

$$\begin{cases} U = 0 \\ I = I_S = \dfrac{E}{R_0} \\ P_E = \Delta P = I_S^2 R_0,\ P = 0 \end{cases} \tag{1.15}$$

提示：短路可以发生在负载端或电路的任何位置。短路通常是一种严重事故，应该尽力预防。产生短路的原因往往是绝缘损坏或接线不慎，因此经常检查电气设备和电路的绝缘情况是一项很重要的安全措施。为了防止短路事故的发生，通常在电路中接入熔断器或自动断路器，以便在发生短路时迅速将故障电路自动切断。但是，有时出于某种需要，可以将电路中的某一段短路（常称为短接）或进行某种短路实验。

【例 1.6】　在如图 1.16 所示的电路中，已知 E=36V，R_1=2Ω，R_2=4Ω。试在下列三种情况下，分别求出电压 U_2 和电流 I。

（1）电路正常工作。

（2）$R_2=\infty$（R_2 处断开）。

（3）R_2=0（R_2 处短接）。

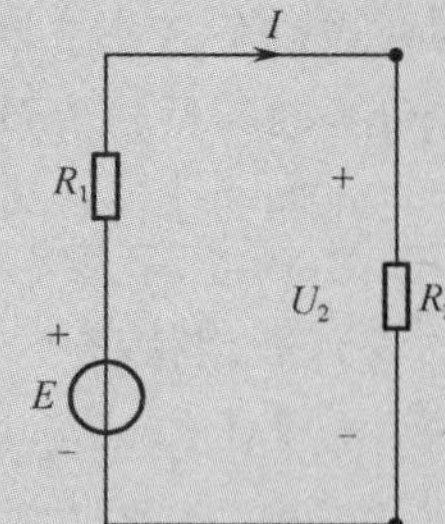

图 1.16　例 1.6 图

【解】　（1）在电路正常工作情况下：

$$I = \frac{E}{R_1 + R_2} = \frac{36}{2+4} = 6\text{（A）}$$

$$U_2 = I \cdot R_2 = 6 \times 2 = 12\text{（V）}$$

（2）当 $R_2=\infty$ 时：

$$I = 0\text{A} \qquad U_2 = E = 36\text{V}$$

（3）当 R_2=0 时：

$$I=\frac{E}{R_1}=\frac{36}{2}=18\text{（A）}\qquad U_2=0\text{（V）}$$

1.2.3　基尔霍夫定律及其应用

若干个电路元器件按一定方式连接构成电路后，电路中各部分的电压、电流必然受到两类约束。一类是元器件的特性造成的约束。例如，线性电阻的电压和电流必须满足 $u=Ri$ 的关系，这种关系称为元器件的组成关系或电压电流关系。另一类是元器件的相互连接对支路电流之间和支路电压之间带来的约束，有时称为“拓扑”约束，这类约束由基尔霍夫定律体现。基尔霍夫定律分为基尔霍夫电流定律和基尔霍夫电压定律，是分析电路的重要基础。

在介绍基尔霍夫定律之前先介绍几个名词。

（1）支路：单个电路元器件或若干个电路元器件串联，构成电路的一个分支称为支路。一条支路上流经的是同一电流，在如图 1.17 所示的电路中共有三条支路（b=3）。

（2）节点：电路中三条或三条以上支路的会聚点称为节点。在如图 1.17 所示的电路中共有两个节点，即 a 点和 b 点（n=2）。

（3）回路：电路中由支路组成的闭合路径称为回路。在如图 1.17 所示的电路中共三个回路（l=3）。

（4）网孔：内部无支路的回路称为网孔。在如图 1.17 所示的电路中共两个网孔（m=2）。

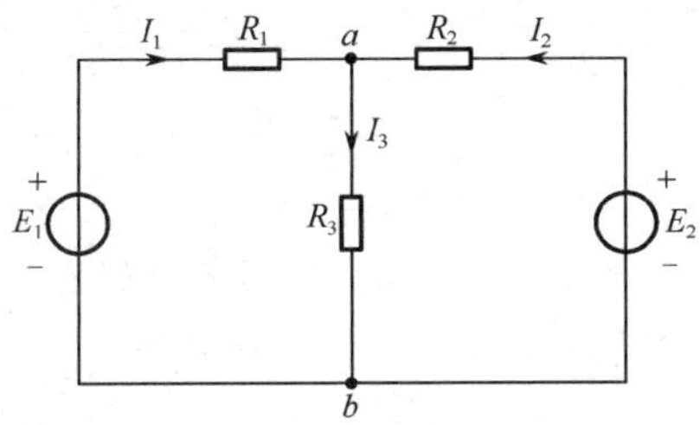

图 1.17　基尔霍夫电流定律示例

扫一扫看电路中的术语微课视频

扫一扫看基尔霍夫电流定律微课视频

扫一扫看基尔霍夫电流定律原理动画

1．基尔霍夫电流定律

基尔霍夫电流定律（Kirchhoff's Current Law，KCL）反映了电路中任一节点各支路电流间的约束关系，反映了电流的连续性。该定律可叙述为：在任何时刻，对任一节点，流进该节点的电流代数和恒等于零，即

$$\sum I=0 \tag{1.16}$$

规定流入节点的电流为“+”，流出节点的电流为“-”。对于如图 1.17 所示的电路中的 a 点，可列写：

$$I_1+I_2-I_3=0$$

可改写为

$$I_1+I_2=I_3 \tag{1.17}$$

由式（1.17）可看出对于任一节点，流入该节点的电流一定等于流出该节点的电流，即 $\sum I_{入}=\sum I_{出}$。

提示：在应用基尔霍夫电流定律时，应该注意流入或流出都是针对假设的电流参考方向而言的。

基尔霍夫电流定律还可推广应用于电路中任一假设闭合面，即通过电路中任一假设闭合面的各支路电流的代数和恒等于零。该假设闭合面被称为广义节点。

【例 1.7】 在如图 1.18 所示的电路中，$I_1 = -2\text{A}$，$I_2 = 3\text{A}$，求电流 I_3。

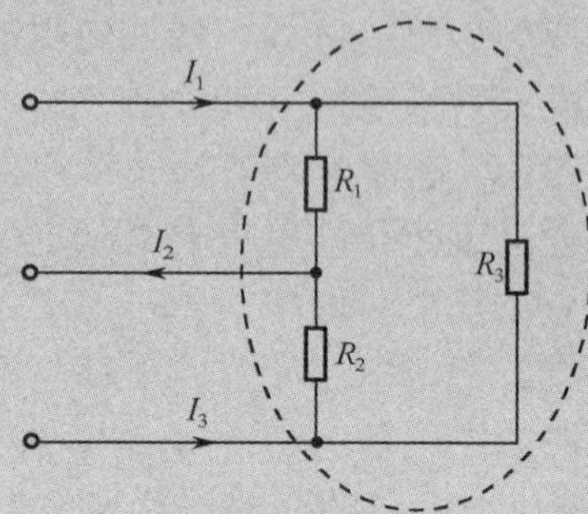

图 1.18 例 1.7 图

扫一扫看基尔霍夫电压定律微课视频

【解】 假设一闭合面如图 1.18 中虚线所示，则

$$I_1 - I_2 + I_3 = 0$$

所以

$$I_3 = I_2 - I_1 = 3 - (-2) = 5\ \text{（A）}$$

2. 基尔霍夫电压定律

基尔霍夫电压定律（Kirchhoff Voltage Laws，KVL）反映了电路中任一回路支路电压之间的约束关系。该定律可叙述为：在任何时刻，沿任一闭合回路所有支路电压的代数和恒等于零，即

$$\sum U = 0 \tag{1.18}$$

规定在列写基尔霍夫电压定律方程时，支路电压的参考方向与回路的绕行方向一致的电压为“+”，支路电压参考方向与回路绕行方向相反的电压为“−”。

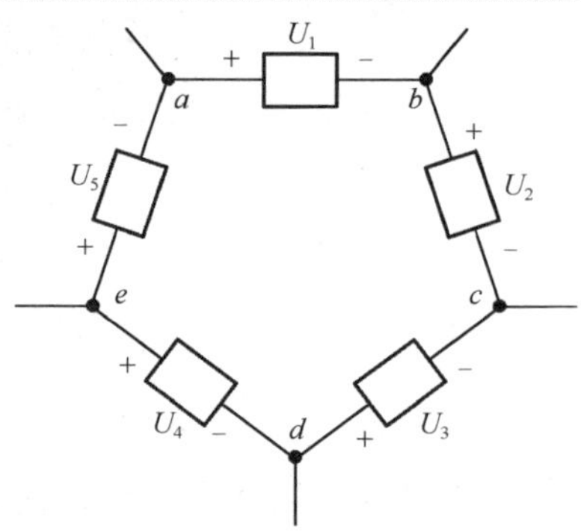

图 1.19 基尔霍夫电压定律示例

图 1.19 所示为某电路中的一个回路，设其回路绕行方向为顺时针，则有

$$U_1 + U_2 - U_3 - U_4 + U_5 = 0$$

提示：在应用基尔霍夫电压定律时应该注意回路中的绕行方向是任意假定的。电路中两点间的电压大小与路径无关。

在如图 1.19 所示的电路中，若按 a、b、c 方向计算 a 点和 c 点间的电压，则有 $U_{ac} = U_1 + U_2$；若按 a、e、d、c 方向计算 a 点和 c 点间的电压，则有 $U_{ac} = -U_5 + U_4 + U_3$。两者结果应相等，故有 $U_1 + U_2 - U_3 - U_4 + U_5 = 0$，与上文结果完全一致。

基尔霍夫电压定律不仅适用于实际回路，加以推广还适用于电路中的假想回路。在如

图 1.19 所示的电路中假想有 a、b、c、a 回路，绕行方向仍为顺时针，根据基尔霍夫电压定律，则有

$$U_1 + U_2 + U_{ca} = 0$$

由此可得

$$U_{ca} = -U_1 - U_2$$

即

$$U_{ac} = -U_{ca} = U_1 + U_2$$

图 1.20 所示为某电路的一部分，各支路电压的参考方向和回路的绕行方向已在图 1.20 中标出，应用基尔霍夫电压定律可列写：

$$U_{AB} + U_{BC} + U_{CD} = -E_1 + I_1R_1 + I_2R_2 - I_3R_3 + E_2 = 0$$

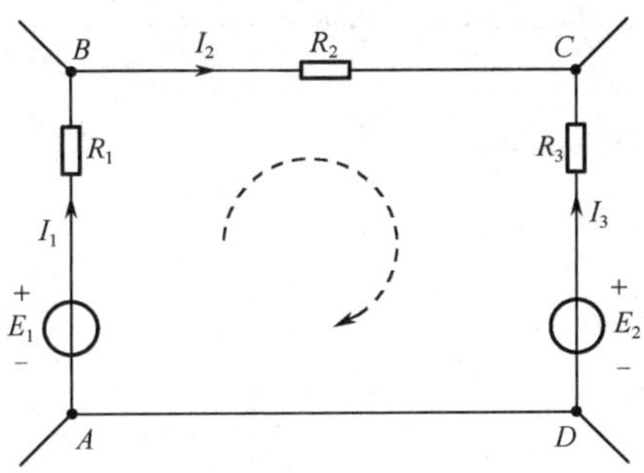

扫一扫看独立方程个数的确定微课视频

图 1.20 基尔霍夫电压定律示例

将上式进行整理可得

$$I_1R_1 + I_2R_2 - I_3R_3 = E_1 - E_2$$

由上式可知，方程的右边是沿回路绕行方向闭合一周所有电动势的代数和，方程的左边是沿回路绕行方向闭合一周各电阻上电压降的代数和。

$$\sum RI = \sum E \tag{1.19}$$

式（1.19）是基尔霍夫电压定律的第二种表达形式，规定当电动势的参考方向与回路绕行方向一致时为“+”，反之为“−”；当电流的参考方向与回路绕行方向一致时，在电阻上产生的电压降为“+”，反之为“−”。

1.3 常用电工导线、工具及仪器仪表的认知与使用

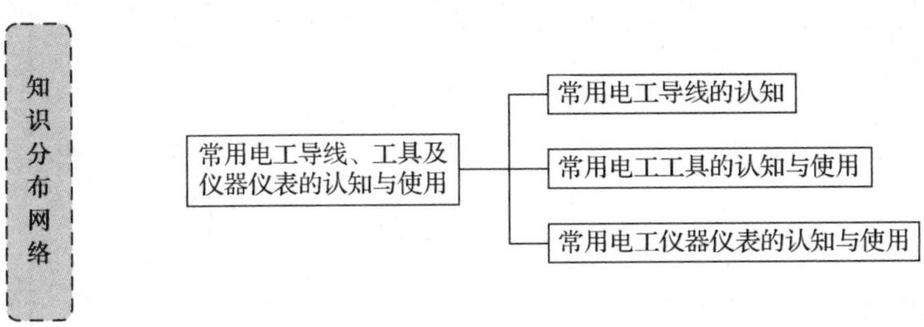

1.3.1 常用电工导线的认知

常用的电工导线一般可分为硬导线和软导线两大类。其中，硬导线又有单股、多股及多

混合股之分。硬导线又可分为裸导线和包有绝缘层的绝缘线两大类。裸导线中又有截面为圆形的导线和截面为矩形、管形的母线的区别，其芯线一般为铝质和铜质材料。软导线多为绝缘线，其芯线是多股细铜丝。

铝导线的导电性能、耐腐蚀能力比铜导线差，但其质量小、价格便宜，故多用于架空线路、照明线路、母线。

铜导线的导电性能、焊接特性、机械强度、耐腐蚀能力比铝导线好，且使用寿命比铝导线长，故较重要的线路或可靠性要求较高的电气设备，如桥式起重机的动力线路、控制线路和照明线路及各种电动机、变压器的绕组，都采用铜导线。

常用电工导线的种类如表 1.1 所示。

表 1.1　常用电工导线的种类

类别	名称	型号	截面积范围/mm^2	外形结构及说明
母线	铜硬母线	TMY	160～1000	 用于配电装置
	铝硬母线	LMY	160～1000	
裸绞线	铜绞线	TJ	10～400	 用于低压架空线
	铝绞线	LJ	10～600	
	钢芯铝绞线	LGJ	10～400	 用于高压架空线
	钢绞线	GJ	25～120	外形结构同铜、铝绞线，主要用于拉线
橡皮绝缘线	铜芯橡皮线	BX	0.75～95	 室内外配线
	铝芯橡皮线	BLX	2.5～400	
	铜芯氯丁橡皮线	BXF	0.75～95	外形结构同铜、铝芯橡皮线，价格较便宜
	铝芯氯丁橡皮线	BLXF	2.5～95	
	铜芯软橡皮线	BXR	0.75～185	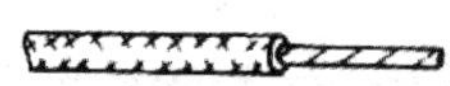 柔性好
塑料绝缘线	铜芯塑料线	BV	0.2～185	 室内外配线
	铝芯塑料线	BLV	1.0～185	
	铜芯塑料护套线	BVV	0.75～10	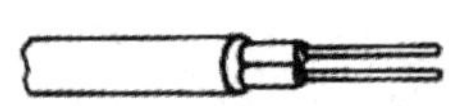 绝缘好，可直接敷设
	铝芯塑料护套线	BLVV	2.5～10	
	铜芯软塑料线	BVR	0.75～50	 柔软线芯

续表

类别	名称	型号	截面积范围/mm²	外形结构及说明
塑料绝缘线	铜芯耐热塑料线	BV-105	0.5～6	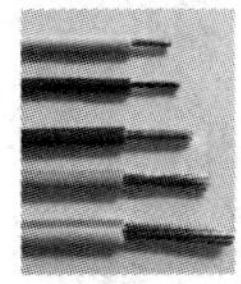 耐高温
	铝芯耐热塑料线	BLV-105	2.5～10	
日用电线	铜芯塑料软导线	RV	0.12～6	 单芯
	铜芯橡皮软导线	RX	0.2～2.5	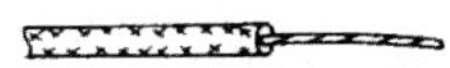 圆芯
	并行塑料软导线	RVB	0.12～4	 2～3 芯
日用电线	绞形塑料软导线	RVS	0.12～4	 2 芯
	塑料护套软导线	RVV	0.12～6	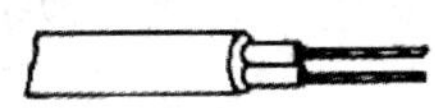 1～4 芯
	橡皮护套软导线	RXX	0.12～6	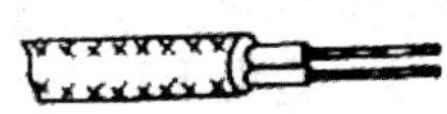 1～4 芯
屏蔽安装线	塑料绝缘屏蔽线	AVP	0.12～0.75	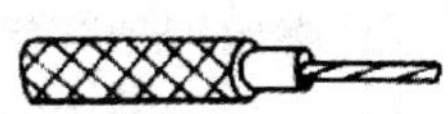 具有屏蔽作用，用于仪表，电讯设备安装接线
	塑料护套屏蔽线	AVVP	0.12～0.4	
	橡皮绝缘屏蔽线	AXP	0.12～0.75	
	橡皮护套屏蔽线	AXXP	0.12～0.4	

注：型号字母含义为 L—铝芯；T—铜芯或不表示；X—橡皮绝缘；V—塑料绝缘；M—母线；J—绞线；R—软导线；P—屏蔽线；A—安装线；B—布电线。

1.3.2　常用电工工具的认知与使用

电工在安装和维修各种供/配电电路、电气设备时，离不开各种电工工具。常用电工工具种类繁多，用途广泛，下面逐一对其进行介绍。

1. 测电笔

测电笔简称电笔，是用来检查低压导电设备外壳是否带电的辅助安全工具。电笔分为钢笔式和螺丝刀式两种形式，由笔尖、电阻、氖管、弹簧和笔身组成。弹簧与后端外部的金属部分相接，在使用时手应触及后端外部的金属部分。电笔结构示意图如图 1.21 所示。

（a）螺丝刀式　　（b）钢笔式

图 1.21　电笔结构示意图

1）电笔的工作原理

当用电笔测试带电体时，带电体、电笔、人体、大地形成通电回路，只要带电体与大地之间的电位差超过一定数值，电笔中的氖管就会发出红色辉光。

2）使用注意事项

（1）在用电笔测试带电体前，一定要先用电笔测试已知的带电的电源，以检查电笔中的氖管能否正常发光。

（2）在明亮的光线下测试时，不易看清氖管发出的辉光，所以应当避光检测。

（3）在大多数情况下电笔的金属探头会被制成螺丝刀形状，只能承受很小的扭矩，在使用时应特别注意，以防损坏。

2. 螺丝刀

螺丝刀是紧固或拆卸螺钉的专用工具，有一字形和十字形两种，如图 1.22 所示。

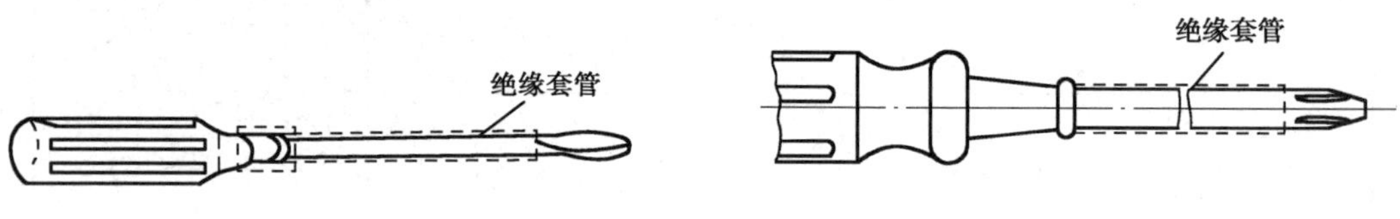

（a）一字形螺丝刀　（b）十字形螺丝刀

图 1.22　螺丝刀

电工必备的一字形螺丝刀有 50mm 和 150mm 两种型号；十字形螺丝刀常用的规格有 4 种：Ⅰ号（适用于直径为 2～2.5mm 的螺钉）、Ⅱ号（适用于直径为 3～5mm 的螺钉）、Ⅲ号（适用于直径为 6～8mm 的螺钉）、Ⅳ号（适用于直径为 10～12mm 的螺钉）。在使用螺丝刀时，手握住螺丝刀顶部向所需方向旋转。注意，不可用金属杆直通柄顶的螺丝刀。

在使用螺丝刀紧固或拆卸带电的螺钉时，手不得触及螺丝刀的金属杆，以免发生触电事故。为了避免螺丝刀的金属杆触及皮肤或触及临近带电体，应在金属杆上穿套绝缘套管。螺丝刀的使用示意图如图 1.23 所示。

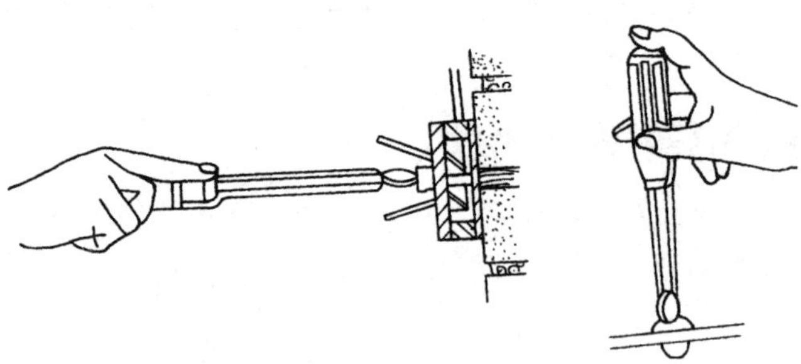

图 1.23　螺丝刀的使用示意图

3. 钢丝钳

钢丝钳是钳夹和剪切工具，由钳头和钳柄两部分组成。它的功能较多，钳口用来外绞或钳夹导线线头，齿口用来旋紧或起松螺母，刀口用来剪切导线或剖切导线绝缘层，铡口用来铡切电线线芯或钢丝、铝丝等较硬的金属。常用的钢丝钳规格有 150mm、175mm、200mm 三种。电工使用的钢丝钳的钳柄应套有耐压大于 500V 的绝缘套管。钢丝钳的外形示意图如图 1.24 所示。

4．尖嘴钳

尖嘴钳头部尖细，因此可以在狭小的空间中进行操作，外形示意图如图 1.25 所示。

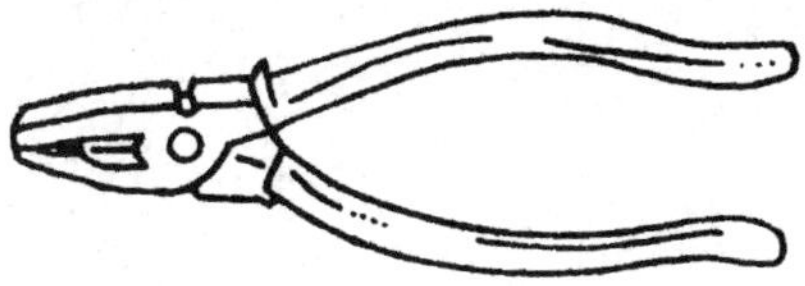

图 1.24　钢丝钳的外形示意图

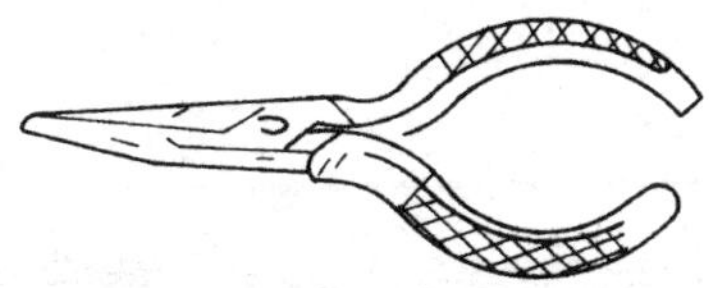

图 1.25　尖嘴钳的外形示意图

尖嘴钳的主要用途如下。

（1）刀口可以剪断细小的金属丝。

（2）夹持较小的螺钉、垫圈、导线等。

（3）在装接控制电路板时，将单股导线弯成带有一定圆弧的接线鼻子。

5．活络扳手

活络扳手又称活络扳头，由头部和柄部组成。头部由呆扳唇、活络扳口、蜗轮和轴销构成。旋动蜗轮可以调节扳口大小。活络扳手常用的规格有 150mm、200mm、300mm 等。按照螺母大小选用规格合适的活络扳手。活络扳手的结构示意图如图 1.26 所示。

6．剥线钳

剥线钳是用于剖削小直径导线绝缘层的专用工具。剥线钳外形示意图如图 1.27 所示。在使用剥线钳时，用标尺将要剖削的绝缘层长度定好，把导线放入相应的刀口，用手将钳柄握紧，导线的绝缘层即可被割破，并自动弹出。

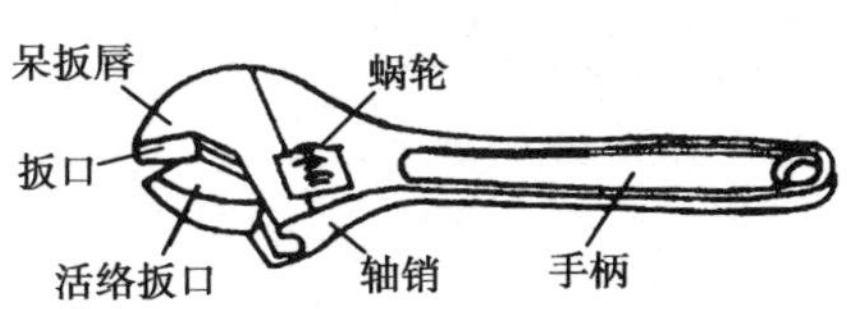

图 1.26　活络扳手的结构示意图

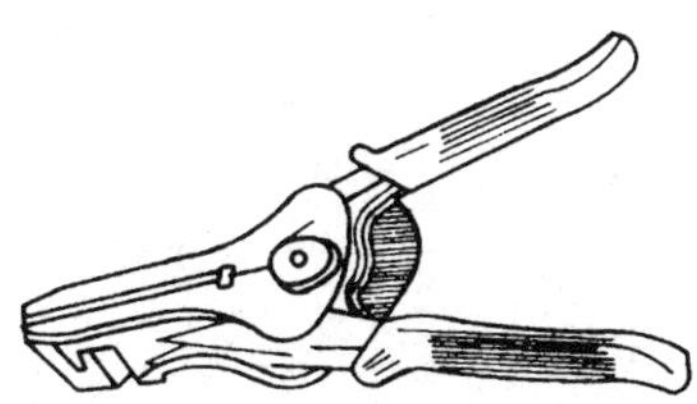

图 1.27　剥线钳外形示意图

7．电工刀

电工刀用于剖削和切割电线绝缘层、绳索、木桩及软性金属。在使用电工刀时，刀口应向外剖削，用毕应将刀身折进刀柄。这里需提到的一点是，电工刀的刀柄不是用绝缘材料制成的，所以不能用电工刀剖削带电导线或器材，以防触电。电工刀按刀片长度分为大号（112mm）和小号（88mm）两种规格。电工刀外形示意图如图 1.28 所示。

8．冲击钻

冲击钻外形示意图如图 1.29 所示。冲击钻可以用来在砖墙或混凝土墙上钻孔。需要注意的是，在使用冲击钻时若要调速或调挡（冲、锤），则应先停转。

图 1.28　电工刀外形示意图

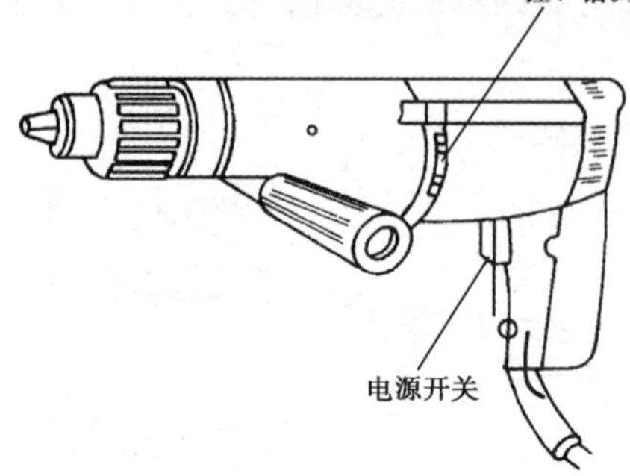

图 1.29　冲击钻外形示意图

9．转速表

转速表用来测定电动机转轴、机床主轴和其他旋转轴类的转速，常用的是离心式手持转速表。在用转速表进行测量时，先将转速表的调速盘转到所要测定的转速范围内。若估计不出被测转轴的转速范围，则应将调速盘自高速挡向低速挡逐级调整，以找到合适的测量范围。切忌在测量过程中换挡和用低速挡测高速，以防转速表损坏。然后将转速表的测量轴与被测量轴轻轻接触，并逐渐增大接触力量，直至表针读数稳定。在测量过程中，尽量保持测量轴与被测轴在一条轴线上，以获得准确的读数。

随着科技的发展，出现了一种非接触式手持数字转速表，测速前只要在被测旋转物体上贴一块反射标记，使射出的可见光对准反射标记即可测得转速。非接触式手持数字转速表操作示意图如图 1.30 所示。

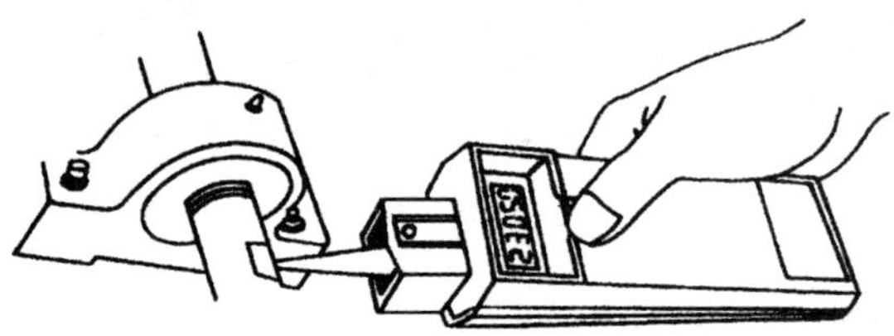

图 1.30　非接触式手持数字转速表操作示意图

10．电烙铁

电烙铁是手工焊接的主要工具。选择合适的电烙铁并合理使用，是保证焊接质量的基础。

1）电烙铁的结构

电烙铁主要由发热部分、储热部分、传热部分及手柄等组成。典型的电烙铁结构示意图如图 1.31 所示。

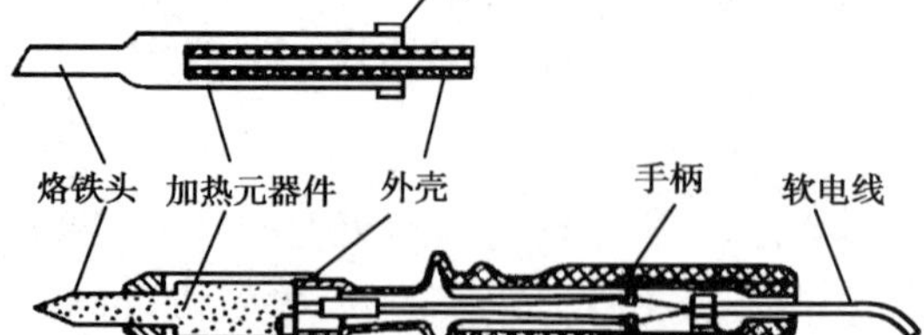

图 1.31　典型的电烙铁结构示意图

（1）发热元器件。发热元器件是电烙铁中的能量转换部分，又称烙铁芯子。它通过将镍铬发热电阻丝缠绕在云母、陶瓷等耐热的绝缘材料上制作而成。发热元器件有内热式和外热式两种。

（2）烙铁头。烙铁头作为能量存储和传递部件，一般由紫铜制成。

（3）手柄。手柄由木料或胶木制成。

（4）接线柱。接线柱位于发热元器件和电源线的连接处。在使用电烙铁时一定要分清相线、零线和保护线，并正确连接。

2）电烙铁的种类

（1）外热式电烙铁。发热元器件是通过将电阻丝缠绕在云母材料上构成的。此类电烙铁绝缘电阻小、体积较大、热效率低、升温慢，但结构简单、价格便宜，主要用于焊接导线、接地线和接地板。外热式电烙铁结构示意图如图 1.32 所示。

（2）内热式电烙铁。发热元器件是通过将电阻丝缠绕在密闭的陶瓷上制作而成的，被插在电烙铁里面，直接对烙铁头加热。该类电烙铁绝缘电阻大、体积较小、热效率高、升温快，但制造工艺复杂，难维修，主要用于焊接印制电路板。内热式电烙铁结构示意图如图 1.33 所示。

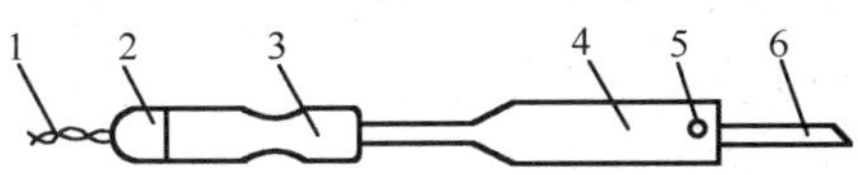

1—电源线；2—后盖；3—木制手柄；

4—外壳；5—烙铁头固定螺钉；6—烙铁头。

图 1.32　外热式电烙铁结构示意图

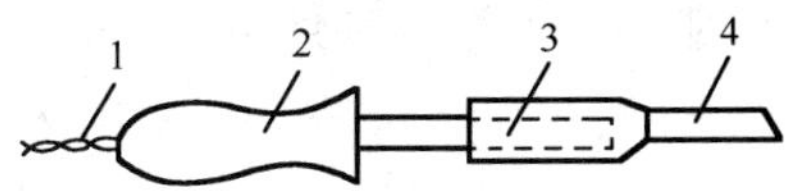

1—电源线；2—手柄；

3—加热芯；4—烙铁头。

图 1.33　内热式电烙铁结构示意图

1.3.3　常用电工仪器仪表的认知与使用

电工测量是电工试验与实训中不可缺少的部分，它的任务是借助各种仪器仪表对电流、电压、功率、电能等进行测量，以了解各种电气设备的运行特性与情况。

电工测量方法可以被分为直读法和比较法。直读法是利用指示仪表直接读取被测电量的值。例如，用电压法直接测量电压。这种测量方法的准确度不高，但操作简单。比较法是将被测量和标准量在较量仪器中比较，以确定测量的值。例如，用电桥测量电阻等。这种测量方法的准确度较高，但操作较复杂，测量速度也较慢。

电工测量主要具有以下两个优点。

（1）电工仪表构造简单，测量结果准确、可靠。

（2）能进行远距离测量。

因此，正确掌握测量技术是十分必要的。

1．电工仪表的分类

电工仪表种类很多，分类方法也很多，一般有四种分类方法：按准确度分类、按被测量的种类分类、按被测电流的种类分类、按工作原理分类。

1）按准确度分类

根据国家统一规定，电工仪表可以分为 0.1、0.2、0.5、1.0、1.5、2.5、5.0 七个等级，这些数字表明了电工仪表的最大引用误差值。电工仪表的准确度等级、最大引用误差及符号如表 1.2 所示。其中，0.1 级、0.2 级和 0.5 级的电工仪表常用来进行精密测量或作为校正表；1.5 级的电工仪表一般用于实验室测量；2.5 级和 5.0 级的电工仪表一般用于工程测量。

表 1.2　电工仪表的准确度等级、最大引用误差及符号

准确度等级	最大引用误差	符　　号
0.1	±0.1%	0.1
0.2	±0.2%	0.2
0.5	±0.5%	0.5
1.0	±1.0%	1.0
1.5	±1.5%	1.5
2.5	±2.5%	2.5
5.0	±5.0%	5.0

不管仪表的质量如何，其指示值与实际值之间总有一定的差值，该差值称为误差。显然，仪表的准确度与其误差有关。误差有两种：一种是基本误差，是由仪表自身引起的，如弹簧永久变形或刻度不准确等造成的固有误差；另一种是附加误差，是由外加因素引起的，如测量方法不正确、读数不准确、电磁干扰等。仪表的附加误差是可以减小的，当使用者尽量让仪表在正常情况下进行测量时，可以近似认为仪表只存在基本误差。

仪表的准确度等级是根据仪表的最大引用误差来划分的。最大引用误差是指仪表在正常工作条件下测量时可能产生的最大基本误差 ΔA 与仪表的满量程 A_m 之比，习惯上用百分数表示，即

$$\gamma = \frac{\Delta A}{A_m} \times 100\% \tag{1.20}$$

由式（1.20）可以求得仪表的最大基本误差。例如，一个准确度等级为 1.0，量程为 10A 的电工仪表，可能产生的最大基本误差为

$$\Delta A = \gamma A_m = \pm 1.0\% \times 10 = \pm 0.1 \text{（A）}$$

在正常工作条件下，仪表的最大基本误差（最大绝对误差）是不变的。要衡量测量值的准确度，必须使用相对误差。

相对误差是指最大基本误差 ΔA 与被测量真值 A_0 之比的百分数，即

$$\gamma_0 = \frac{\Delta A}{A_0} \times 100\% \tag{1.21}$$

相对误差越小，测量结果的准确度越高。例如，用上述仪表分别测量 8A 和 2A 的电流，相对误差分别为 $\pm 1.25\%$ 和 $\pm 5\%$。因此，在选用仪表量程时，应该使被测量的值尽量接近满标值。通常认为当被测量的值接近满刻度的 2/3 时，测量结果较为准确。

【例 1.8】 某待测电压为 8V，现用准确度等级为 0.5，量程为 0～30V 的电压表，以及准确度等级为 1.0，量程为 0～10V 的电压表进行测量，问：用哪个电压表测量获得的结果更准确？

【解】 用准确度等级为 0.5，量程为 0～30V 的电压表测量，可能产生的最大基本误差为

$$\Delta A_1=\gamma A_m=\pm 0.5\%\times 30=\pm 0.15\text{（V）}$$

可能出现的最大相对误差为

$$\gamma_1=\gamma\frac{A_m}{A}=\pm 0.5\%\times\frac{30}{8}=\pm 1.875\%$$

用准确度等级为 1.0，量程为 0～10V 的电压表测量，可能产生的最大基本误差为

$$\Delta A_2=\gamma A_m=\pm 1.0\%\times 10=\pm 0.1\text{（V）}$$

可能出现的最大相对误差为

$$\gamma_2=\gamma\frac{A_m}{A}=\pm 1.0\%\times\frac{10}{8}=\pm 1.25\%$$

相对误差越小，测量结果越准确，显然用准确度等级为 1.0，量程为 0～10V 的电压表测量获得的结果更准确。

例 1.8 说明，为了获得较准确的测量结果，除选用准确度等级较高的仪表外，还要注意选择合适的量程。

2）按被测量的种类分类

按被测量的种类电工仪表可以被分为电流表、电压表、欧姆表、功率表、频率表、电度表、相位表等，如表 1.3 所示。

表 1.3　电工仪表按被测量的种类分类

序　号	被 测 量	仪 表 名 称	符　号	序　号	被 测 量	仪 表 名 称	符　号
1	电流	电流表	(A)	4	功率	功率表	(W)
2	电压	电压表	(V)	5	频率	频率表	(f)
				6	电能	电度表	[kWh]
3	电阻	欧姆表	(Ω)	7	相位差	相位表	(φ)
				—	—	—	—

3）按被测电流的种类分类

按被测电流的种类电工仪表可被分为直流表、交流表及交、直流两用表，如表 1.4 所示。

表 1.4　电工仪表按被测电流的种类分类

被 测 电 流	仪 表 名 称	符　号
直流	直流表	—
交流	交流表	～
交流、直流	交、直流两用表	≂

4）按工作原理分类

按工作原理电工仪表可被分为磁电式仪表、电磁式仪表、电动式仪表、整流式仪表，如表 1.5 所示。

表 1.5　电工仪表按工作原理分类

工作原理	仪表类型	符　号
永久磁铁对载流线圈的作用	磁电式仪表	
通电线圈对铁片的作用	电磁式仪表	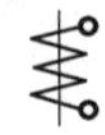
两个通电线圈的相互作用	电动式仪表	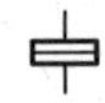
磁电式测量机构和整流电路共同作用	整流式仪表	

仪表的表面通常标有仪表类型、准确度等级、所通电流种类、绝缘耐压强度、放置位置等，如表 1.6 所示。

表 1.6　某电工仪表上的符号

符　号	意　义	符　号	意　义
1.0	准确度等级为 1.0	∠60°	仪表倾斜 60° 放置
～	交流表	Ⓐ	电流表
↑	仪表垂直放置	 2kV	仪表绝缘耐压强度为 2kV

2．电压表

用来测量电压的仪表称为电压表。根据被测电压的大小，电压表可被分为毫伏表、伏特表和千伏表。

在测量某段电路的电压时，应将电压表并联在被测电路的两端，电压表的端电压等于被测电压，如图 1.34 所示。电压表并入电路必然会分掉原来支路的电流，影响电路的测量结果，为了尽量减小测量误差，不影响电路的正常工作状态，电压表的内阻应远大于被测支路的电阻，但电压表自身电阻不大，因此在电压表中都串联了一个阻值很大的电阻。

在测量直流电压时，一般使用磁电式电压表。要扩大仪表的量程，应该在测量机构中串联分压电阻，此分压电阻称为倍压器，如图 1.35 所示。此时，测量机构所测电压为被测电压的一部分，即

$$U_0 = U\frac{R_0}{R_0 + R_V}$$

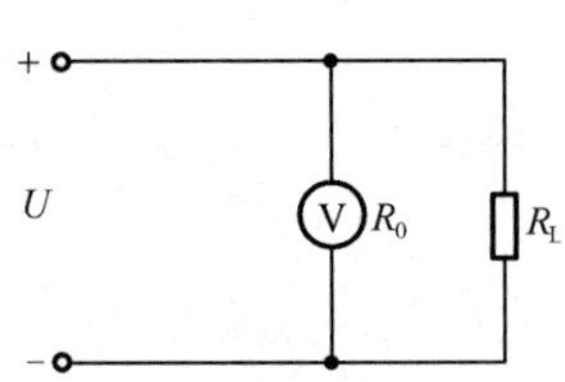

图 1.34　测量电压的电路

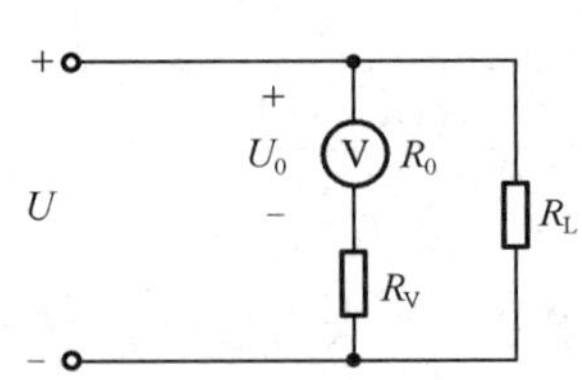

图 1.35　具有倍压器的测量电压的电路

由上式可知分压电阻为

$$R_V = R_0\left(\frac{U}{U_0}-1\right) \tag{1.22}$$

可以看出，电压表要扩大的量程越大，测量机构串联的倍压器的阻值越大。多量程的电压表内部具有多个倍压器，不同的量程串接不同阻值的倍压器。

【例 1.9】 一个磁电式电压表的量程为 50V，内阻为 2000Ω，现想将其量程改为 200V。问：应串联阻值为多大的倍压器？

【解】 应串联的倍压器的阻值为

$$R_V = R_0\left(\frac{U}{U_0}-1\right) = 2000\left(\frac{200}{50}-1\right) = 6000\ (\Omega)$$

在测量交流电压时，一般采用电磁式电压表；在进行精密测量时，一般采用电动式电压表。要想扩大交流电压表的量程，可以采用线圈串、并联的方法实现，也可以采用在电磁式电压表内部串联倍压器的方法实现。当测量 600V 以上的电压时，应先使用电压互感器把电压降低，再进行测量。

3．电流表

用来测量电流的仪表称为电流表。根据被测电流的大小，电流表可被分为微安表、毫安表和安培表。

当测量某支路的电流时，只有被测电流流过电流表时，电流表才能指示其结果，因此电流表应串联在被测量电路中，如图 1.36 所示。因为电流表有一定电阻，当把它串入电路后不应该影响电路的测量结果，所以电流表的内阻必须远小于电路的负载电阻。

一般用磁电式电流表测量直流电流。磁电式电流表的测量机构只能通过几十微安到几十毫安的电流，要测量较大电流，应该在测量机构中并联一个阻值较低的电阻以进行分流，此分流电阻称为分流器，如图 1.37 所示。这样电流表测得的电流是被测电流的一部分，它们之间有如下关系：

$$I_0 = I\frac{R_A}{R_A + R_0}$$

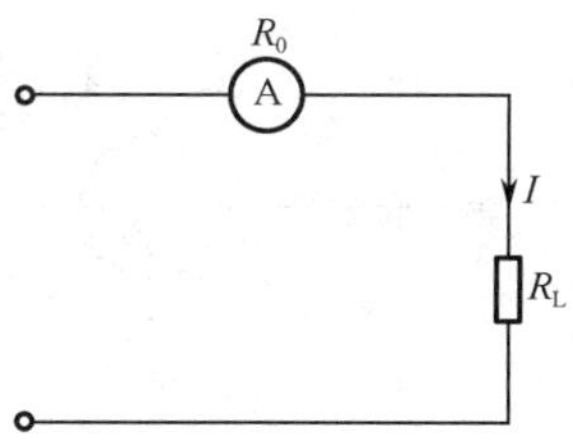

图 1.36　测量电流的电路

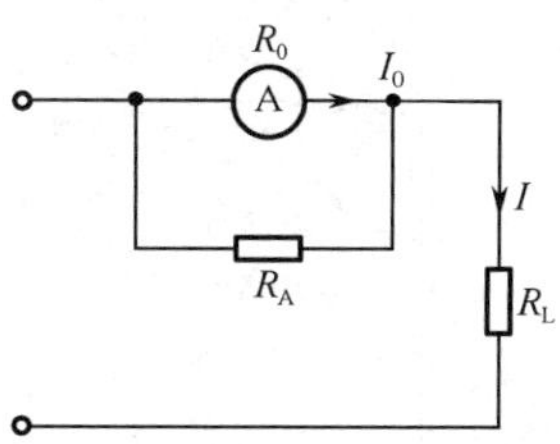

图 1.37　具有分流器的测量电流的电路

可得出分流器的阻值为

$$R_A = \frac{R_0}{\dfrac{I}{I_0}-1} \tag{1.23}$$

可以看出，想要扩大的仪表量程越大，并联的分流器的阻值应越小。多量程的电流表内部具有多个分流器，不同量程并联阻值不同的分流器。

【例 1.10】 一磁电式电流表的量程为 10mA，内阻为 10Ω，现要将其量程改为 1A。问：应并联阻值为多大的分流器？

【解】 应并联的分流器的阻值为

$$R_A=\frac{R_0}{\frac{I}{I_0}-1}=\frac{10}{\frac{1}{10\times10^{-3}}-1}\approx0.1\ (\Omega)$$

在测量交流电流时，一般采用电磁式电流表；在进行精密测量时，一般采用电动式电流表。由于所测的是交流电流，因此测量机构中既有电阻又有电感，要想扩大量程就不能单纯地并联分流器，而应将固定线圈绕组分成几段，采用线圈串联、并联及混联的方法来实现量程的扩大。

当被测电流很大时，可以利用电流互感器来扩大量程。

4．功率表

除需要测量电气设备的电压、电流外，有时还需要测量功率。通常用功率表直接测量平均功率。

1）功率表的构造

大多功率表采用的是电动系测量结构，其中两个线圈的接线如图 1.38 所示。在图 1.38 中，1 是固定线圈，它与负载串联，线圈中通过的是负载电流，作为电流线圈，它的匝数较少，导线较粗；2 是可动线圈，线圈串联附加电阻后，与负载并联，线圈上承受的电压正比于负载电压，作为电压线圈，它的匝数较多，导线较细；3 是阻值很大的附加电阻。指针偏转角的大小取决于负载电流和负载电压的乘积。在测量功率时，功率表上的标度尺可以直接指示出被测平均功率的大小。功率表的图形符号如图 1.39 所示。水平线圈为电流线圈，垂直线圈为电压线圈。电压线圈和电流线圈上各有一端标有“*”号，表示电源端钮，表示电流应从这一端流入线圈。

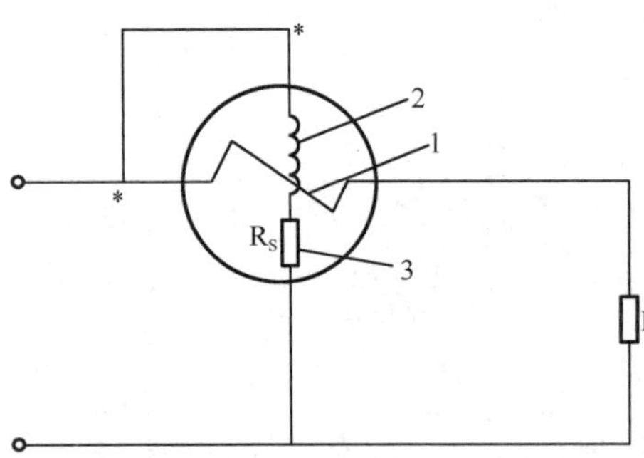

1—电流线圈；2—电压线圈；3—附加电阻。

图 1.38 功率表结构原理示意图

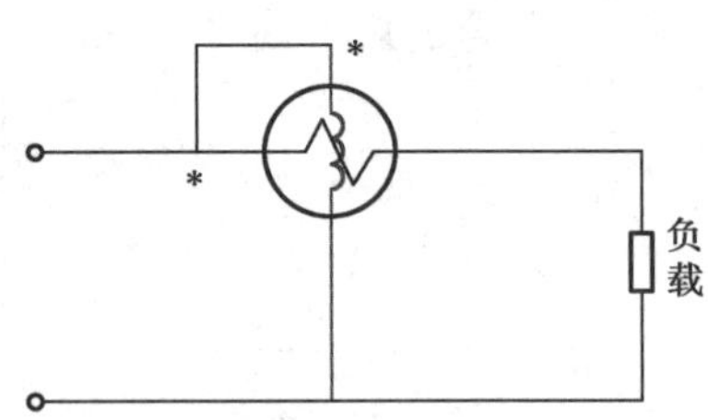

图 1.39 功率表的图形符号

2）功率表的使用注意事项

（1）正确选择功率表的量程。选择功率表的量程实际上是选择功率表的电流量程和电压量程，务必使电流量程能允许通过负载电流，电压量程能承受负载电压，不能只从功率角度考虑。例如，有两个功率表，量程分别为 300V、5A 和 150V、10A。显然，它们的功率量程都是 1500W。若要测量一个电压为 220V、电流为 4.5A 的负载功率，则应选用量程为 300V、5A 的功率表；量程为 150V、10A 的功率表因电压量程小于负载电压，不能使用。一般在测量功率前，应先测出负载的电压和电流，以便在选择功率表时可做到心中有数。

（2）正确读出功率表的读数。便携式功率表一般都是多量程的，标度尺上只标了分度格数，没有标瓦特数。在读数时，应先根据所选电压量程、电流量程及标度尺满度时的格数，求出每格瓦特数（又称功率表常数），再用每格瓦特数乘以指针偏转的格数，即可得到所测功率的瓦特数。图 1.40 所示为多量程功率表的外形示意图及内部接线图。

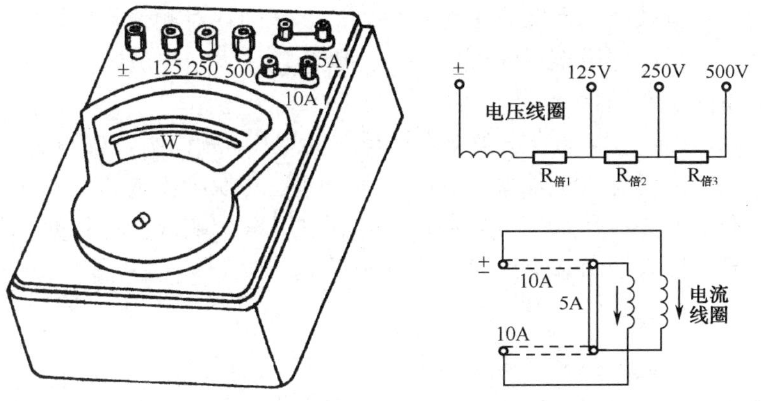

（a）外形示意图　　（b）内部接线图

图 1.40　多量程功率表的外形示意图及内部接线图

例如，用一个电压量程为 500V、电流量程为 5A 的功率表测量功率，标度尺满偏时为 100 格，在测量时指针偏转了 60 格，则每格瓦特数为

$$\frac{500\times5}{100}=25\ （W/格）$$

被测功率为

$$25\times60=1500\ （W）$$

（3）功率表的正确接线。功率表指针转动的偏转方向和两个线圈中的电流方向有关，如果改变其中一个线圈中的电流方向，指针就会向反方向转。为了在电路中接对功率表，接线时必须使电流线圈和电压线圈的电源端钮接到同一极性处，以保证两个线圈的电流都从标有“*”号的电源端钮流入，而且从“+”极流向“-”极。满足这种要求的接线方法有两种，如图 1.41 所示，图 1.41（a）所示为电压线圈前接法；图 1.41（b）所示为电压线圈后接法。

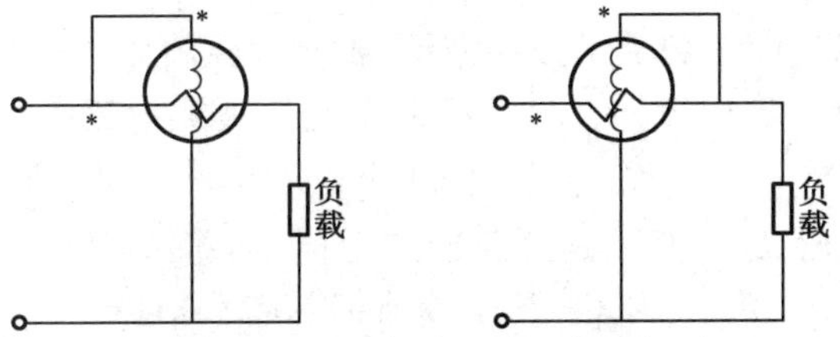

（a）电压线圈前接法　　（b）电压线圈后接法

图 1.41　功率表的接线方法

当负载电阻远远大于电流线圈的内阻时，应采用电压线圈前接法。这时，电压线圈所测电压是负载电压和电流线圈电压之和，功率表反映的是负载和电流线圈共同消耗的功率。此时，可以忽略电流线圈分压造成的功率损耗，测量值比较接近负载的实际功率值。

当负载电阻远远小于电压线圈支路的电阻时，应采用电压线圈后接法。这时，电流线圈中的电流是负载电流和电压线圈支路电流之和，功率表反映的是负载和电压线圈支路共同消耗的功率。此时，可以忽略电压线圈支路分流造成的功率损耗，测量值比较接近负载的实际功率值。

如果被测功率本身较大，不需要考虑功率表的功率损耗对测量值的影响，那么两种接线法可以任意选择，但最好选用电压线圈前接法，因为功率表中电流线圈支路的功率损耗一般小于电压线圈支路的功率损耗。

在测量功率时，如果出现接线正确而指针反偏的现象，就说明负载侧实际上是一个电源，负载支路不是消耗功率而是发出功率。这时，可以通过对换电流端钮上的接线使指针正偏。如果功率表上有极性开关，那么也可以通过操作极性开关，实现指针正偏。此时，应在功率表读数前加上负号，以表明负载支路是发出功率的。

5. 万用表

万用表是一种多用途的仪表，可以用来测量交流电压、直流电压、直流电流、直流电阻等，在电气设备的安装、维修、检查等工作中应用极为广泛。

MF-30 型万用表的面板图如图 1.42 所示。

1）万用表的构造

万用表主要由以下三个部分组成。

（1）表头。通常采用磁电式测量机构作为万用表的表头。这种测量机构的灵敏度和准确度较高，满刻度偏转电流一般为几微安到数百微安。满刻度偏转电流越小，万用表的灵敏度越高，表头特性越好。

（2）测量电路。万用表的测量电路由多量程直流电流表、多量程直流电压表、多量程交流电压表及多量程欧姆表组成，个别型号的万用表还有多量程交流挡。实现这些功能的关键是，通过测量电路把被测量转换成磁电系统能接受的直流电流，这是万用表的核心部分。先进的测量电路，有利于仪表的功能多样性、操作便捷性。

（3）转换开关。转换开关是用来实现不同被测量和不同量程切换的元器件。转换开关中有固定接触点和活动接触点，当活动接触点和固定接触点闭合时，就可以接通一条测量电路。

2）万用表的工作原理

（1）直流电流的测量。图 1.43 所示为用万用表测量直流电流的电路原理图。在测量直流电流时，将转换开关调到直流电流挡，将万用表串联在被测电路中，电流从“+”端流入，从“-”端流出。直流电流挡有 5 个量程，由图 1.43 可以看出，不同量程对应阻值不同的分流器，改变转换开关的位置实际上是改变了其分流器的阻值，从而改变了量程。例如，当选择 5mA 挡时，分流器的阻值为 $R_{A1}+R_{A2}+R_{A3}$，其余分流器与表头串联。当指针偏转时，应该按照表盘上的第二条线读数。需要注意的是，量程与满刻度值之间的关系。

在实际使用时，如果不了解被测电流的大小，就应该先用最大量程来测量，再根据指针的偏转程度选用合适的量程，以减小误差。当转换量程时，要注意不可带电转换。

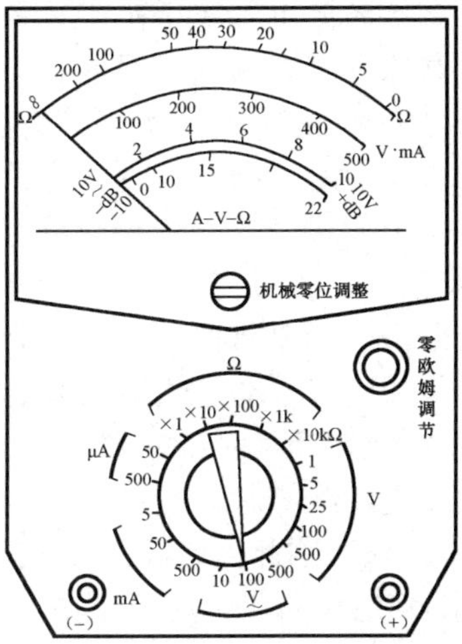

图 1.42　MF-30 型万用表的面板图

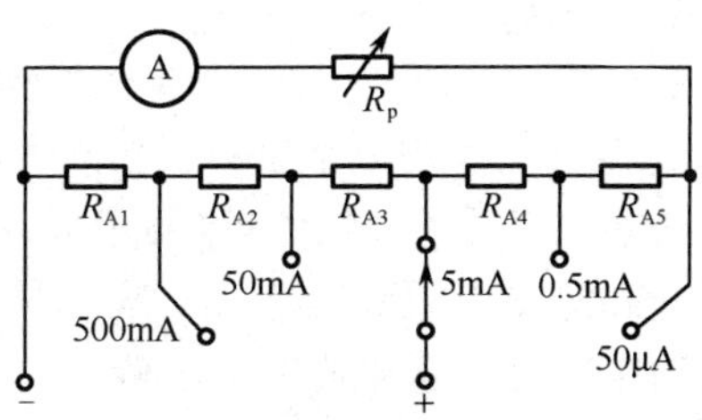

图 1.43　用万用表测量直流电流的电路原理图

（2）直流电压的测量。在测量直流电压时，万用表的转换开关需要调到直流电压挡，将万用表并联在被测电路两端，其电路原理图如图 1.44 所示。直流电压表由直流电流表串联不同电阻构成，串联的电阻的阻值越大，电压表的量程越大。

电压表的内阻越大，它从测量电路分到的电流越小，被测电路受到的影响越小。通常用仪表的灵敏度来表示这一特征。仪表的灵敏度为总内阻与电压表量程的比值。若 MF-30 型万用表的 500V 挡的总内阻为 2500kΩ，则灵敏度为 2500/500=5（kΩ/V）。

（3）交流电压的测量。由于磁电式仪表只能测直流，所以在测交流电压时需要在测量电路中增加整流装置。用万用表测量交流电压的电路原理图如图 1.45 所示。电路中设置了整流二极管 VD_1 和 VD_2 。

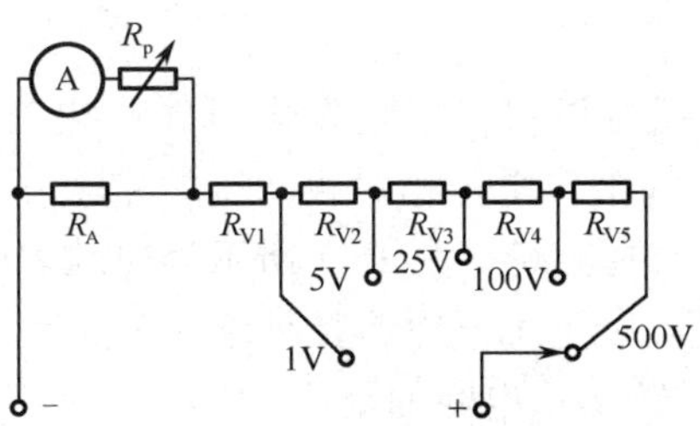

图 1.44　用万用表测量直流电压的电路原理图

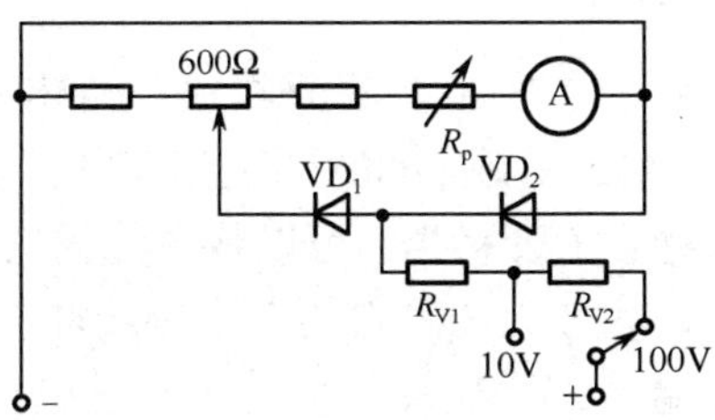

图 1.45　用万用表测量交流电压的电路原理图

在测量交流电压时，在正弦交流电的正半周，VD_1 导通，VD_2 截止，这时电路与用万用表测量直流电压时的电路相同；在正弦交流电的负半周，VD_2 导通，VD_1 截止，表头被短接，没有电流通过万用表。因此，在使用万用表测交流电压时，测的是正弦波正半周的电流平均值，而正半周的电流平均值与交流电压的有效值之间有一定的比例关系，因此可以直接用万用表来测量正弦交流电压的有效值。一般用万用表测量的交流电的频率为 45Hz～1kHz，只能用于测正弦交流电的电压。

交流电压挡改变量程的原理与直流电压挡改变量程的原理相同，灵敏度比直流电压挡低。

（4）电阻的测量。在测量电阻时，万用表的转换开关需要调到电阻挡。把待测电阻分别与万用表的两个表笔相接触，待测电阻与万用表内的干电池、调节电阻、表头形成闭合回路。万用表面板上的“+”端接内部电源的负极，“-”端接内部电源的正极，回路中产生电流，指针偏转，指示被测阻值。用万用表测量电阻的电路原理图如图 1.46 所示。

从图 1.46 中可以看出，被测电阻的阻值越大，回路中的电流越小，指针偏转角度越小。当被测电阻的阻值为 0 时，指针偏转角度最大；当被测电阻的阻值为无穷大时，指针偏转角度为 0。因此，在测量电阻时，万用表的电阻挡刻度刚好与电压挡刻度、电流挡刻度方向相反。表盘上的刻度与量程挡之间成比例，如对于×10 挡，指示值乘以 10 就是当前所测电阻的阻值。

在实际测量时，首先要将万用表调零，方法是将万用表调到电阻挡，两个表笔短接，若指针偏转后停在零刻度处，则说明该万用表不需要调零；否则应转动零欧姆调节旋钮，使指针指到零刻度处。每换一个量程，都需要进行一次调零。如果在调零时指针调不到零刻度处，则说明万用表电池电量不足或接触不良，需要更换电池或进行维修。

为了提高测量电阻的准确性，应尽量使用刻度盘的中间段，因此需要选择合适的量程。

在使用电阻挡测量电阻时，应特别注意不要带电测量，以免外电路电压在测量电路中产生电流，烧坏万用表。在测量阻值较小的电阻时，应注意表笔要接触电阻；在测量阻值较大的电阻时，应注意不要与人体形成并联电路。测量结束后，应将转换开关转到高电压挡，以免浪费电池的电量。

6．兆欧表

1）用途

兆欧表又称摇表，主要用于测量绝缘电阻，以判定电动机、电气设备和电路的绝缘性能是否良好，判定结果关系到这些设备能否安全运行。受热、受潮、被污染、老化等原因会使绝缘材料阻值降低、泄漏电流增大，甚至绝缘损坏，从而造成漏电和短路等事故，因此必须定期检查设备的绝缘电阻。各种设备的绝缘电阻有具体要求。一般来说，设备的绝缘电阻越大，其绝缘性能就越好。

2）结构

兆欧表主要由两部分组成：磁电式比率表和手摇发电机。手摇发电机能产生 500V、1000V、2500V 或 5000V 的直流高压，可与被测设备的工作电压相对应。有的兆欧表采用的是晶体管直流变换器，可以将电池的低压直流转换成高压直流。图 1.47 所示为兆欧表的外形示意图，L、E、G 是它的三个接线柱，一个为电路端（L），另一个为接地端（E），还有一个为屏蔽端（G）。转动手柄，手摇发电机发电，表盘指针指示电阻的阻值。

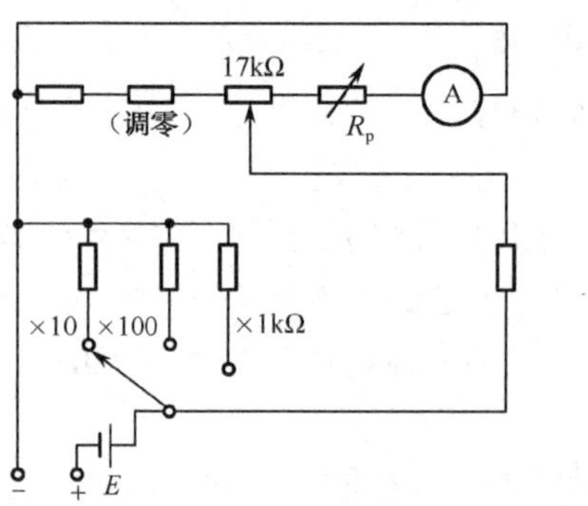

图 1.46　用万用表测量电阻的电路原理图

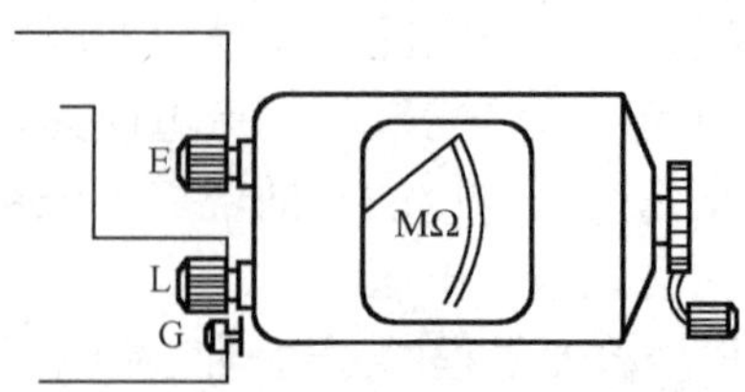

图 1.47　兆欧表的外形示意图

3）兆欧表的使用

（1）兆欧表的选用。在选用兆欧表测试绝缘电阻时，其额定电压一定要与被测电气设备或电路的工作电压相对应；兆欧表的测量范围也应与被测绝缘电阻的阻值范围吻合。一般在测量低压设备及电路时选用 500～1000V 的兆欧表；在测量 1000V 以下的电缆时选用 1000V 的兆欧表；在测量 1000V 以上的电缆时选用 2500V 的兆欧表。在测量高压设备的绝缘电阻时，必须选用电压高的兆欧表（一般选用 2500V 以上的兆欧表才能测量），否则测量结果不能反映设备在工作电压下的绝缘电阻。同时要注意，不能用电压过高的兆欧表测量低压设备的绝缘电阻，以免设备的绝缘性能受到损坏。

各种型号的兆欧表，除了有不同的额定电压，还有不同的测量范围，如 ZC11-5 型兆欧表的额定电压为 2500V，测量范围为 0～10000MΩ。选用的兆欧表的测量范围，不应过多地超出被测绝缘电阻，以免读数误差过大。有些兆欧表的标尺不是从零开始的，而是从 1MΩ或 2MΩ开始的，这类兆欧表不宜用来测量绝缘电阻低的设备。

（2）兆欧表的接线方法。一般在测量时，应将被测绝缘电阻接在 L 接线柱和 E 接线柱之间。在测量电缆芯线的绝缘电阻时，L 接线柱要接芯线，E 接线柱要接电缆外皮，G 接线柱要接电缆绝缘包扎物。

① 照明及动力电路对地绝缘电阻的测量。如图 1.48（a）所示，将兆欧表接线柱 E 可靠接地，接线柱 L 与被测电路连接。按顺时针方向由慢到快摇动兆欧表的手柄，兆欧表指针稳定后指示的数值就是被测电路的对地绝缘电阻。

② 电动机绝缘电阻的测量。拆开电动机绕组的星形或三角形连接的连线，兆欧表的 E 接线柱和 L 接线柱分别接电动机两相绕组，如图 1.48（b）所示。以 120r/min 的转速均匀摇动兆欧表手柄，兆欧表指针稳定后指示的数值就是被测电动机绕组相间的绝缘电阻。图 1.48（c）所示为电动机绕组对地绝缘电阻的测量接线，E 接线柱接电动机机壳上的接地螺钉或机壳（勿接在有绝缘漆的部位），L 接线柱接电动机绕组，摇动兆欧表手柄，兆欧表指针稳定后指示的数值就是被测电动机绕组的对地绝缘电阻。

③ 电缆绝缘电阻的测量。如图 1.48（d）所示，E 接线柱接电缆外皮，G 接线柱接电缆线芯与外皮之间的绝缘层，L 接线柱接电缆线芯，摇动兆欧表手柄，兆欧表指针稳定后指示的数值就是被测电缆线芯与外皮之间的绝缘阻值。

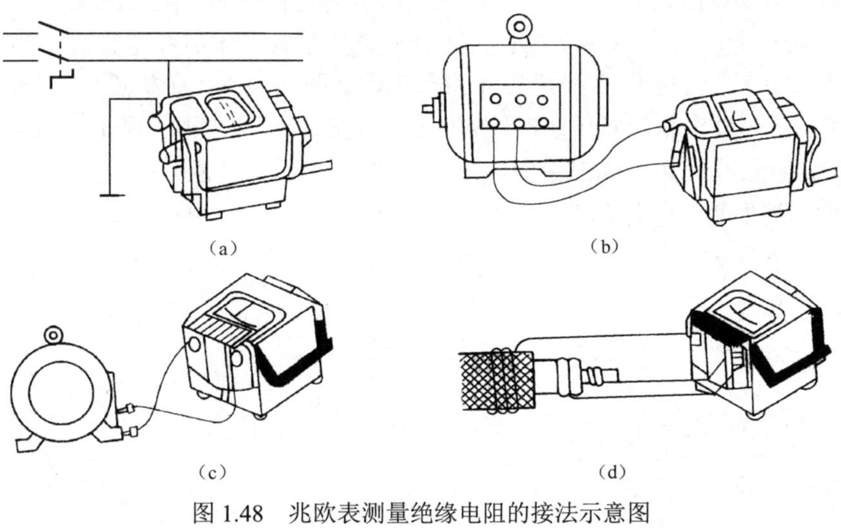

（a）　（b）　（c）　（d）

图 1.48　兆欧表测量绝缘电阻的接法示意图

（3）兆欧表的使用注意事项。在使用兆欧表测量设备和电路的绝缘电阻时，必须在设备和电路不带电的情况下进行；测量前应先将电源切断，并使被测设备充分放电，以排除被测设备感应带电的可能性。

在使用兆欧表前必须进行检查。检查方法如下：将兆欧表平稳放置，先使 L 接线柱、E 接线柱开路，摇动兆欧表手柄并使转速达到额定值，这时指针应指向标尺的“∞”处；再把 L 接线柱、E 接线柱短接，再缓缓摇动兆欧表手柄，指针应指在“0”位。若指针不指在“∞”或“0”位，则必须对兆欧表进行检修。

在进行一般测量时，应将被测绝缘电阻接在 L 接线柱和 E 接线柱之间。若测量电路的对地绝缘电阻，则将被测端接到 L 接线柱，并将 E 接线柱接地。

在接线时，应选用单条导线分别连接 L 接线柱和 E 接线柱，不可以将导线绞合在一起，因为绞线间的绝缘电阻会影响测量结果。

在测量电解电容的介质绝缘电阻时，应按电容的耐压高低选用兆欧表，并需要考虑极性。电解电容的正极接 L 接线柱，负极接 E 接线柱，不可接反，若接反则会使电容击穿。在测量其他电容的介质绝缘电阻时可不考虑极性。

在测量绝缘电阻时，兆欧表手柄应由慢向快摇动。若兆欧表的指针指在“0”位，则说明被测绝缘物有短路现象。此时不能继续摇动兆欧表手柄，以防兆欧表因线圈发热而损坏。摇动兆欧表手柄的速度一般规定为 120r/min，切忌忽快忽慢，以免指针摆动加大引起误差。在兆欧表没有停止转动和被测物没有放电之前，不可用手触及被测物的测量部分，尤其是在测量大电容设备的绝缘电阻之后，必须先将被测物对地放电，再停止转动兆欧表手柄，以防兆欧表因电容放电而损坏。

7. 直流单臂电桥

直流电桥有很多种类，根据结构不同，直流电桥可分为单臂电桥、双臂电桥和单双臂电桥。单臂电桥适合测量中值电阻（$1\sim10^6\ \Omega$）；双臂电桥适合测量低值电阻（1Ω 以下）。这里仅介绍用于测量直流电阻的直流单臂电桥。

1）工作原理

直流单臂电桥是由阻值为 R_1、R_2、R 的三个标准电阻和被测电阻组成四边形 $ABCD$ 的桥式电路，AB、BC、CD、DA 四条支路称为桥臂。直流单臂电桥原理图如图 1.49 所示。在电桥的 A、C 两端接入直流电源 E 和开关 S_B，在 B、D 两端接入一个检流计 G 和开关 S_G 作为指零仪。在用直流单臂电桥测量电阻时，先闭合开关 S_B，接通电源；再闭合开关 S_G，接通检流计。这时检流计的指针可能向左或向右偏转，调整 R_1、R_2 和 R，使检流计的指针停在中间的零点，电桥达到平衡。此时 $I_G=0$，B 端和 D 端的电位相等，$U_{AB}=U_{AD}$，$U_{BC}=U_{DC}$，即

$$I_xR_x=IR,\quad I_1R_1=I_2R_2$$

两式相除，有

$$\frac{I_xR_x}{I_1R_1}=\frac{IR}{I_2R_2}$$

由于 $I_G=0$，所以 $I_x=I_1$，$I=I_2$，代入上式可得

$$R_x=\frac{R_1}{R_2}\cdot R \tag{1.24}$$

直流单臂电桥中的 R 称为电桥的比较臂，R_1、R_2 称为电桥的比例臂，$\frac{R_1}{R_2}$ 称为电桥比例臂的倍率。此时用比较臂的阻值乘以比例臂的倍率，就可以得到被测电阻的阻值 R_x。由于阻值为 R_1、R_2、R 的电阻都是高精度的标准电阻，检流计的灵敏度也很高，因此直流单臂电桥的测量精度很高。比例臂的倍率分为 7 挡，分别为 10^{-3}、10^{-2}、10^{-1}、1、10、10^2、10^3。可通过倍率转换开关选择倍率。比较臂 R 由 4 组可调电阻串联而成，每组有 9 个阻值相同的电阻，第一组为 9 个 1Ω 电阻，第二组为 9 个 10Ω 电阻，第三组为 9 个 100Ω 电阻，第四组为 9 个 1000Ω 电阻。可通过比较臂转换开关调节比较臂 R。面板上的 4 个比较臂转换开关构成了个位、十位、百位和千位，比较臂 R 为 4 组读数的和。图 1.50 所示为直流单臂电桥面板示意图。

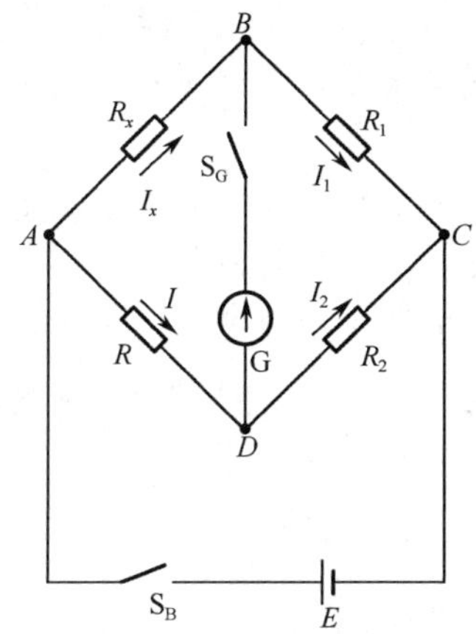

图 1.49　直流单臂电桥原理图

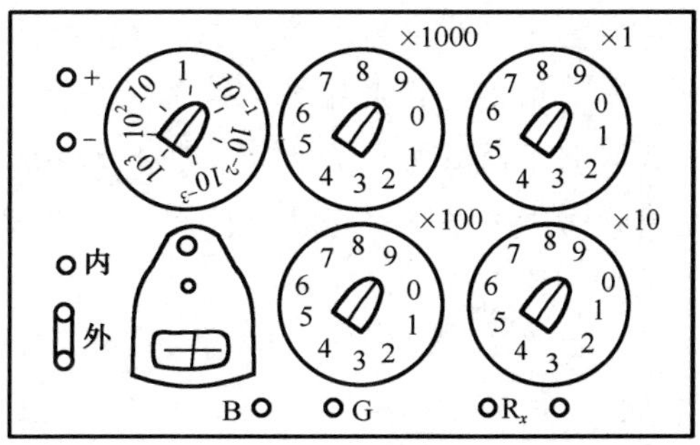

图 1.50　直流单臂电桥面板示意图

2）使用步骤

（1）将检流计锁扣打开，调节机械调零旋钮，使指针位于“0”位。

（2）将被测电阻 R_x 接在接线端钮上，根据 R_x 的阻值范围选择合适的比例臂的倍率，使比较臂的 4 组电阻都被用上。

（3）在调节平衡时，先闭合开关 S_B，再闭合开关 S_G；测量完毕后，先断开开关 S_G，再断开开关 S_B，以防被测对象产生的感应电势损坏检流计。

（4）按下按钮后，若指针向“+”侧偏转，应增大比较臂的阻值；若指针向“−”侧偏转，则应减小比较臂的阻值。调平衡过程中不要完全闭合开关 S_G，待电桥接近平衡时，才可完全闭合开关 S_G，进行细调；否则，检流计指针可能会因为猛烈撞击而损坏。

（5）被测电阻 R_x 的正确读数（单位为Ω）可按下式计算：

$$R_x = 倍率 \times 比较臂的读数$$

（6）在测量结束后，应锁上检流计锁扣，以免检流计因振动而损坏。

知识梳理与总结

（1）电路是由电源、负载和中间环节三部分组成的电流路径，可实现电能的输送和转换，以及电信号的传递和处理。

（2）电流、电压、电动势是电路的主要物理量，它们的参考方向是任意假定的，当其与实际方向一致时为正，反之为负。

（3）电路中某点的电位等于该点与参考点之间的电压。若改变参考点，则各点的电位也随之变化，但两点间的电压不变。

（4）电路中功率的表达式有 $P=\frac{W_R}{t}=\frac{UIt}{t}=UI=\frac{U^2}{R}=RI^2$。根据电压和电流的实际方向，可确定某一电路元器件是电源还是负载；根据电压、电流的参考方向和公式 $P=UI$，也可确定某一电路元器件是电源还是负载。根据能量守恒定律，电源输出的功率和负载吸收的功率应该是平衡的。

（5）欧姆定律适用于线性电阻。

（6）电路分为有载、开路、短路三种工作状态。在使用电路元器件时应注意其额定值，有时应防止电气设备发生短路。

（7）基尔霍夫定律分为基尔霍夫电流定律和基尔霍夫电压定律。基尔霍夫电流定律反映了电路中任一节点各支路电流之间的约束关系，其基本含义是：在任何时刻，对任一节点，流进该节点的电流代数和恒等于零，即 $\sum I=0$。基尔霍夫电压定律反映了电路中任一回路支路电压之间的约束关系，其基本含义是：在任何时刻，沿任一闭合回路，所有支路电压的代数和恒等于零，即 $\sum U=0$。

单元 2

线性直流电路的分析方法

扫一扫看单元 2 教学课件

教学导航

教	知识重点	1．电阻的串/并联及其等效变换 2．电阻星形连接与三角形连接的等效变换 3．电压源与电流源及其等效变换 4．支路电流法　5．节点电压法 6．叠加定理　7．戴维南定理与诺顿定理
	知识难点	1．电压源与电流源及其等效变换　2．叠加定理 3．戴维南定理与诺顿定理
	推荐教学方法	讲解例题与进行实验操作相结合
	建议学时	16 学时
学	推荐学习方法	以分组讨论、练习的学习方式为主
	必须掌握的理论知识	1．电阻的串/并联及其等效变换 2．电阻星形连接与三角形连接的等效变换 3．电压源与电流源及其等效变换 4．支路电流法　5．节点电压法 6．叠加定理　7．戴维南定理与诺顿定理
	必须掌握的技能	能够分析、解决复杂直流电路中的各种问题

扫一扫下载技能训练 3　叠加定理的验证

扫一扫下载技能训练 4　戴维南定理的验证

扫一扫下载思考与练习题 2

扫一扫下载思考与练习题 2 参考答案

2.1 电路的等效变换分析

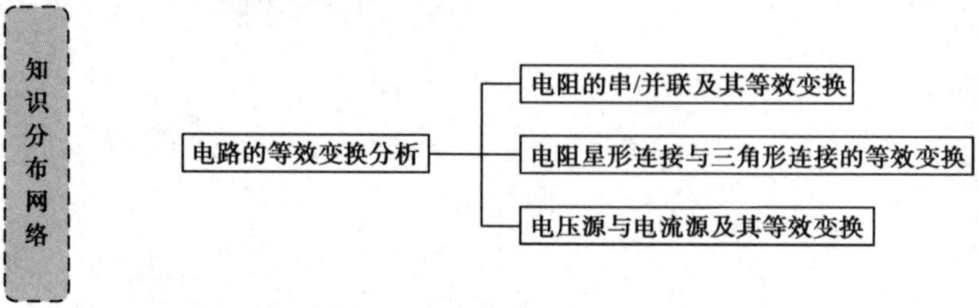

扫一扫看电阻的串/并联及其等效变换微课视频

2.1.1 电阻的串/并联及其等效变换

1. 电阻的串联

若在电路中有若干个电阻首尾相接，中间没有分支，并且在电源的作用下各电阻上流过的电流相等，则称这种连接方式为电阻的串联。图 2.1（a）所示为三个电阻串联的电路。

设电压和电流的参考方向如图 2.1（a）所示，则根据基尔霍夫电压定律，有

$$U = U_1 + U_2 + U_3 \tag{2.1}$$

由欧姆定律，可得

$$\begin{cases} U_1 = R_1 I \\ U_2 = R_2 I \\ U_3 = R_3 I \end{cases} \tag{2.2}$$

联立式（2.1）与式（2.2）得

$$U = (R_1 + R_2 + R_3)I \tag{2.3}$$

式（2.3）表明了如图 2.1（a）所示的电路中的 a、b 两端的电压 U 与电流 I 的关系。如果用一个电阻来代替图 2.1（a）中三个电阻，即

$$R = R_1 + R_2 + R_3 \tag{2.4}$$

那么在 a、b 两端电压 U 与电流 I 的关系不变，如图 2.1（b）所示，换言之，它们对于外电路具有相同的效果，这种代替被称为等效变换。电阻 R 称为电阻 R_1、电阻 R_2、电阻 R_3 串联的等效电阻，如图 2.1（b）所示的电路为如图 2.1（a）所示的电路的等效电路。显然，当有 n 个电阻串联时，其等效电阻的阻值等于 n 个电阻阻值之和。

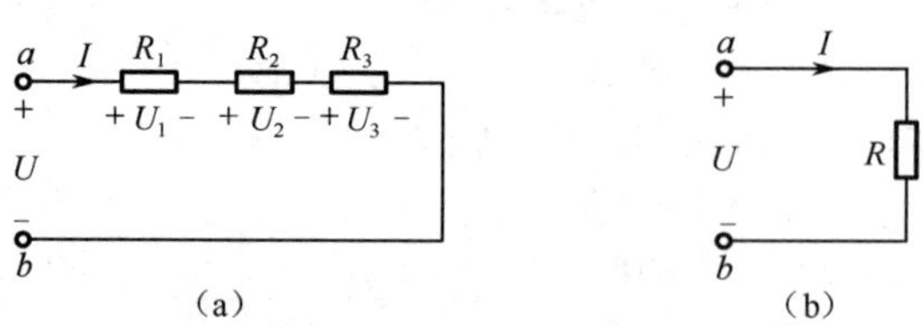

图 2.1　电阻串联及其等效电路

由图 2.1 可知，根据欧姆定律：

$$\frac{U_1}{R_1} = \frac{U_2}{R_2} = \frac{U_3}{R_3} = \frac{U}{R} = I \tag{2.5}$$

可得

$$\begin{cases} U_1 = \dfrac{R_1}{R}U \\ U_2 = \dfrac{R_2}{R}U \\ U_3 = \dfrac{R_3}{R}U \end{cases} \tag{2.6}$$

式（2.6）称为串联电阻的分压公式，由此可推得

$$U_1 : U_2 : U_3 = R_1 : R_2 : R_3$$

上式说明，串联电阻上的电压分配与电阻阻值大小成正比，阻值越大的电阻分配到的电压越大。

提示：电阻串联的应用有很多。例如，在负载的额定电压低于电源电压的情况下，通常采用一个电阻与负载串联，使该电阻分得一部分电压。如果需要调节电路中的电流，那么可以在电路中串联一个变阻器。

2．电阻的并联

若在电路中有若干个电阻，各电阻首尾两端分别连接在两个节点之间，并且每个电阻两端的电压相同，则称这种连接方式为电阻的并联。图 2.2（a）所示为三个电阻并联的电路。

设电压和电流的参考方向如图 2.2（a）所示，根据基尔霍夫电流定律有

$$I = I_1 + I_2 + I_3 \tag{2.7}$$

由欧姆定律，可得

$$\begin{cases} I_1 = \dfrac{U}{R_1} = G_1 U \\ I_2 = \dfrac{U}{R_2} = G_2 U \\ I_3 = \dfrac{U}{R_3} = G_3 U \end{cases} \tag{2.8}$$

式中，G_1、G_2、G_3 分别为各电阻的电导（电导为电阻的倒数，即 $G=1/R$）。

联立式（2.7）与式（2.8）得

$$I = (G_1 + G_2 + G_3)U \tag{2.9}$$

如果用一个电导来代替图 2.2（a）中三个电导并联之和，即

$$G = G_1 + G_2 + G_3 \tag{2.10}$$

那么在 a、b 两端电压 U 与电流 I 的关系不变，换言之，它们对于外电路具有相同的效果，如图 2.2（b）所示。电导 G 被称为 G_1、G_2、G_3 相并联的等效电导，如图 2.2（b）所示的电路为如图 2.2（a）所示的电路的等效电路。显然，当有 n 个电导并联时，其等效电导等于 n 个电导之和。

若将式（2.10）改成电阻形式，则有

$$\frac{1}{R} = \frac{1}{R_1} + \frac{1}{R_2} + \frac{1}{R_3} \tag{2.11}$$

式中，$R=\frac{1}{G}$ 为 R_1、R_2、R_3 并联后的等效阻值。对于图 2.2，根据欧姆定律有

$$\frac{I_1}{G_1}=\frac{I_2}{G_2}=\frac{I_3}{G_3}=\frac{I}{G}=U \tag{2.12}$$

可得

$$\begin{cases} I_1=\frac{G_1}{G}I \\ I_2=\frac{G_2}{G}I \\ I_3=\frac{G_3}{G}I \end{cases} \tag{2.13}$$

式（2.13）称为并联电阻的分流公式，由此可推得

$$I_1:I_2:I_3=G_1:G_2:G_3$$

即电阻并联时，电流的分配与电导的大小成正比，电导越大，电阻分配到的电流越大。

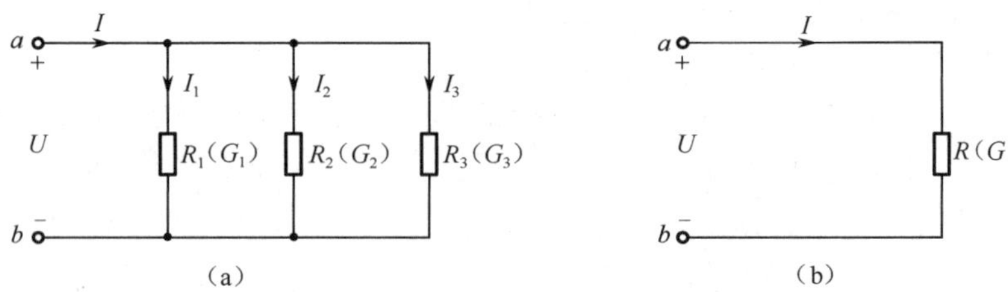

图 2.2　电阻并联及其等效电路

通常两个电阻并联可记作 $R_1//R_2$，其等效阻值可用下式求出：

$$R=R_1//R_2=\frac{R_1\cdot R_2}{R_1+R_2} \tag{2.14}$$

则分流公式为

$$\begin{cases} I_1=\frac{R_2}{R_1+R_2}I \\ I_2=\frac{R_1}{R_1+R_2}I \end{cases} \tag{2.15}$$

提示：在一般情况下，负载都是并联应用的。并联的负载越多，总电阻越小，电路中的总电流和总功率越大，但是每个负载的电流和功率没有改变。有时为了满足某种需要，可将电路中的某一段与电阻或变阻器并联，以起到分流或调节电流的作用。

【例 2.1】　求在如图 2.3（a）所示的电路中 a、b 两端和 c、d 两端的等效电阻。已知 $R_1=6\Omega$，$R_2=15\Omega$，$R_3=R_4=5\Omega$。

【解】　求电阻串/并联电路等效电阻的关键在于识别各电阻的串/并联关系。为此可以先在开口的两端加一个电源以产生电压和电流，再根据电流或电压是否相同来判断电阻是串联还是并联。在求如图 2.3（a）所示的电路中 a、b 两端的等效电阻时，在 a、b 两端加一个电压源，如图 2.3（b）所示，由于 c、d 端是断开的，因此这两条支路的电流为零，可省去，得到如

图 2.3（c）所示的电路。由此可确定电阻 R_3 与电阻 R_4 串联，其等效电阻为 $R_{34}=R_3+R_4=10$（Ω）。由图 2.3（d）可确定电阻 R_2 与电阻 R_{34} 并联，其等效电阻为 $R_{234}=\dfrac{R_2R_{34}}{R_2+R_{34}}=6$（Ω）。由图 2.3（e）可确定电阻 R_1 与电阻 R_{234} 串联，由此可得 a、b 两端的等效电阻 $R_{ab}=R_1+R_{234}=12$（Ω），如图 2.3（f）所示。

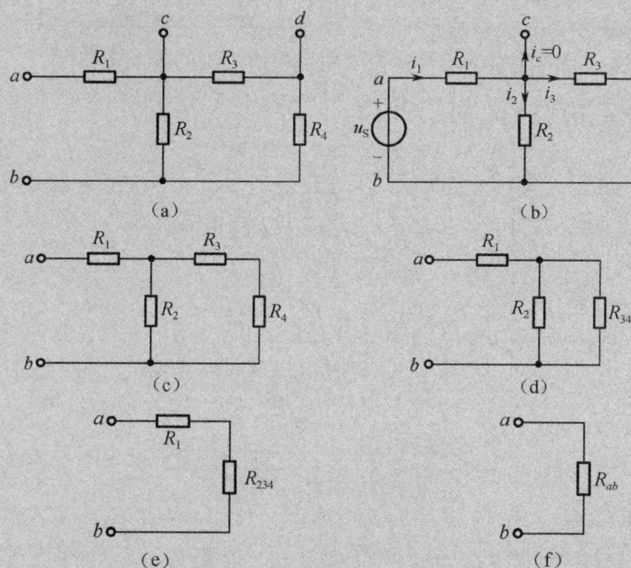

扫一扫看电阻的串/并联及其等效变换应用微课视频

图 2.3　例 2.1 图

以上计算过程为

$$R_{ab}=R_1+[R_2\,/\!/\,(R_3+R_4)]=12\ （\Omega）$$

同理，在 cd 两端加一个电压源时流经电阻 R_1 的电流为零，故电阻 R_1 对 cd 两端的等效电阻无影响，因此 $R_{cd}=R_3\,/\!/\,(R_2+R_4)=4$（Ω）。

2.1.2　电阻星形连接与三角形连接的等效变换

扫一扫看电阻星形连接与三角形连接的等效变换微课视频

在进行电路计算时，如果能将串联与并联的电阻简化为一个等效电阻，就会大大简化计算过程。有的电路中的电阻与电阻之间的连接既不是串联也不是并联，此时不能简单地用一个电阻来等效。例如，电阻的星形连接和三角形连接就不能简单地用电阻串联、并联来简化，此时可以用下面的方法简化。

1．星形连接电阻等效变换为三角形连接电阻

星形连接的电阻可以等效变换成三角形连接的电阻，三角形连接的电阻也可以等效变换成星形连接的电阻。但变换是有条件的，即变换前后三个对应端 a、b、c 流入（或流出）的电流 I_a、I_b、I_c 必须对应相等；对应端 a、b、c 之间的电压 U_{ab}、U_{bc}、U_{ca} 也必须对应相等。也就是说，等效变换前后电路的外部性能保持不变。星形连接电阻转换为三角形连接电阻的等效电路如图 2.4 所示。

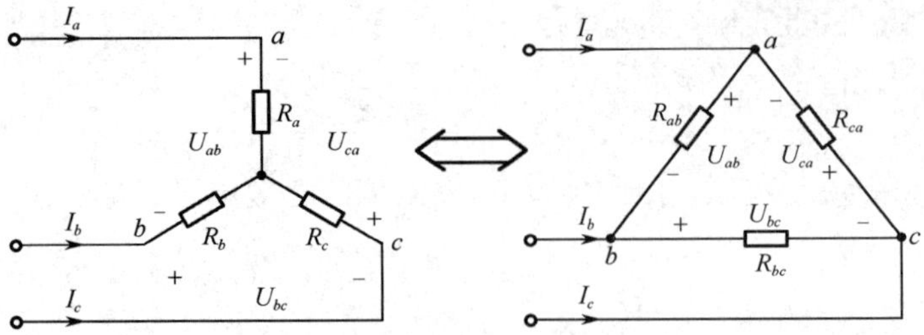

图 2.4　星形连接电阻转换为三角形连接电阻的等效电路

电阻由星形连接等效变换成三角形连接时为

$$\begin{cases} R_{ab}=\dfrac{R_aR_b+R_bR_c+R_cR_a}{R_c} \\ R_{bc}=\dfrac{R_aR_b+R_bR_c+R_cR_a}{R_a} \\ R_{ca}=\dfrac{R_aR_b+R_bR_c+R_cR_a}{R_b} \end{cases} \tag{2.16}$$

式（2.16）可记为

$$R_{\triangle}=\frac{\text{星形连接电阻两两乘积之和}}{\text{星形连接不相邻电阻}}$$

提示： 当星形连接的三个电阻阻值相等时，即当 $R_a=R_b=R_c=R_Y$ 时，有 $R_{\triangle}=3R_Y$。

2．三角形连接电阻等效变换成星形连接电阻

电阻由三角形连接等效变换成星形连接时为

$$\begin{cases} R_a=\dfrac{R_{ab}R_{ca}}{R_{ab}+R_{bc}+R_{ca}} \\ R_b=\dfrac{R_{bc}R_{ab}}{R_{ab}+R_{bc}+R_{ca}} \\ R_c=\dfrac{R_{ca}R_{bc}}{R_{ab}+R_{bc}+R_{ca}} \end{cases} \tag{2.17}$$

式（2.17）可记为

$$R_Y=\frac{\text{三角形连接相邻电阻乘积}}{\text{三角形连接电阻之和}}$$

提示： 当三角形连接的三个电阻阻值相等时，即当 $R_{ab}=R_{bc}=R_{ca}=R_{\triangle}$ 时，有 $R_Y=\dfrac{1}{3}R_{\triangle}$。

星形连接也称为 T 连接，三角形连接也称为π连接，示意图如图 2.5 所示。

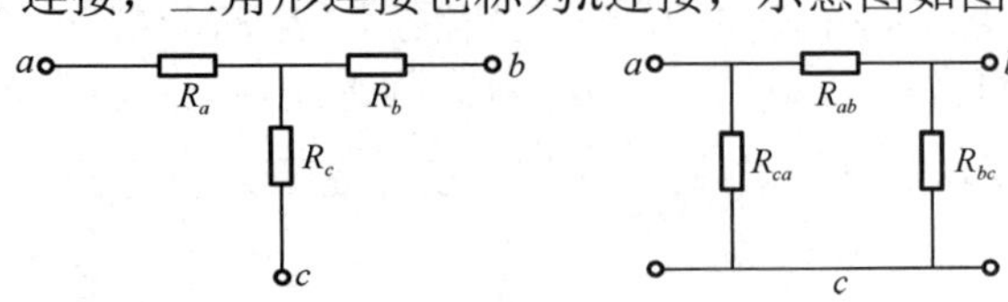

图 2.5　星形连接电阻和三角形连接电阻示意图

【例 2.2】 在如图 2.6 所示的电路中，已知 $R_1 = 10\Omega$，$R_2 = 30\Omega$，$R_3 = 22\Omega$，$R_4 = 4\Omega$，$R_5 = 60\Omega$，$U_S = 22V$，求电流 I。

【解】 图 2.6（a）是一个电桥电路，既含有三角形连接电阻又含有星形连接电阻，有很多等效变换方案，现将电阻 R_1、电阻 R_2、电阻 R_5 组成的三角形连接电路等效变换成星形连接电路，如图 2.6（b）所示，得

$$R_a = \frac{R_1 R_5}{R_1 + R_2 + R_5} = \frac{10 \times 60}{10 + 30 + 60} = 6\ (\Omega)$$

扫一扫看电阻星形连接与三角形连接的等效变换应用微课视频

$$R_b = \frac{R_1 R_2}{R_1 + R_2 + R_5} = \frac{10 \times 30}{10 + 30 + 60} = 3\ (\Omega)$$

$$R_c = \frac{R_2 R_5}{R_1 + R_2 + R_5} = \frac{30 \times 60}{10 + 30 + 60} = 18\ (\Omega)$$

再用串联、并联方法求出等效电阻 R_{bd}：

$$R_{bd} = R_b + [(R_a + R_4) // (R_c + R_3)] = 3 + \frac{(6+4)(18+22)}{6+4+18+22} = 11\ (\Omega)$$

则总电流：

$$I = \frac{U_S}{R_{bd}} = \frac{22}{11} = 2\ (A)$$

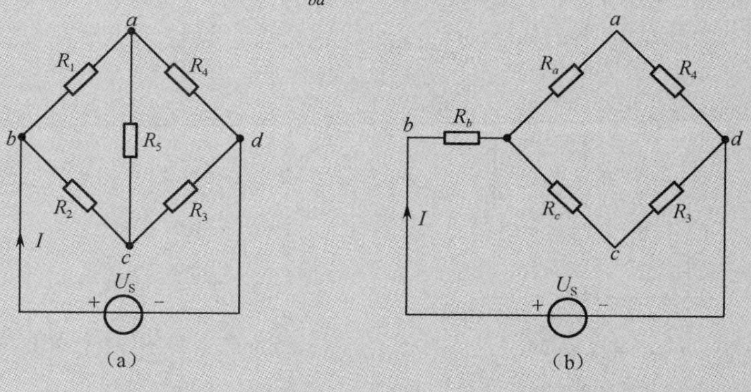

图 2.6 例 2.2 图

扫一扫看电压源与电流源及其等效变换微课视频 1

2.1.3 电压源与电流源及其等效变换

电源是将其他形式的能量转换为电能的装置。实际上，电源可以用两种不同的电路模型来表示：一种电路模型以电压的形式向电路供电，称为电压源模型；另一种电路模型以电流的形式向电路供电，称为电流源模型。

1. 电压源

电压源电路如图 2.7（a）所示，U_S 是电压源的电压；R 是外接负载电阻的阻值；电路中电压源 U_S 与电流 I 为非关联参考方向。

电压源向外提供了一个恒定的或按某一特定规律随时间变化的端电压（或随时间按正弦规律变化的正弦电压），其大小为 U_S，接上负载电阻以后，电路中便有电流 I，其大小仅取决于负载电阻的阻值，不管负载如何变化，其端电压 $U = U_S$ 始终是恒定的。

电压源的电压、电流关系曲线又称伏安特性曲线，是一条平行于电流轴的直线，如图 2.7（b）所示。

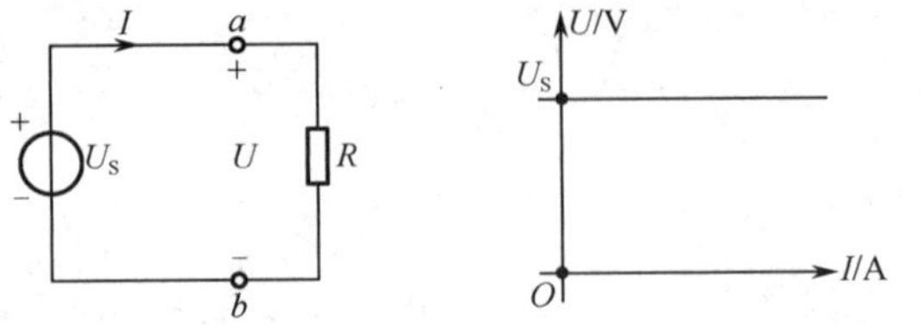

（a）电压源电路　　（b）电压源的伏安特性曲线

图 2.7　电压源电路及电压源的伏安特性曲线

实际电压源不具备上述电压源的特性，即当负载电阻 R 的阻值发生变化时，电压源提供的端电压会发生变化，所以实际电压源模型可以用一个内阻 R_0 和电压源 U_S 的串联来表示，如图 2.8（a）所示。电路中的电流 I 和电压 U 分别为

$$I = \frac{U_S}{R_0 + R} \tag{2.18}$$

$$U = U_S - R_0 I \tag{2.19}$$

由式（2.18）和式（2.19）可知，负载电阻的阻值越小，电压源输出的电流越大，电源内阻上的电压降越高，而电源的端电压 U 越低。实际电压源的伏安特性曲线如图 2.8（b）所示，显然，电源内阻 R_0 的阻值越小，其伏安特性曲线越平坦，其输出电压越稳定，越接近电压源的开路电压 U_S。

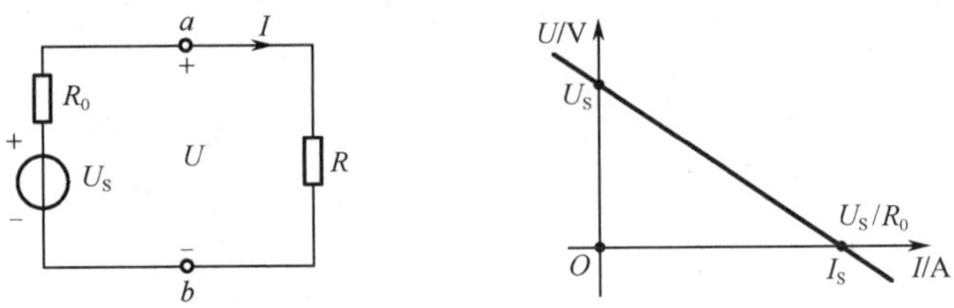

（a）电压源模型　　（b）实际电压源的伏安特性曲线

图 2.8　电压源模型及实际电压源的伏安特性曲线

2．电流源

电流源电路如图 2.9（a）所示，I_S 是电流源电流，R 是外接负载电阻，电路中电流源电流 I_S 与电压 U 为非关联参考方向。电流源向外提供了一个恒定的电流 I_S，并且电流 I_S 的大小与它的端电压大小无关，它的端电压大小仅取决于外电路负载电阻的阻值 R，即 $U=RI_S$。

电流源的伏安特性曲线如图 2.9（b）所示，它是一条垂直于电流轴的直线。

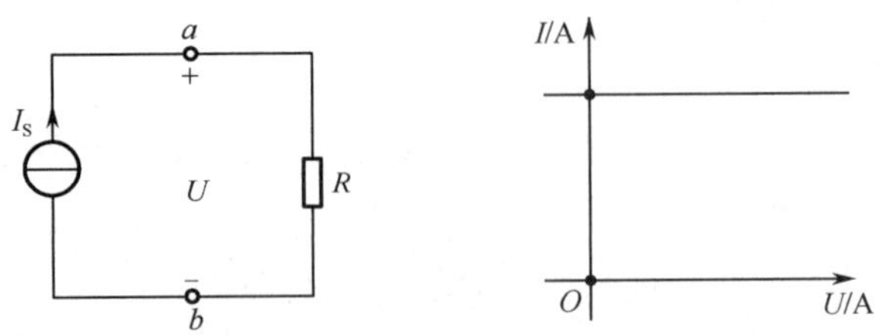

（a）电流源电路　　（b）电流源的伏安特性曲线

图 2.9　电流源电路及电流源的伏安特性曲线

实际电流源的电流源模型可以用一个阻值为 R_0 的内阻与电流源的并联来表示，如图 2.10（a）所示。实际电流源一般不具备上述电流源的特性。当负载电阻的阻值 R 发生变化时，输出电流会有波动。

由图 2.10（a）可知，输出电流 $I = I_S - \dfrac{U}{R_0}$，显然，输出电流 I 的数值不是恒定的。当负载电阻 R 短路时，输出电压 U=0，输出电流 I=I_S；当负载电阻 R 开路时，输出电压 $U = I_S R_0$，输出电流 I=0，其伏安特性曲线如图 2.10（b）所示。

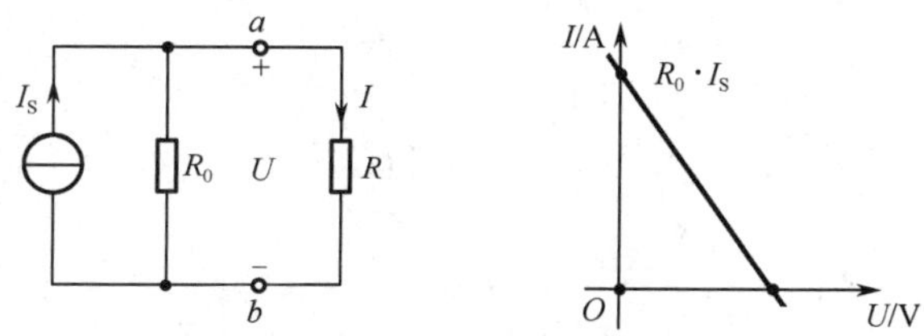

（a）电流源模型　　（b）实际电流源的伏安特性曲线

图 2.10　电流源模型及实际电流源的伏安特性曲线

扫一扫看电压源与电流源及其等效变换微课视频 2

3．电压源模型与电流源模型的等效变换

由图 2.8（b）和图 2.10（b）可以发现，实际电压源和实际电流源的伏安特性曲线是相同的，在一定条件下，这两个外特性可以重合。这说明一个实际电源既可以用电压源模型表示，也可以用电流源模型表示。这就是说，对同一外电路而言，电压源模型和电流源模型之间是可以等效变换的。变换后保持输出电压和输出电流不变。如图 2.11 所示，在 U、I 均保持不变的情况下等效变换的条件为

$$I_S = \frac{U_S}{R_0} \quad \text{或} \quad U_S = R_0 I_S \tag{2.20}$$

R_0 保持不变，但接法改变。要特别指出的是，在等效变换时，电压源模型与电流源模型的 U_S 与 I_S 方向必须保持一致，即电流源流出电流的一端与电压源的正极性端相对应。

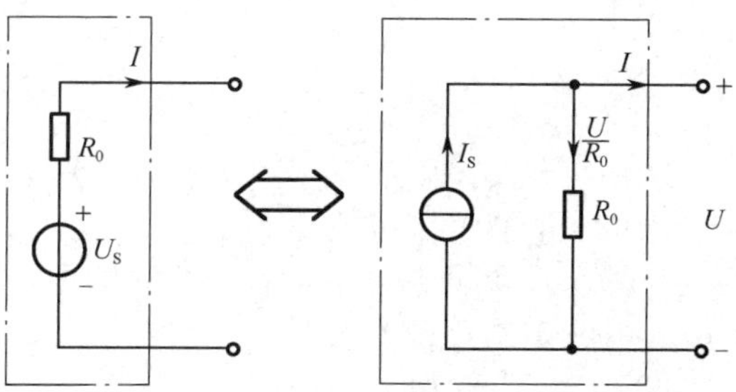

图 2.11　电压源模型与电流源模型的等效变换

提示：在电压源与电流源等效变换时还应注意如下几点。

（1）电压源模型与电流源模型的等效关系只对相同的外电路而言，其内部并不等效。如图 2.8（a）所示，在开路状态下电压源不产生功率，内阻也不消耗功率。而在图 2.10（a）中，在开路状态下电流源产生功率，并且全部被内阻消耗。

（2）电压源与电流源之间不能进行等效变换，这是因为电压源内阻 R_0=0，若能等效变换，则短路电流 $I_S=\dfrac{U_S}{R_0}=\infty$，这是没有意义的。同样，电流源内阻 $R_0=\infty$，若能等效变换，则开路电压 $U_S=R_0I_S=\infty$，这也是没有意义的。

（3）任何与电压源并联的两端元器件不影响其电压源电压的大小，在分析电路时可以舍去；任何与电流源串联的两端元器件不影响其电流源电流的大小，在分析时也可以舍去（但在计算由电源提供的总电流、总电压和总功率时，两端元器件不能舍去），如图 2.12 所示。

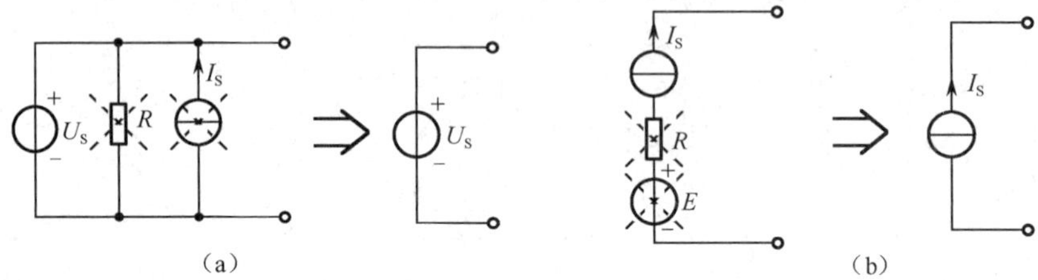

图 2.12　等效变换

【例 2.3】　求如图 2.13（a）所示电路中的电流 I。

扫一扫看电压源与电流源及其等效变换应用微课视频

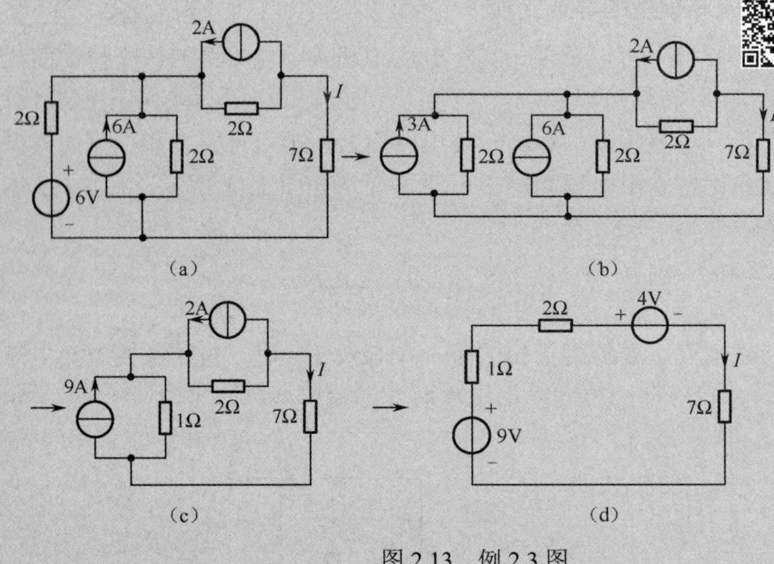

图 2.13　例 2.3 图

【解】　图 2.13（a）所示电路可简化为如图 2.13（d）所示电路的形式，简化过程如图 2.13（b）～图 2.13（d）所示，由简化后的电路可求电流为

$$I=\frac{9-4}{1+2+7}=0.5\text{（A）}$$

【例 2.4】　如图 2.14 所示，求负载 R_L 中的电流 I 及其端电压 U，并分析功率平衡关系。

【解】　图 2.14 中的 2A 电流源与 10V 电压源并联，不影响其两端电压大小，可以舍去，可得

$$I=\frac{U}{R_L}=\frac{10}{2}=5\text{（A）}$$

所以负载 R_L 中的电流为 5A。

端电压

$$U = R_L I = 2\times 5 = 10\text{（V）}$$

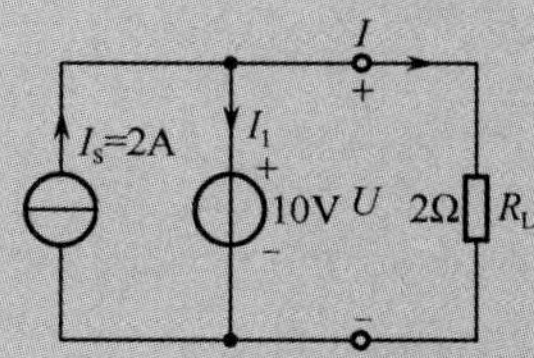

图 2.14 例 2.4 图

根据基尔霍夫电流定律有

$$I_S - I_1 - I = 0$$

所以

$$I_1 = I_S - I = 2 - 5 = -3\text{（A）}$$

负载 R_L 的功率为

$$P = UI = 10\times 5 = 50\text{（W）（吸收功率）}$$

电压源的功率为

$$P_{U_S} = UI_1 = (-3)\times 10 = -30\text{（W）（关联参考方向，}I_S < 0\text{，输出功率）}$$

电流源的功率为

$$P_{I_S} = UI_S = 10\times 2 = 20\text{（W）（非关联参考方向，}P_{I_S} > 0\text{，输出功率）}$$

电源输出的功率为 30+20=50（W），负载 R_L 吸收的功率为 50W，所以输出功率与吸收功率相等，即功率平衡。

2.2 电路的分析方法

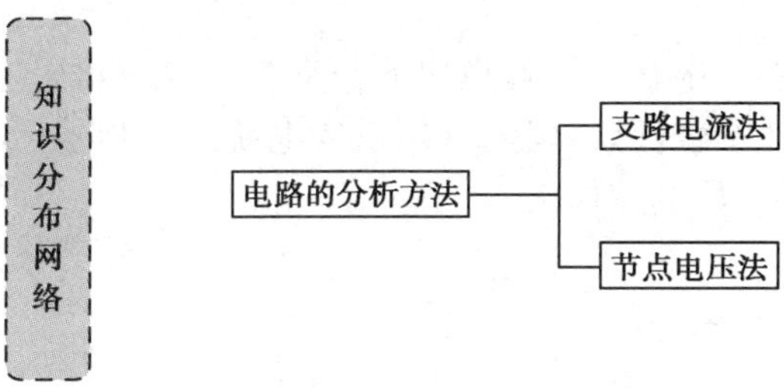

扫一扫看支路电流法微课视频

2.2.1 支路电流法

支路电流法是最基本的计算复杂电路的方法。在用支路电流法分析电路时，以支路电流作为求解对象，先应用基尔霍夫定律分别对节点和网孔列写基尔霍夫电流定律方程和基尔霍夫电压定律方程，然后联立方程组进行求解。

图 2.15 所示为复杂线性电阻电路，假定各电阻和电源电压值已知，求各支路电流。该电路共有 3 个节点，5 条支路，3 个网孔，6 个回路。5 条支路电流的参考方向如图 2.15 所示。

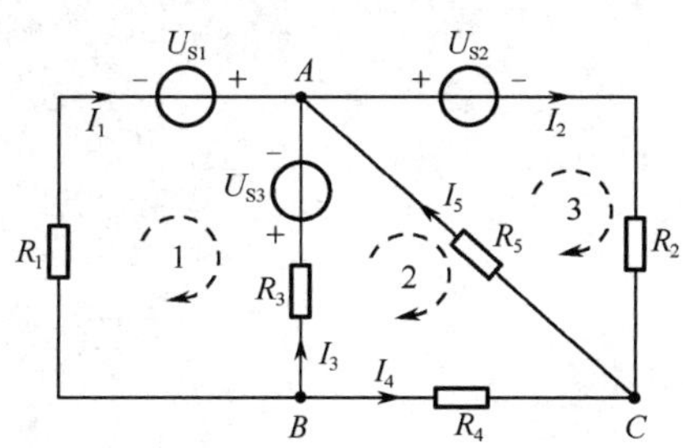

图 2.15 复杂线性电阻电路

根据基尔霍夫电流定律可对 3 个节点列写 3 个基尔霍夫电流定律方程：

$$\begin{cases}节点A：I_1 - I_2 + I_3 + I_5 = 0 \\ 节点B：-I_1 - I_3 - I_4 = 0 \\ 节点C：I_2 + I_4 - I_5 = 0\end{cases} \tag{2.21}$$

从式（2.21）中可以看出，任何一个方程可由其余两个方程相加减得到，因此它们并不是相互独立的。故可得出结论：对具有 3 个节点的电路只能列出 2 个独立的基尔霍夫电流定律方程，因此只能有 2 个独立节点，余下的 1 个节点称为非独立节点，独立节点的选取是任意的。在如图 2.15 所示的电路中，若选节点 A 和节点 B 作为独立节点，则式（2.21）的前两项就是独立的基尔霍夫电流定律方程。

推而广之，具有 n 个节点的电路只能有且一定有 $n-1$ 个独立节点，对其只能列写 $n-1$ 个独立的基尔霍夫电流定律方程。

求解出 5 条支路的电流，只有两个方程显然是不行的，还需补充 3 个独立方程。可借助基尔霍夫电压定律建立所需的方程。实践证明：对线性电路列写的基尔霍夫电压定律独立方程的个数等于网孔的个数。因此，只要对 3 个网孔列写基尔霍夫电压定律方程即可。

如图 2.15 所示，按顺时针方向绕行可得

$$\begin{cases}网孔1：R_1I_1 - R_3I_3 = U_{S1} + U_{S3} \\ 网孔2：R_3I_3 - R_5I_5 - R_4I_4 = -U_{S3} \\ 网孔3：R_5I_5 + R_2I_2 = -U_{S2}\end{cases} \tag{2.22}$$

除式（2.22）外的其他回路的基尔霍夫电压定律方程都不是独立的，都可由式（2.22）中的 3 个方程相加减得到。

取式（2.21）中的任意两项与式（2.22）联立求解，即可得出 5 条支路的电流。

综上所述，对以支路电流为待求量的任意线性电路，运用基尔霍夫电流定律和基尔霍夫电压定律总能列写出足够的独立方程，从而可求出支路电流。

支路电流法的步骤可归纳如下。

（1）在给定电路图中设定各支路电流的参考方向。

（2）选择 $n-1$ 个独立节点，列写 $n-1$ 个基尔霍夫电流定律独立方程。

（3）选网孔为独立回路，并设定其绕行方向，列出各网孔的基尔霍夫电压定律独立方程。

（4）联立上述独立方程，求解，得出各支路电流。

【例 2.5】 求如图 2.16 所示电路中各支路的电流。

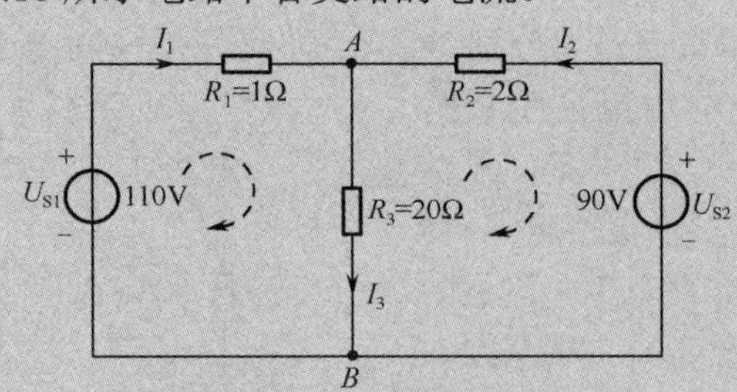

图 2.16 例 2.5 图

【解】 （1）假定各支路电流的参考方向。

（2）该电路只有两个节点，故只能列写一个基尔霍夫电流定律独立方程，选节点 A 为独

立节点，则有

$$I_1 + I_2 - I_3 = 0$$

（3）按顺时针方向列出两个网孔的基尔霍夫电压定律独立方程：

$$R_1I_1 + R_3I_3 = U_{S1}$$

$$-R_2I_2 - R_3I_3 = -U_{S2}$$

（4）联立上面 3 个方程，代入数据得

$$\begin{cases} I_1 + I_2 - I_3 = 0 \\ I_1 + 20I_3 = 110 \\ 2I_2 + 20I_3 = 90 \end{cases}$$

经计算得出 $I_1 = 10\text{A}$，$I_2 = -5\text{A}$，$I_3 = 5\text{A}$，其中 I_2 为负值，说明其参考方向与实际方向相反。

2.2.2　节点电压法

扫一扫看节点电压法微课视频

以节点电压为求解对象的电路分析方法称为节点电压法。在任意复杂结构的电路中总会有 n 个节点，取其中一个节点作为参考点，其他各节点与参考点之间的电压称为节点电压。所以，在有 n 个节点的电路中，一定有 n-1 个节点电压。

如果在一个电路中有两个节点，那么取其中一个为参考点，其节点电压只有一个。只有两个节点的电压分析方法被称为弥尔曼定理，是节点电压法中的特例。有两个节点的电路可以看作许多条支路的并联电路。

在如图 2.17 所示的电路中共有 4 条支路及 2 个节点（A 节点、B 节点）。取 B 节点为参考点，其节点电压为 U_{AB}；各支路电流 I_1、I_2、I_3、I_S 的参考方向如图 2.17 所示。各支路电流可应用欧姆定律求得，具体为

$$\begin{cases} U_{AB} = U_{S1} - I_1R_1 \Rightarrow I_1 = \dfrac{-U_{AB} + U_{S1}}{R_1} \\ U_{AB} = -U_{S2} + I_2R_2 \Rightarrow I_2 = \dfrac{U_{AB} + U_{S2}}{R_2} \\ U_{AB} = I_3R_3 \Rightarrow I_3 = \dfrac{U_{AB}}{R_3} \\ I_S = I_4 \Rightarrow I_4 = I_S \end{cases} \tag{2.23}$$

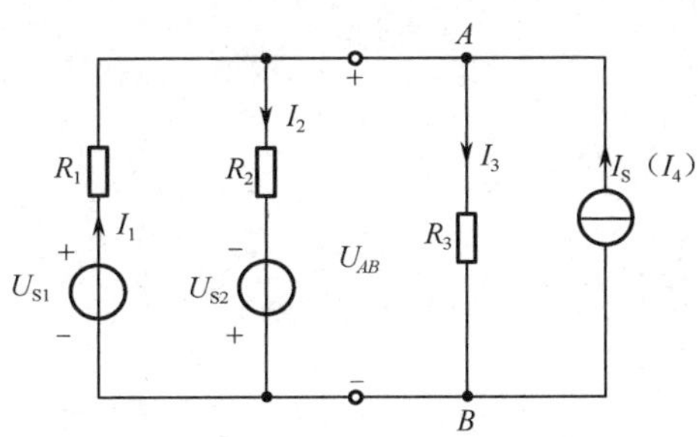

图 2.17　节点电压法

对 A 节点应用基尔霍夫电流定律可得

$$I_1 - I_2 - I_3 + I_S = 0 \tag{2.24}$$

将式（2.23）代入式（2.24）有

$$\frac{-U_{AB} + U_{S1}}{R_1} - \frac{U_{AB} + U_{S2}}{R_2} - \frac{U_{AB}}{R_3} + I_S = 0$$

整理后得

$$U_{AB} = \frac{\frac{U_{S1}}{R_1} - \frac{U_{S2}}{R_2} + I_S}{\frac{1}{R_1} + \frac{1}{R_2} + \frac{1}{R_3}} = \frac{\sum \frac{U_S}{R} + \sum I_S}{\sum \frac{1}{R}} \tag{2.25}$$

求得节点电压 U_{AB} 后，再根据欧姆定律求各支路电流。

提示： 根据式（2.25）可归纳：分母恒取正；在分子各项中，若电压源电压 U_S 与节点电压极性一致，则取正；若电压源电压 U_S 与节点电压极性相反，则取负；电流源电流 I_S 流入为正，流出为负。

【例 2.6】 如图 2.18 所示，求阻值为 1 Ω 的电阻流过的电流 I。

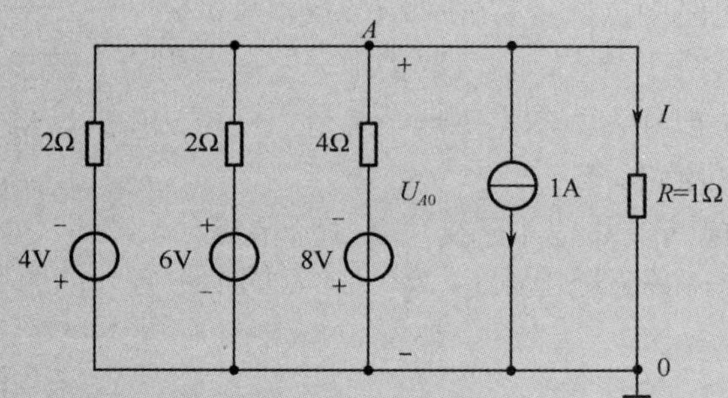

图 2.18　例 2.6 图

【解】 设 0 为参考点，先计算 A 节点的电压 U_{A0}，然后应用欧姆定律求得阻值为 1 Ω 的电阻流过的电流 I。

A 节点的电压为

$$U_{A0} = \frac{-\frac{4}{2} + \frac{6}{2} - \frac{8}{4} - 1}{\frac{1}{2} + \frac{1}{2} + \frac{1}{4} + 1} = \frac{-2}{\frac{9}{4}} = -\frac{8}{9}\ (\text{V})$$

所以

$$U_{A0} = IR,\quad I = \frac{U_{A0}}{R} = \frac{-\frac{8}{9}}{1} = -\frac{8}{9}\ (\text{A})$$

2.3 电路定理的应用

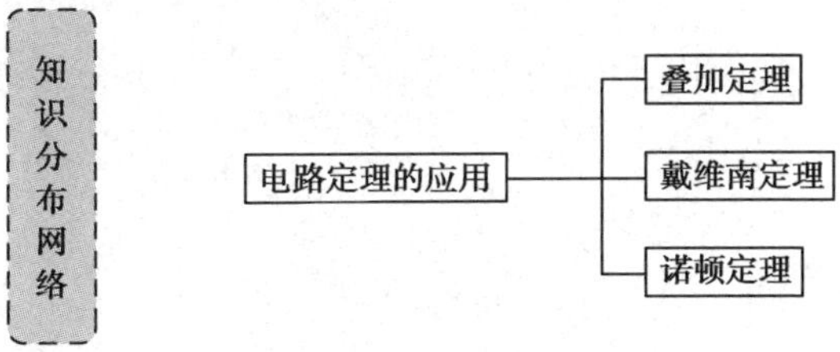

扫一扫看叠加定理微课视频

扫一扫看叠加定理原理动画

扫一扫看叠加定理实例微课视频

2.3.1 叠加定理

叠加定理是线性电路普遍适用的基本定律，反映了线性电路的基本性质。其内容可表达为：在线性电路中，多个电源（电压源和电流源）共同作用在任意一条支路上产生的电压或电流等于这些电源分别单独作用在该支路上产生的电压或电流的代数和。

在应用叠加定理时必须注意以下几点。

（1）应保持电路结构及元器件参数不变。当一个电源单独作用时，其他电源参数应视为零值，即电压源短路，电流源开路，但其内阻均应被保留。

（2）叠加定理只适用于线性电路。

（3）在最后叠加时，必须认清各个电源单独作用时，在各条支路产生的电压、电流的分量是否与各条支路上原电压、电流的参考方向一致。若一致，则各分量取正，反之则取负，最终叠加结果应为代数和。

（4）叠加定理只能用来分析电路中的电压和电流，不能用来计算电路中的功率，因为功率与电压或电流间不是线性关系。

【例 2.7】　如图 2.19 所示，求电路中的电流 I_L。

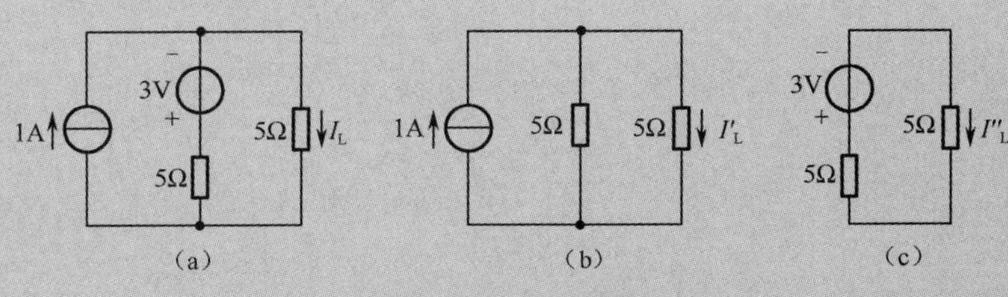

图 2.19　例 2.7 图

【解】　在如图 2.19（a）所示的电路中有两个电源，当电流源单独作用时，电压源视为短路，如图 2.19（b）所示，因此有

$$I'_L=\frac{5}{5+5}\times 1=0.5\text{（A）}$$

当电压源单独作用时，电流源视为开路，如图 2.19（c）所示，因此有

$$I''_L=-\frac{3}{5+5}=-0.3\text{（A）}$$

叠加后得

$$I=I'_L+I''_L=0.5-0.3=0.2\text{（A）}$$

【例 2.8】 在如图 2.20（a）所示的电路中 $R_1=5\Omega$，$R_2=10\Omega$，$R_3=20\Omega$，试用叠加定理求各支路电流。

【解】 20V 电压源单独作用时的电路图如图 2.20（b）所示。

$$R=R_1+\frac{R_2\cdot R_3}{R_2+R_3}=5+\frac{10\times 20}{10+20}\approx 11.67(\Omega)$$

$$I_1'=\frac{20}{11.67}\approx 1.71(\text{A})$$

$$I_2'=I_1'\times\frac{R_3}{R_2+R_3}=1.71\times\frac{20}{10+20}=1.14(\text{A})$$

$$I_3'=I_1'\times\frac{R_2}{R_2+R_3}=1.71\times\frac{10}{10+20}=0.57(\text{A})$$

10V 电压源单独作用时的电路图如图 2.20（c）所示。

$$R'=R_2+\frac{R_1\cdot R_3}{R_1+R_3}=10+\frac{5\times 20}{5+20}=14(\Omega)$$

$$I_2''=\frac{10}{14}\approx 0.71(\text{A})$$

$$I_1''=I_2''\times\frac{R_3}{R_1+R_3}=0.71\times\frac{20}{5+20}=0.568(\text{A})$$

$$I_3''=I_2''\times\frac{R_1}{R_1+R_3}=0.71\times\frac{5}{5+20}=0.142(\text{A})$$

叠加后得

$$I_1=I_1'-I_1''=1.71-0.568=1.142(\text{A})$$

$$I_2=-I_2'+I_2''=-1.14+0.71=-0.43(\text{A})$$

$$I_3=-I_3'-I_3''=-0.57-0.142=-0.712(\text{A})$$

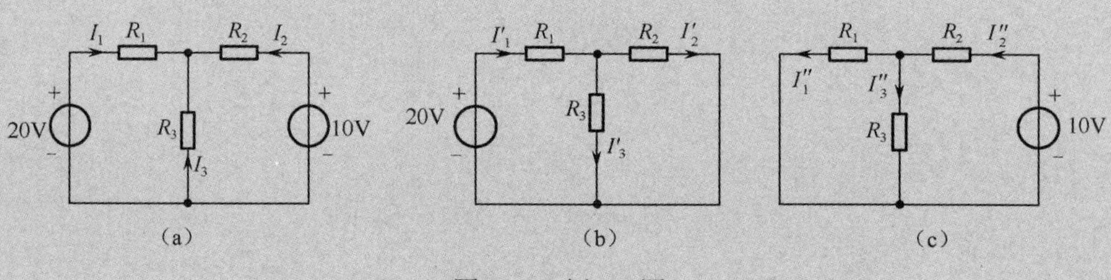

图 2.20 例 2.8 图

2.3.2 戴维南定理与诺顿定理

在分析电路时，往往只需要求解其中某一条支路上的电流和电压。如果使用支路电流法、节点电压法、叠加定理来分析会引入一些不必要的电流或电压，计算量比较大。如果能把电路中除待求支路以外的其余部分先用一个简单的二端网络（电路）与待求支路构成一个单回路电路，再求解这条支路的电流和电压，就变得很容易了。

在介绍戴维南定理与诺顿定理前，先介绍一下二端网络的概念。

任何具有两个端点与外电路相连接的网络，不管其内部结构如何，都称为二端网络。二端网络根据内部是否含有电源，又可分为有源二端网络和无源二端网络。图 2.21（a）所示为无源二端网络，图 2.21（b）所示为有源二端网络。

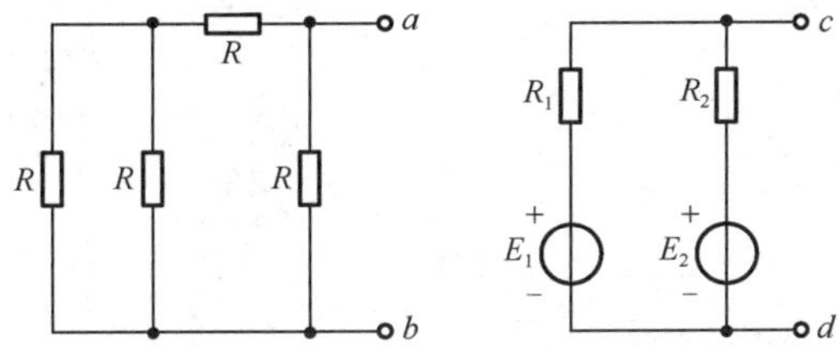

（a）**无源二端网络**　（b）**有源二端网络**

图 2.21　二端网络

扫一扫看戴维南定理微课视频

扫一扫看戴维南定理原理动画

1．戴维南定理

戴维南定理可表达为：任何一个线性有源二端网络，对其外电路而言，都可用一个电压源和电阻的串联电路来等效代替。电压源的电压等于线性有源二端网络的开路电压 U_{oc}；串联电阻等于把线性有源二端网络中的电源置零后的输入电阻。

这一电压源和电阻的串联电路称为戴维南等效电路，其中串联电阻在电子电路中常称为输出电阻，记为 R_0。

【例 2.9】　在如图 2.22（a）所示电路中，试用戴维南定理求流过阻值为 R_L 的电阻的电流 I（$R_L=2\Omega$）。

【解】　先把待求支路断开，转换成如图 2.22（b）所示的线性有源二端网络，计算开路电压 U_{oc}：

$$I'=\frac{24+6}{3+2}=6(\text{A})$$

所以

$$U_{oc}=2\times10+24-3\times6=26\ (\text{V})$$

或

$$U_{oc}=2\times10-6+2\times6=26\ (\text{V})$$

再把线性有源二端网络转化为线性无源二端网络，如图 2.22（c）所示，计算 R_{ab}：

$$R_{ab}=2+\frac{2\times3}{2+3}=3.2(\Omega)$$

最后组成戴维南等效电路，如图 2.22（d）所示，求流过阻值为 R_L 的电阻的电流 I:

$$I=\frac{U_{oc}}{R_{ab}+R_L}=\frac{26}{3.2+2}=5(\text{A})$$

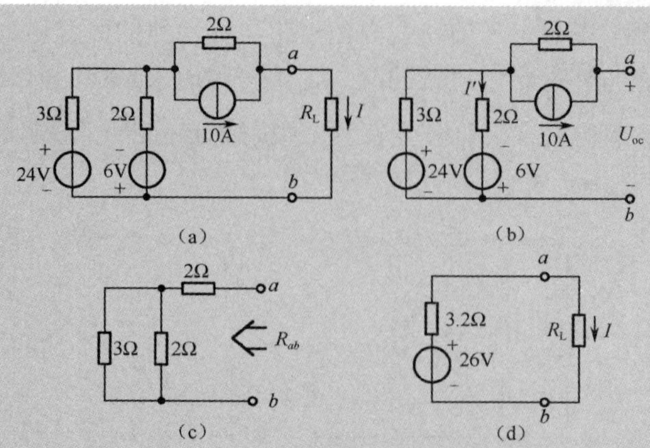

图 2.22　例 2.9 图

2. 诺顿定理

诺顿定理可表达为：任何一个线性有源二端网络，对其外电路而言，都可用一个电流源和电阻的并联电路来等效代替。电流源的电流等于线性有源二端网络端点间的短路电流 I_{sc}；并联电阻等于把线性有源二端网络中的电源置零后的输入电阻。

这一电流源和电阻的并联电路称为**诺顿等效电路**。

【例 2.10】 在如图 2.23（a）所示的电路中，试用诺顿定理求流过阻值为 R_L 的电阻的电流 I（$R_L = 2\Omega$）。

【解】 先把图 2.23（a）中的 a、b 两点短路，计算短路电流 I_{sc}。可用节点电压法，选取 b 为参考点，根据式（2.25）可得

$$U_{ab} = \frac{\frac{24}{3} - \frac{6}{2} - 10}{\frac{1}{3} + \frac{1}{2} + \frac{1}{2}} = -3.75(\text{V})$$

流过阻值为 R_L 的电阻的电流为

$$I = \frac{-3.75}{2} = -1.875(\text{A})$$

对 a 点应用基尔霍夫电流定律得

$$I_{sc} = 10 - 1.875 = 8.125(\text{A})$$

等效电阻法与戴维南定理相同，得 $R_0 = 3.2(\Omega)$。

最后组成诺顿等效电路，如图 2.23（b）所示，求流过阻值为 R_L 的电阻的电流。

$$I = I_{sc} \times \frac{R_0}{R_0 + R_L} = 8.125 \times \frac{3.2}{3.2 + 2} = 5(\text{A})$$

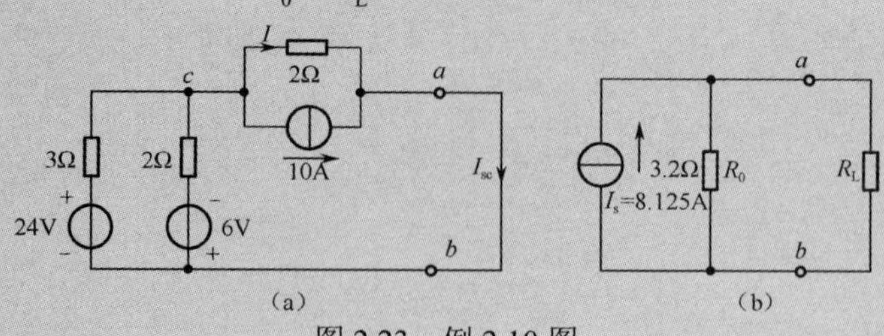

图 2.23　例 2.10 图

提示： 应用戴维南定理和诺顿定理时应注意以下几点。

（1）有源二端网络必须是线性的；外电路可以是线性的，也可以是非线性的。

（2）戴维南等效电路中的电压源的极性要与有源二端网络开路电压 U_{oc} 的极性保持一致。

（3）诺顿等效电路中的电流源的方向要与有源二端网络短路电流 I_{sc} 的方向相反。

知识梳理与总结

（1）串联电阻具有分压作用，并联电阻具有分流作用。

（2）星形连接的电阻可以等效变换成三角形连接的电阻，三角形连接的电阻也可以等效变换成星形连接的电阻。等效变换的条件是，变换前后三个对应端 a、b、c 流入（或流出）的电流 I_a、I_b、I_c 必须对应相等；a、b、c 对应端之间的电压 U_{ab}、U_{bc}、U_{ca} 也必须对应相等，即等效变换前后电路的外部性能保持不变。

（3）电压源模型与电流源模型的等效关系只对相同的外电路而言，其内部并不等效，电压源与电流源之间不能进行等效变换。

（4）支路电流法以支路电流为求解对象，应用基尔霍夫定律分别对节点和网孔列写基尔霍夫电流定律方程和基尔霍夫电压定律方程，从而联立方程组进行求解。

（5）节点电压法以节点电压为求解对象，在任意复杂结构的电路中总会有 n 个节点，取其中 1 个节点作为参考点，其他各节点与参考点之间的电压称为节点电压。所以，在有 n 个节点的电路中，一定有 n-1 个节点电压。

（6）叠加定理是线性电路普遍适用的基本定律，其含义为在线性电路中，多个电源（电压源和电流源）共同作用在任一支路上产生的电压或电流等于这些电源分别单独作用在该支路上产生的电压或电流的代数和。

（7）戴维南定理说明任何一个线性有源二端网络，对其外电路而言，都可用一个电压源和电阻的串联电路来等效代替。诺顿定理说明任何一个线性有源二端网络，对其外电路而言，都可用一个电流源和电阻的并联电路来等效代替。

单元 3 正弦交流电路分析

扫一扫看单元 3 教学课件

教学导航

教	知识重点	1．正弦交流电的基本物理量　2．正弦量的表示方法 3．单一参数交流电路分析　4．RLC 串联交流电路分析 5．复阻抗的串/并联分析　6．提高功率因数的意义和方法
	知识难点	1．正弦量的相量式表示法、相量图表示法 2．RLC 串联交流电路中电压与电流的关系 3．RLC 串联交流电路中功率的分析计算 4．提高功率因数的方法
	推荐教学方法	讲解例题实际连接单相交流电路，并结合实验操作
	建议学时	18 学时
学	推荐学习方法	以分组讨论及实际操作的学习方式为主
	必须掌握的理论知识	1．正弦交流电的基本物理量　2．正弦量的表示方法 3．单一参数交流电路分析　4．RLC 串联交流电路分析 5．复阻抗的串/并联分析　6．提高功率因数的意义和方法
	必须掌握的技能	能够分析、解决实际单相交流电路中的问题

扫一扫下载技能训练 5　荧光灯电路的接线与功率因数的提高

扫一扫下载思考与练习题 3

扫一扫下载思考与练习题 3 参考答案

3.1　正弦交流电的基本概念与认知

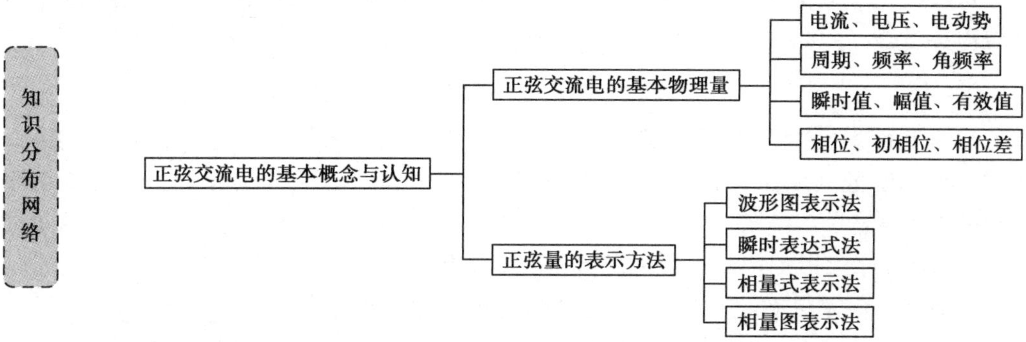

3.1.1　正弦交流电的基本物理量

扫一扫看正弦交流电的基本物理量微课视频

扫一扫看正弦交流电波形原理动画

1．交流电的基本概念

正弦交流电具有产生容易、输送经济、使用方便等优点，是我国电能生产、输送、分配和使用的主要形式。人们日常生活中使用的大多数直流电是将正弦交流电通过一系列的整流设备转换而成的。那么，什么是正弦交流电呢？

前面两个单元介绍的都是直流电。若电路中的电源电动势、电压、电流的大小及方向不随时间变化，是恒定值，则称之为直流电。与直流电相比，若电路中的电源电动势、电压、电流的大小和方向随时间按正弦规律周期性变化，则称之为正弦交流电，简称交流电，如图 3.1 所示，表达式为

$$\begin{cases} u = U_{\mathrm{m}}\sin(\omega t + \varphi_u) \\ e = E_{\mathrm{m}}\sin(\omega t + \varphi_e) \\ i = I_{\mathrm{m}}\sin(\omega t + \varphi_i) \end{cases} \tag{3.1}$$

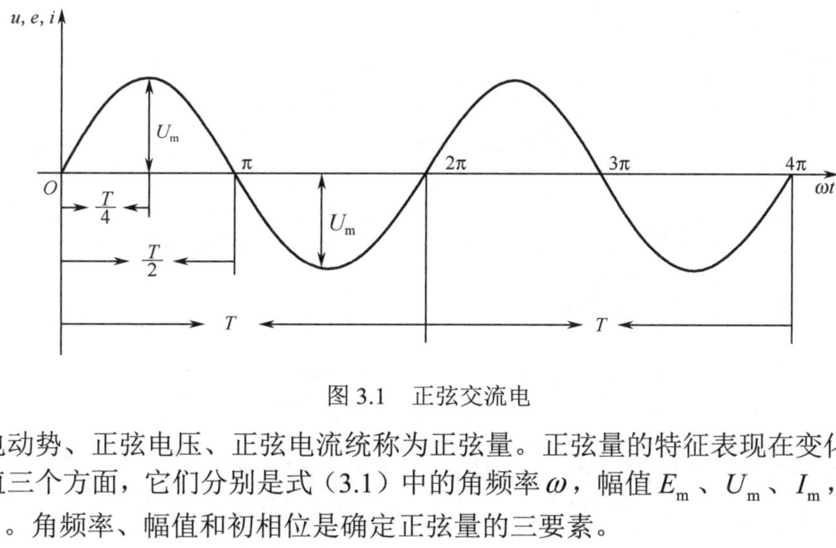

图 3.1　正弦交流电

正弦电动势、正弦电压、正弦电流统称为正弦量。正弦量的特征表现在变化的快慢、大小及初始值三个方面，它们分别是式（3.1）中的角频率 ω，幅值 E_{m}、U_{m}、I_{m}，以及初相位 φ_e、φ_u、φ_i。角频率、幅值和初相位是确定正弦量的三要素。

2．周期、频率、角频率

1）周期

正弦量变化一周所需时间称为周期，用符号“T”表示。周期越长，表示正弦量变化越慢。周期的单位是秒（s）。

2）频率

正弦量每秒变化的周数称为频率，用符号“f”表示。每秒变化的周数越多，频率越高。频率的单位是赫兹（Hz），简称赫。我国采用50Hz作为电力标准频率，又称工频。少数国家，如韩国、日本、美国等，采用60Hz作为电力标准频率。另外，有线通信的频率为300～5000kHz，无线电广播的中波段频率是535～1650kHz。

根据周期与频率的定义可以看出，频率与周期互为倒数，即

$$T=\frac{1}{f} \tag{3.2}$$

3）角频率

正弦量每秒变化的电角度称为角频率，用符号“ω”表示。角频率的单位是弧度/秒（rad/s），也就是说，正弦量每变化一周就变化了2π弧度。

$$\omega=\frac{2\pi}{T}=2\pi f \tag{3.3}$$

周期、频率、角频率从不同角度描述了正弦量变化的快慢。三者只要知道其中之一便可以求出另外两个。

【例3.1】 已知某正弦量的频率为50Hz，则该正弦量的周期与角频率分别是多少？

【解】

$$T=\frac{1}{f}=\frac{1}{50}=0.02\text{（s）}$$

$$\omega=2\pi f=2\times3.14\times50=314\text{（rad/s）}$$

3．瞬时值、幅值、有效值

1）瞬时值

正弦量在任一时刻的值称为瞬时值，常用小写字母u、i、e表示，它是随着时间变化而变化的。

2）幅值

正弦量在一个周期内会有两次达到最大值（峰值），该值称为幅值，常用大写字母U_m、I_m、E_m表示。

需要注意的是，瞬时值和幅值都只是正弦量某个特定时刻的数值，不能用来表示正弦交流电的大小。那么，该如何表示其大小呢？规定用交流电的有效值来计量交流电的大小。

3）有效值

根据热效应原理，让周期电流i和直流电流 I 分别通过两个阻值相等的电阻，若在相同时间 T 内，两个电阻产生的热量相等，则将该直流电流 I 的值定义为周期电流i的有效值。根据其定义有

$$\int_0^T i^2 R\mathrm{d}t = I^2 RT \tag{3.4}$$

则

$$I = \sqrt{\frac{1}{T}\int_0^T i^2 \mathrm{d}t} \tag{3.5}$$

对于正弦电流，因为 $i = I_\mathrm{m}\sin(\omega t + \theta_i)$，所以正弦电流的有效值为

$$I = \sqrt{\frac{1}{T}\int_0^T I_\mathrm{m}^2 \sin^2(\omega t + \theta_i)\mathrm{d}t}$$
$$I = \frac{I_\mathrm{m}}{\sqrt{2}} \approx 0.707 I_\mathrm{m} \tag{3.6}$$

同理，正弦电压和正弦电动势的有效值分别为

$$U = \frac{U_\mathrm{m}}{\sqrt{2}} \approx 0.707U_\mathrm{m}，\quad E = \frac{E_\mathrm{m}}{\sqrt{2}} \approx 0.707E_\mathrm{m}$$

交流电中的电压、电流、电动势的有效值常用大写字母 U、I、E 表示。

提示： 实训室的交流电压表与交流电流表的读数就是被测物理量的有效值；工厂、企业用的 380V 电压及民用 220V 电压等都是指交流电的有效值。

【例 3.2】 已知一正弦交流电动势 $e = 10\sin 314t\mathrm{V}$，试求电动势最大值、有效值及在 1s 时刻的瞬时值。

【解】

$$E_\mathrm{m} = 10 \text{（V）}$$

$$E = \frac{E_\mathrm{m}}{\sqrt{2}} = \frac{10}{\sqrt{2}} = 5\sqrt{2} \text{（V）}$$

$$u = 10\sin 314t = 10\sin(314\times 1) = 10\sin(100\pi\times 1) = 10\times 0 = 0 \text{（V）}$$

4．相位、初相位、相位差

1）相位

正弦量表达式中的 $\omega t + \varphi$ 称为相位或相角，正弦量在不同时刻有不同相位，不同状态（正弦量瞬时值与变化趋势），相位反映了正弦量每一时刻的变化进程。相位单位是弧度（rad）。

2）初相位

在 t=0 时刻的相位称为初相位或初相角，即 $(\omega t + \varphi)_{t=0} = \varphi$。正弦量的初相位不同，其初始值就不同，所以初相位 φ 是确定正弦量初始值的一个特征量。

注意： 在分析和计算交流电路时，同一个电路中的正弦量只能有一个共同的计时起点，可以任选其中某个正弦量的初相位为零的瞬间作为计时起点。因此，初相位为零的正弦量称为参考正弦量。

3）相位差

任何两个同频率的正弦量之间的相位之差或初相位之差称为相位差，用 φ 表示。如图 3.2 所示，i_1 和 i_2 是两个同频率的正弦量，它们不是同时刻达到零值或幅值的，即这两个正弦量的相位不同。

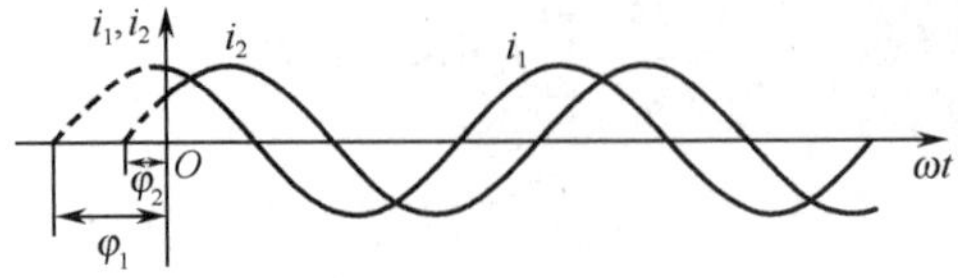

图 3.2　两个同频率正弦量的相位差

图 3.2 中两个同频率的正弦量 i_1 和 i_2 的表达式分别为

$$i_1 = I_{m1}\sin(\omega t + \varphi_1)$$

$$i_2 = I_{m2}\sin(\omega t + \varphi_2)$$

它们之间的相位差为

$$\varphi_{12} = (\omega t + \varphi_1) - (\omega t + \varphi_2) = \varphi_1 - \varphi_2 \tag{3.7}$$

式（3.7）说明，两个同频率正弦量的相位差等于它们的初相位之差。因为 i_1 比 i_2 先到达正的幅值（或零值），所以称 i_1 超前 i_2 一个 φ 角，或者称 i_2 滞后（落后）i_1 一个 φ 角。两个同频率正弦量之间的相位差是不随时间改变的，恒等于它们的初相位之差。

下面研究两个同频率正弦量之间的相位关系。正弦量 u 和 i 的相位关系如图 3.3 所示。

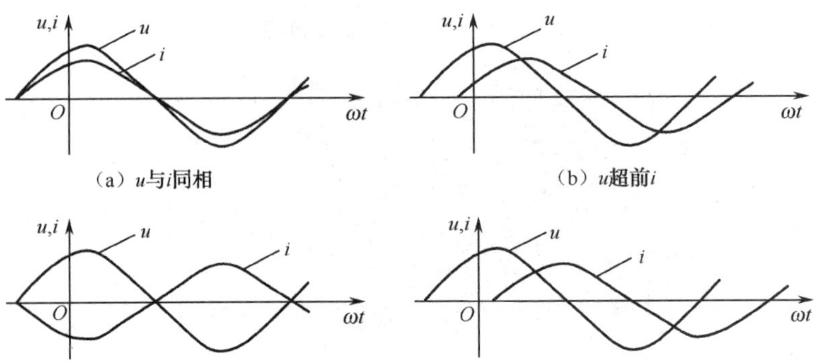

（a）u与i同相　（b）u超前i　（c）u与i反相　（d）u与i正交

图 3.3　正弦量 u 与 i 的相位关系

图 3.3（a）中的 $\varphi = 0$，u 与 i 同相；图 3.3（b）中的 $\varphi > 0$，u 超前 i，或称 i 滞后 u；图 3.3（c）中的 $\varphi = \pm\pi$，u 与 i 反相；图 3.3（d）中的 $\varphi = \pm\frac{\pi}{2}$，$u$ 与 i 正交。

提示： 比较频率不同的正弦量的相位关系是没有意义的。

【例 3.3】 已知 $i = 10\sqrt{2}\sin(314t + 60^\circ)\text{A}$，$u = 110\sqrt{2}\sin(314t - 30^\circ)\text{V}$，试指出它们的角频率、周期、幅值、有效值、初相位、相位差。

【解】

$$\omega = 314\text{rad/s}，\ T = \frac{2\pi}{\omega} = \frac{2\pi}{314} = 0.02\ （\text{s}）$$

$$I_m = 10\sqrt{2}\text{A}，\ U_m = 110\sqrt{2}\text{V}$$

$$I = \frac{I_m}{\sqrt{2}} = \frac{10\sqrt{2}}{\sqrt{2}} = 10\ （\text{A}），\ U = \frac{U_m}{\sqrt{2}} = \frac{110\sqrt{2}}{\sqrt{2}} = 110\ （\text{V}）$$

$$\varphi_i = 60^\circ，\ \varphi_u = -30^\circ，\ \varphi = \varphi_i - \varphi_u = 90^\circ$$

3.1.2　正弦量的表示方法

扫一扫看正弦量的表示方法微课视频

1．波形图表示法

正弦量可以用一个呈正弦变化的波形图来表示，根据 3.1.1 节可知，只要确定了一个正弦量的三要素，就能确定该正弦量。波形图恰好能完整地把正弦量的三要素表示出来，如图 3.4 所示。

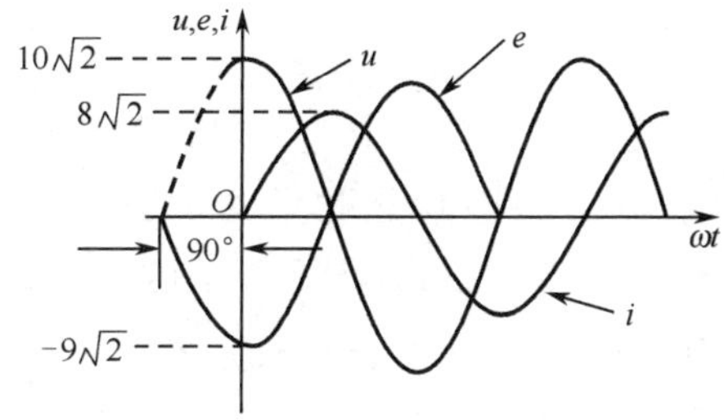

图 3.4　正弦量的波形图

2．瞬时表达式法

正弦量是时间的函数，它的瞬时表达式（三角函数式）在 3.1.1 节中已经叙述过。对于如图 3.4 所示的波形，瞬时表达式分别为

$$\begin{cases} u = 10\sqrt{2}\sin(\omega t + 90^\circ) \\ e = 9\sqrt{2}\sin(\omega t - 90^\circ) \\ i = 8\sqrt{2}\sin\omega t \end{cases} \tag{3.8}$$

3．相量式表示法

在介绍相量式表示法之前先复习一下复数。复数 A 可用复平面上的有向线段表示。该有向线段的长度 a 称为复数 A 的模，模总是取正值。该有向线段与实轴正方向的夹角 θ 称为复数 A 的辐角，如图 3.5 所示。

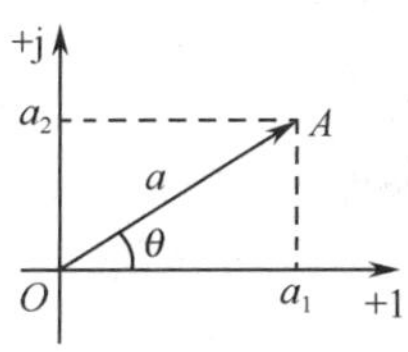

图 3.5　复平面上的复数

复数 A 的实部 a_1 及虚部 a_2 与模 a 及辐角 θ 的关系为 $a_1 = a\sin\theta$，$a_2 = a\cos\theta$，则

$$a = \sqrt{a_1^2 + a_2^2}\text{，}\quad \theta = \arctan\frac{a_2}{a_1}$$

根据以上关系式及欧拉公式 $e^{j\theta} = \cos\theta + j\sin\theta$ 可将复数 A 表示成代数型、三角函数型、指数型、极坐标型 4 种形式：

$$A = \underbrace{a_1 + ja_2}_{\text{代数型}} = \underbrace{a\cos\theta + ja\sin\theta}_{\text{三角函数型}} = \underbrace{ae^{j\theta}}_{\text{指数型}} = \underbrace{a\angle\theta}_{\text{极坐标型}} \tag{3.9}$$

下面介绍一下复数的四则运算。

设两复数分别为

$$A = a_1 + ja_2 = a\angle\theta_1\text{，}\quad B = b_1 + jb_2 = b\angle\theta_2$$

（1）相等：

若

$$a_1 = b_1\text{，}\quad a_2 = b_2$$

则

$$A=B \tag{3.10}$$

（2）加减运算：

$$A \pm B = (a_1 \pm b_1) + j(a_2 \pm b_2) \tag{3.11}$$

（3）乘除运算：

$$A \cdot B = a\angle\theta_1 \cdot b\angle\theta_2 = ab\angle(\theta_1 + \theta_2) \tag{3.12}$$

$$\frac{A}{B} = \frac{a\angle\theta_1}{b\angle\theta_2} = \frac{a}{b}\angle(\theta_1 - \theta_2) \tag{3.13}$$

下面介绍相量式表示法。

若图 3.6（a）中的有向线段 A 的模 a 等于该正弦量的幅值 I_m，与横轴正方向的夹角为初相位 θ_i，并以该正弦量的角速度 ω 沿逆时针方向旋转，则任意时刻它在虚轴上的投影为 $i = I_\mathrm{m}\sin(\omega t + \theta_i)$，正好等于这一时刻该正弦量的瞬时值。因此，正弦量也可以用一个旋转的有向线段（称为旋转矢量）来表示。该旋转矢量只表示正弦周期量，并不表示非正弦周期量。同时，该旋转矢量是时间矢量，为了与空间矢量区别称其为相量。由于在同一个正弦电路中，只有同频率的正弦量才可以进行四则运算，才能画在同一个复平面上，此时角频率 ω 与确定正弦量之间的大小关系无关，因此可以用有向线段 $A = a\angle\theta_i$ 来表示正弦量，也就是正弦量的相量。为了与一般的复数区别，规定用大写字母上面加“·”表示相量。

由图 3.6 可知，$i = I_\mathrm{m}\sin(\omega t + \theta_i)$ 的相量表示法为 $\dot{I}_\mathrm{m} = I_\mathrm{m}\angle\theta_i$。

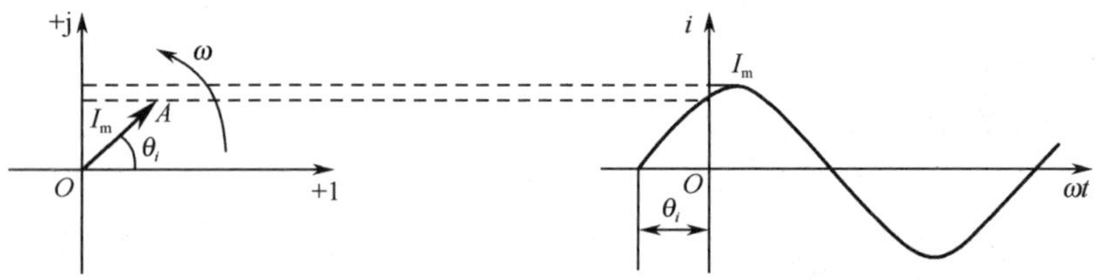

（a）以角速度ω旋转的复数　　（b）旋转复数在虚轴上的投影

图 3.6　相量表示交流电

常用有效值来计算正弦量的大小，因此正弦量的有效值相量可以表示为

$$\begin{aligned}
\dot{I} &= \frac{\dot{I}_\mathrm{m}}{\sqrt{2}} = \frac{I_\mathrm{m}\angle\theta_i}{\sqrt{2}} = I\angle\theta_i \\
\dot{U} &= \frac{\dot{U}_\mathrm{m}}{\sqrt{2}} = \frac{U_\mathrm{m}\angle\theta_i}{\sqrt{2}} = U\angle\theta_u \\
\dot{E} &= \frac{\dot{E}_\mathrm{m}}{\sqrt{2}} = \frac{E_\mathrm{m}\angle\theta_i}{\sqrt{2}} = E\angle\theta_e
\end{aligned} \tag{3.14}$$

提示： 正弦量并不等于复数，正弦量只是复数的虚部，是旋转矢量在虚轴上的投影。今后如不做特别声明，本书使用的都是有效值相量。

【例 3.4】 已知有正弦电动势如下：

$e_1 = 100\sqrt{2}\sin 314t\mathrm{V}$　　$e_2 = 220\sin(314t - 45^\circ)\mathrm{V}$

$e_3 = 220\sqrt{2}\sin(314t + 60^\circ)\mathrm{V}$　　$e_4 = 100\sin(314t - 220^\circ)\mathrm{V}$

请写出它们的相量式。

【解】 $\dot{E}_1 = 100\angle 0^\circ\ \mathrm{V}$　　$\dot{E}_2 = 110\sqrt{2}\angle -45^\circ\ \mathrm{V}$

$\dot{E}_3 = 220\angle 60^\circ\ \mathrm{V}$　　$\dot{E}_4 = 50\sqrt{2}\angle -220^\circ = 50\sqrt{2}\angle 140^\circ\ \mathrm{V}$

4．相量图表示法

根据几个同频率正弦量的大小和初相位，把相量分别画在同一坐标平面上的图形称为相量图。由于交流电一般用有效值来计算，因此相量图中相量长度通常用有效值表示，并用 $\dot{E}$、$\dot{U}$、$\dot{I}$ 标示。为了方便起见，常常不画坐标轴。

【例 3.5】　试用正弦量的相量图表示 $i=10\sqrt{2}\sin(\omega t+30^\circ)\text{A}$，$u=15\sqrt{2}\sin(\omega t+60^\circ)\text{V}$，$e=6\sqrt{2}\sin(\omega t-45^\circ)\text{V}$。

【解】

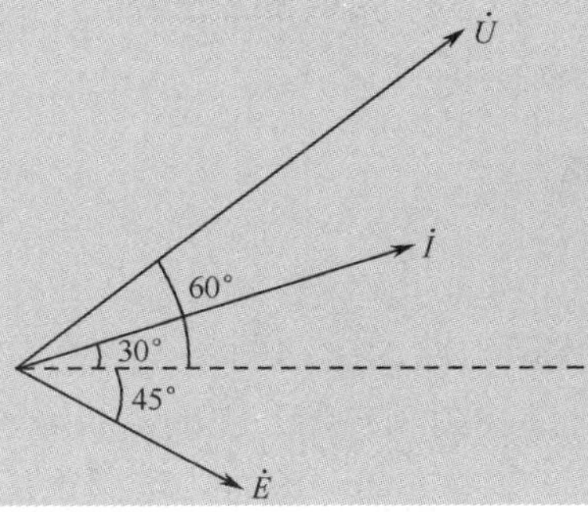

提示：任一相量乘以+j，相当于原相量在相量图中逆时针旋转90°；乘以−j 相当于原相量在相量图上顺时针旋转90°。因此，称 j 为旋转90°的旋转因子。

【例 3.6】　已知 $\dot{U}_1=220\angle-60^\circ\ \text{V}$，$\dot{U}_2=1\angle90^\circ\ \text{V}$，试求 $\dot{U}=\dot{U}_1\cdot\dot{U}_2$ 的相量式，并画出 $\dot{U}$、$\dot{U}_1$、$\dot{U}_2$ 相量图。

【解】　$\dot{U}_1=220\angle-60^\circ\ \text{V}$，$\dot{U}_2=1\angle90^\circ\ \text{V}$

则

$$\dot{U}=\dot{U}_1\cdot\dot{U}_2=220\times1\angle(-60^\circ+90^\circ)=220\angle30^\circ\ \text{V}$$

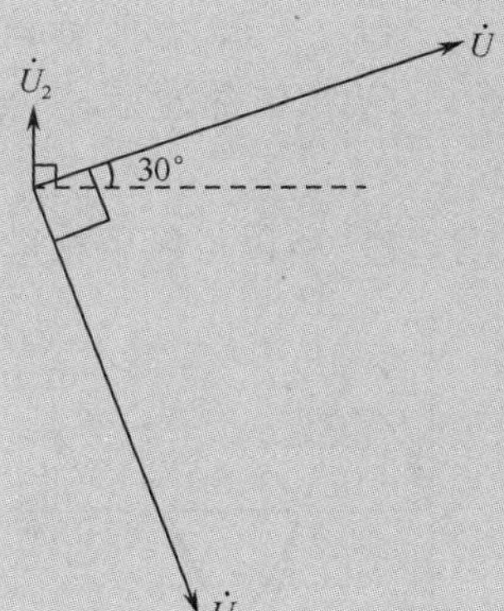

由相量图可知，相量 $\dot{U}$ 与 $\dot{U}_1$ 大小相等，相位差为90°，也就是说 $\dot{U}_1$ 在相量图上逆时针旋转了90°得到了 $\dot{U}$，所以相量 $1\angle90^\circ=+\text{j}$（读者可自行证明）。

3.2 单一参数交流电路分析

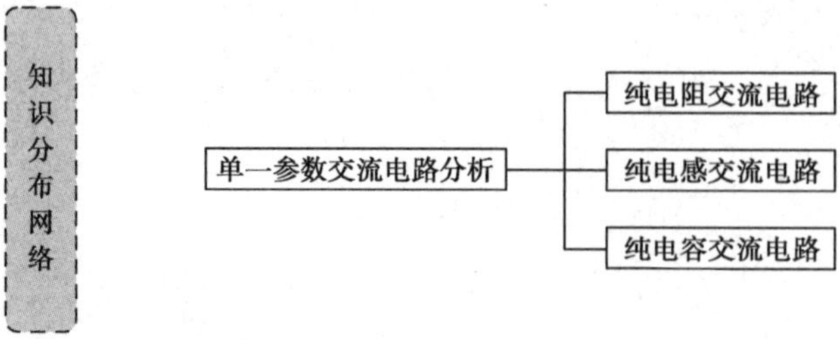

3.2.1 纯电阻交流电路

扫一扫看纯电阻交流电路微课视频

1．电压与电流的关系

图 3.7（a）所示为线性纯电阻电路的电路图，在阻值为 R 的电阻两端加上正弦交流电压 u 后，电路中便有交流电流 i 流过。图 3.7（a）中的箭头表示电压与电流的参考方向一致。

根据欧姆定律可知，在 u、i 参考方向一致时，电阻上的电压与电流的关系为

$$u = Ri \tag{3.15}$$

当多个正弦量同时存在于同一个电路中时，可任意指定某一个正弦量的初相位为零，将其作为参考正弦量或参考相量。设该纯电阻电路中正弦电流为参考正弦量，即

$$i = I_{\mathrm{m}} \sin \omega t \tag{3.16}$$

则有

$$u = Ri = RI_{\mathrm{m}} \sin \omega t = U_{\mathrm{m}} \sin \omega t \tag{3.17}$$

根据式（3.16）和式（3.17）进行如下总结。

（1）电压 u 与电流 i 为同频率的正弦量。图 3.7（b）所示为 u、i 的波形图。

（2）电压 u 与电流 i 的大小关系为

$$U_{\mathrm{m}} = RI_{\mathrm{m}} \quad 或 \quad U = RI \tag{3.18}$$

（3）在相位上，电压 u 与电流 i 的初相位都为零，即 $\varphi = \varphi_u - \varphi_i = 0$，也就是说相位相同。图 3.7（c）所示为 u、i 的相量图。

（4）由于电压 u 与电流 i 为正弦量，所以可以用相量式表示，关系为 $\dot{U} = R\dot{I}$。

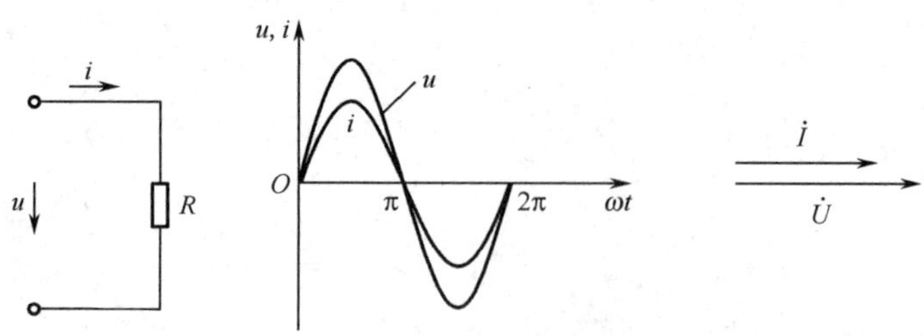

（a）电路图　（b）u、i 的波形图　（c）u、i 的相量图

图 3.7　纯电阻交流电路

2．电阻上的功率关系

1）瞬时功率

由于电阻上的电压和电流是随时间变化的，所以电阻的瞬时功率也是随时间变化的。在任一瞬时，电阻上的功率等于该瞬时电压 u 与瞬时电流 i 的乘积，用小写字母 p 表示，即

$$p = ui = U_{\mathrm{m}} I_{\mathrm{m}} \sin^2 \omega t = UI(1 - \cos 2\omega t) \tag{3.19}$$

由式（3.19）可知，瞬时功率由两部分组成，一部分是恒定值 UI，另一部分是幅值 UI 以 2ω 的角频率随时间变化的余弦函数。

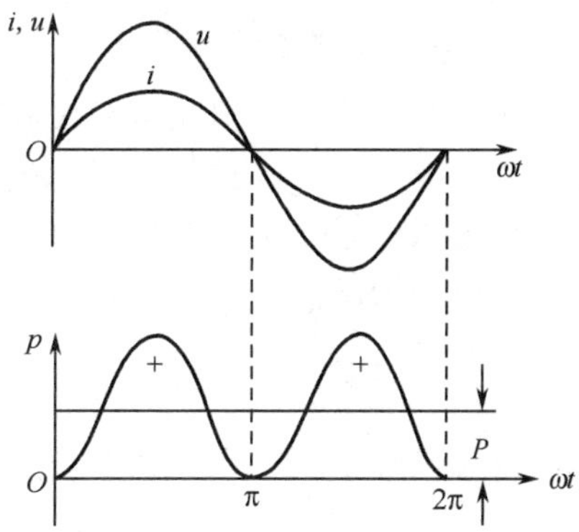

图 3.8　电阻的功率变化曲线图

电阻的功率变化曲线图如图 3.8 所示。由图 3.8 可以看出，电阻的功率在任一瞬时总是大于或等于零的，这表明电阻始终从电源吸取功率，把电能转换成热能，所以电阻是耗能元件。

2）平均功率

瞬时功率只能代表功率的变化情况，用它来计量功率很不方便。常说的电路的功率是指瞬时功率在一个周期内的平均值，称为平均功率，用大写字母 P 表示，即

$$P = \frac{1}{T}\int_0^T p\mathrm{d}t = \frac{1}{T}\int_0^T UI(1 - \cos 2\omega t)\mathrm{d}t = UI \tag{3.20}$$

式（3.20）说明，交流电阻电路的平均功率等于交流电压有效值和交流电流有效值的乘积，它的计算形式与直流电路中功率的计算公式完全相同，即 $P = UI = RI^2 = \frac{U^2}{R}$。它的单位是瓦（W）或千瓦（kW）。

注意：交流电压有效值和交流电流有效值相乘得出的是交流电路功率的平均值，不能把它与直流电路的功率混淆。通常情况下，电气设备上标注的功率是指平均功率。由于平均功率反映了电路实际消耗的功率，所以又称为有功功率。

【例 3.7】 已知一盏白炽灯的额定阻值为 $50\,\Omega$，两端电压为 $u = 220\sqrt{2}\sin(314t + 60^\circ)\mathrm{V}$，求白炽灯在工作时通过的电流 i 的瞬时表达式及平均功率。

【解】 电压的有效值为

$$U = 220\mathrm{V}$$

电流的有效值为

$$I = \frac{U}{R} = \frac{220}{50} = 4.4\ \text{（A）}$$

由于是纯电阻电路，因此有

$$i = 4.4\sqrt{2}\sin(314t + 60^\circ)\mathrm{A}$$

平均功率为

$$P = UI = 220 \times 4.4 = 968\ \text{（W）}$$

3.2.2 纯电感交流电路

扫一扫看纯电感交流电路微课视频

1. 电压与电流的关系

图3.9（a）所示为纯电感交流电路的电路图，在电感的两端加上正弦交流电压 u 后，电路中产生一个交变的正弦电流 i，由于电流的变化，电感上产生感应电动势 e。图3.9（a）中的箭头表示电压与电流的参考方向一致。

电感上的电压与电流的关系为

$$u=-e=L\frac{\mathrm{d}i}{\mathrm{d}t} \tag{3.21}$$

设该电路中正弦电流为参考正弦量，即

$$i=I_{\mathrm{m}}\sin\omega t \tag{3.22}$$

则有

$$\begin{aligned}u&=L\frac{\mathrm{d}}{\mathrm{d}t}I_{\mathrm{m}}\sin\omega t=\omega LI_{\mathrm{m}}\cos\omega t\\&=\omega LI_{\mathrm{m}}\sin(\omega t+90^\circ)\\&=U_{\mathrm{m}}\sin(\omega t+90^\circ)\end{aligned} \tag{3.23}$$

根据式（3.22）和式（3.23）进行如下总结。

（1）电压 u 与电流 i 为同频率的正弦量。图3.9（b）所示为 u、i 的波形图。

（2）电压 u 与电流 i 的大小关系为

$$U_{\mathrm{m}}=\omega LI_{\mathrm{m}}=2\pi fLI_{\mathrm{m}} \quad 或 \quad I_{\mathrm{m}}=\frac{U_{\mathrm{m}}}{\omega L} \quad 或 \quad I=\frac{U}{\omega L} \tag{3.24}$$

不难看出，ωL 具有与电阻单位相同的量纲，称为感抗，用 X_L 来表示，即

$$X_L=\omega L=2\pi fL \tag{3.25}$$

可以表示为

$$I=\frac{U}{X_L} \quad 或 \quad X_L=\frac{U}{I} \tag{3.26}$$

提示：（1）频率 f 的单位是赫兹（Hz），角频率的单位是弧度/秒（rad/s），电感 L 的单位是亨（H），感抗的单位是欧姆（Ω）。

（2）感抗对交流电流起阻碍作用，它与电感 L、频率 f 成正比，频率越高，感抗越大，因此电感对高频电流具有很大的阻碍作用，常用电感线圈作为高频扼流圈；对于直流电而言，由于 $f=0$，$X_L=0$，因此电感线圈在直流电路中视为短路。

（3）感抗是电压最大值或有效值与电流最大值或有效值之比，而不是瞬时值之比，即 $X_L\neq\frac{u}{i}$。

（3）在相位上，电流 i 的初相位为零，而电压 u 的初相位为 90°，即 $\varphi=\varphi_u-\varphi_i=90^\circ$，也就是说在相位上电压超前电流 90°。图3.9（c）所示为 u、i 的相量图。

（4）由于电压 u 与电流 i 为正弦量，因此可以用相量式表示，关系为

$$\dot{U}=\mathrm{j}\dot{I}X_{\mathrm{L}} \tag{3.27}$$

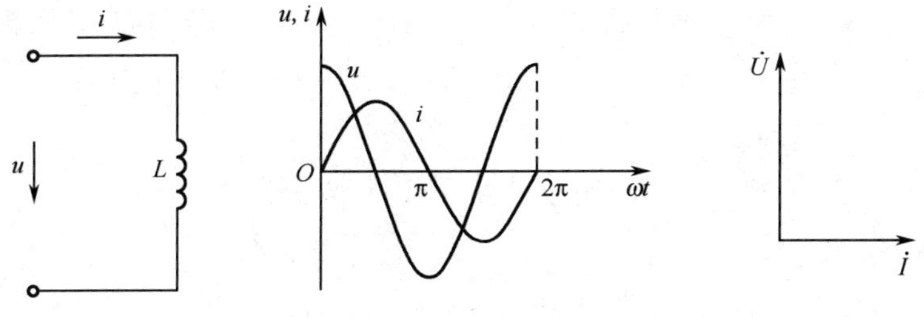

（a）电路图　　（b）u、i的波形图　　（c）u、i的相量图

图 3.9　纯电感交流电路

2．电感上的功率关系

1）瞬时功率

与电阻一样，电感上的电压和电流是随时间变化的，所以电感的瞬时功率也是随时间变化的，即

$$p = ui = U_{\mathrm{m}} \cos \omega t \cdot I_{\mathrm{m}} \sin \omega t = 2UI \cos \omega t \cdot \sin \omega t = UI \sin 2\omega t \qquad (3.28)$$

由式（3.28）可知，瞬时功率 p 是幅值 UI 以 2ω 的角频率随时间变化的正弦量。

电感的功率变化曲线图如图 3.10 所示。由图 3.10 可以看出，在第一个和第三个$\frac{1}{4}$周期内功率为正值，表明电感吸收能量，由于在这两个$\frac{1}{4}$周期内电流的绝对值变大，磁场建立，从电源吸收的电能转换成磁场能存储起来；在第二个和第四个$\frac{1}{4}$周期内功率为负值，表明电感释放能量，由于在这两个$\frac{1}{4}$周期内电流的绝对值减小，磁场逐渐消失，电感吸收的能量全部转换为电源的电能。

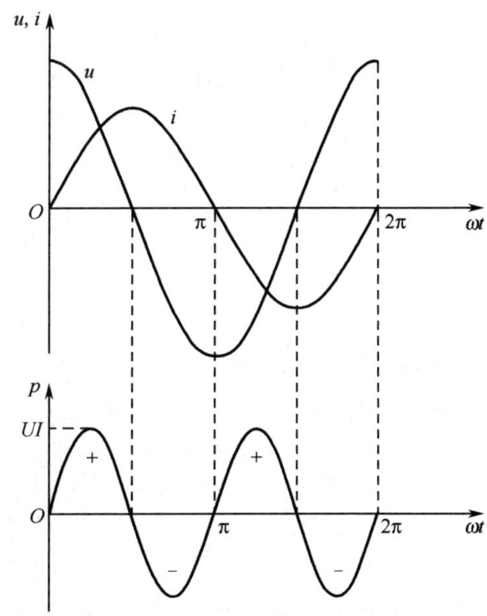

图 3.10　电感的功率变化曲线图

2）平均功率

瞬时功率 $p = ui = UI \sin 2\omega t$ ，在一个周期内的平均功率为

$$P = \frac{1}{T}\int_0^T p\mathrm{d}t = \frac{1}{T}\int_0^T (UI \sin 2\omega t)\mathrm{d}t = 0 \qquad (3.29)$$

这说明，在电感电路中，没有能量的消耗，只有电感与电源之间能量的交换。电感与电源之间的能量交换规模用无功功率来表示，即

$$Q = UI = I^2 X_L = \frac{U^2}{X_L} \qquad (3.30)$$

无功功率的单位是乏（var）或千乏（kvar）。

【例 3.8】 已知一个电感线圈的电感 L=1H，电阻忽略不计。现把这个线圈接在 $u=100\sqrt{2}\sin(314t+30^\circ)$V 的交流电源上，试求电流 i 及无功功率 Q。

【解】 已知 $\omega=314\text{rad/s}$，$L=1\text{H}$，$U=100\text{V}$，则感抗为

$$X_L=\omega L=314\times1=314\text{（Ω）}$$

电流为

$$I=\frac{U}{X_L}=\frac{100}{314}\approx31.8\text{（A）}$$

所以

$$i=31.8\sqrt{2}\sin(314t+30^\circ-90^\circ)\text{A}=31.8\sqrt{2}\sin(314t-60^\circ)\text{A}$$

$$Q=UI=100\times31.8=3180\text{（var）}$$

3.2.3 纯电容交流电路

扫一扫看纯电容交流电路微课视频

1. 电压与电流的关系

图 3.11（a）所示为纯电容交流电路的电路图，在电容两端加上正弦交流电压 u 后，电路中产生变化的电流 i。图 3.11（a）中的箭头表示电压与电流的参考方向一致。

电容上的电压与电流的关系为

$$i=C\frac{\mathrm{d}u}{\mathrm{d}t} \tag{3.31}$$

设该电路中的正弦电压为参考正弦量，即

$$u=U_\mathrm{m}\sin\omega t \tag{3.32}$$

则有

$$\begin{aligned}i&=C\frac{\mathrm{d}}{\mathrm{d}t}U_\mathrm{m}\sin\omega t=U_\mathrm{m}C\omega\cos\omega t\\&=U_\mathrm{m}C\omega\sin(\omega t+90^\circ)\\&=I_\mathrm{m}\sin(\omega t+90^\circ)\end{aligned} \tag{3.33}$$

根据式（3.32）和式（3.33）进行如下总结。

（1）电压 u 与电流 i 为同频率的正弦量。图 3.11（b）所示为 u、i 的波形图。

（2）电压 u 与电流 i 的大小关系为

$$I_\mathrm{m}=U_\mathrm{m}C\omega=2\pi fCU_\mathrm{m}\quad 或\quad I_\mathrm{m}=\frac{U_\mathrm{m}}{\dfrac{1}{\omega C}}\quad 或\quad I=\frac{U}{\dfrac{1}{\omega C}} \tag{3.34}$$

与纯电感电路相同，$\dfrac{1}{\omega C}$ 具有与电阻单位相同的量纲，称为容抗，用 X_C 来表示，即

$$X_C=\frac{1}{\omega C}=\frac{1}{2\pi fC} \tag{3.35}$$

可以表示为

$$I=\frac{U}{X_C}\quad 或\quad X_C=\frac{U}{I} \tag{3.36}$$

提示：（1）频率f的单位是赫兹（Hz），角频率ω的单位是弧度/秒（rad/s），电容量C的单位是法[拉]（F），容抗的单位是欧姆（Ω）。

（2）容抗对交流电流起阻碍作用，它与电容量C、频率f成反比，频率越高，容抗越小。在一定电压下，电源频率越高，电路中充、放电越频繁，单位时间内电荷的迁移率越高，电流越大，阻碍电流的作用越差；当电容量C越大时，电容存储电荷的能力越大，单位时间内电路中充、放电移动的电荷量越多，所以电流越大。对于直流电而言，由于$f=0$，$X_C=\infty$，电路中的电流等于零，故电容在直流电路中相当于开路。

（3）容抗是电压与电流最大值或有效值之比，而不是瞬时值之比，即$X_C \neq \dfrac{u}{i}$。

(3) 在相位上，电流i的初相位为90°，而电压u的初相位为零，即$\varphi=\varphi_u-\varphi_i=-90^\circ$，也就是说在相位上电压滞后电流$90^\circ$。图3.11（c）所示为$u$、$i$的相量图。

(4) 由于电压u与电流i为正弦量，因此可以用相量式表示，关系为$\dot{U}=-\mathrm{j}\dot{I}X_C$。

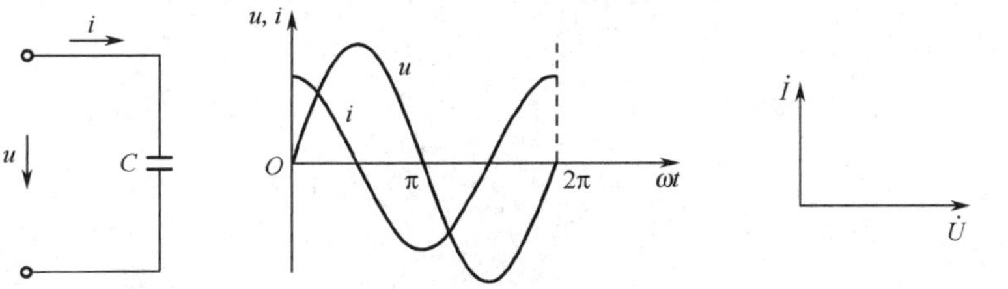

（a）电路图　（b）u、i的波形图　（c）u、i的相量图

图3.11　纯电容交流电路

2．电容上的功率关系

1）瞬时功率

电容上的电压和电流是随时间变化的，所以电容的瞬时功率也是随时间变化的，即

$$\begin{aligned} p=ui &= U_{\mathrm{m}}\sin\omega t\cdot I_{\mathrm{m}}\cos\omega t \\ &= 2UI\cos\omega t\cdot\sin\omega t = UI\sin 2\omega t \end{aligned} \tag{3.37}$$

由式（3.37）可知，瞬时功率p是幅值UI以2ω的角频率随时间变化的正弦量。

电容的功率变化曲线图如图3.12所示。由图3.12可以看出，瞬时功率在第一个$\dfrac{1}{4}$周期内为正值，表明电源对电容充电，随着电容上的电荷不断积累，电容两端建立了电场，当电压达到最大值时，瞬时功率变化率为零，停止充电，电流为零。这时电容从电源吸收功率，并以电场能的形式存储起来。在第二个$\dfrac{1}{4}$周期内，电压从最大值下降到零，电容放电，电流方向改变。当电压下降

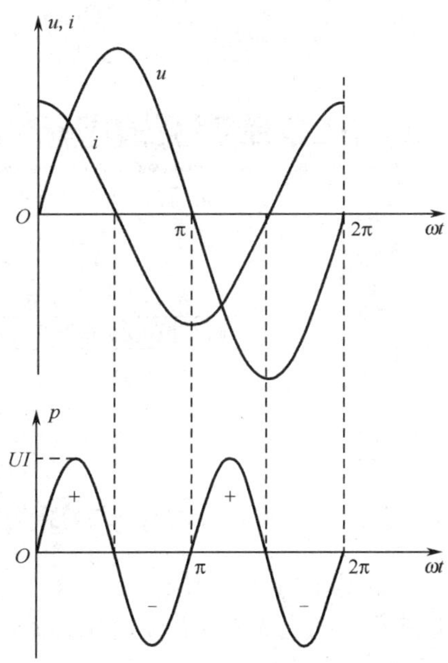

图3.12　电容的功率变化曲线图

到零时，电压变化率最大，电流达到负的最大值。这时 p 为负值，电容将存储的电场能全部转换为电源能。在第三个周期 $\frac{1}{4}$ 内，电容反方向充电；在第四个 $\frac{1}{4}$ 周期内，电容放电。

2）平均功率

由于瞬时功率 $p=ui=UI\sin 2\omega t$，因此在一个周期内的平均功率为

$$P=\frac{1}{T}\int_0^T p\mathrm{d}t=\frac{1}{T}\int_0^T (UI\sin 2\omega t)\mathrm{d}t=0 \tag{3.38}$$

与纯电感电路一样，纯电容电路中没有能量消耗，只是电容与电源之间进行能量交换。电容与电源之间能量交换的规模大小用无功功率来表示，即

$$Q=UI=I^2X_C=\frac{U^2}{X_C} \tag{3.39}$$

无功功率的单位是乏（var）或千乏（kvar）。

【例 3.9】 已知电容量 C=100 μF，现把它接在 $u=100\sqrt{2}\sin(314t+30^\circ)$V 的交流电源上，试求通过的电流 i 及 Q。

【解】 已知 $\omega=314$rad/s，$C=100\mu\text{F}=1\times10^{-4}\text{F}$，$U=100\text{V}$，则容抗为

$$X_C=\frac{1}{\omega C}=\frac{1}{314\times1\times10^{-4}}\approx31.8\ (\Omega)$$

电流为

$$I=\frac{U}{X_C}=\frac{100}{31.8}\approx3.1\ (\text{A})$$

所以

$$i=3.1\sqrt{2}\sin(314t+30^\circ+90^\circ)=3.1\sqrt{2}\sin(314t+120^\circ)\ (\text{A})$$

$$Q=UI=100\times3.1=310\ (\text{var})$$

3.3 RLC 串联交流电路分析

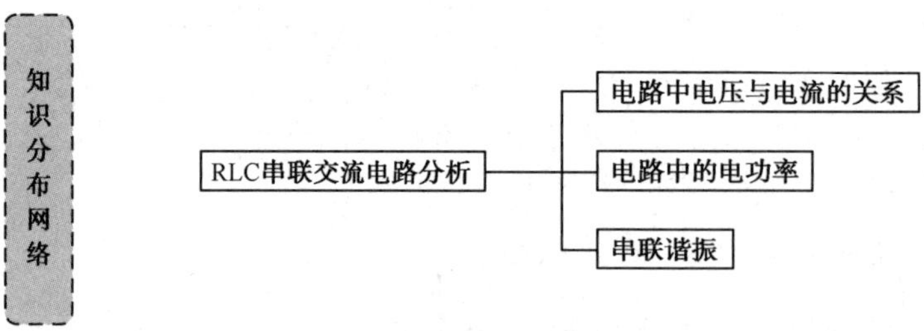

扫一扫看电路中电压与电流的关系微课视频

3.3.1 电路中电压与电流的关系

如图 3.13（a）所示，在 R、L、C 串联的交流电路中加一正弦电压 u，电路中便产生了正弦变化的电流 i，设此电流为 $i=I_\text{m}\sin\omega t$，则各元件产生的压降为

$$\begin{cases} u_R = U_{Rm}\sin\omega t \\ u_L = U_{Lm}\sin(\omega t + 90^\circ) \\ u_C = U_{Cm}\sin(\omega t - 90^\circ) \end{cases} \tag{3.40}$$

根据基尔霍夫电压定律可得，电源电压为$u = u_R + u_L + u_C$，将式（3.40）代入该式，则有

$$\begin{aligned} u &= u_R + u_L + u_C \\ &= U_{Rm}\sin\omega t + U_{Lm}\sin(\omega t + 90^\circ) + U_{Cm}\sin(\omega t - 90^\circ) \\ &= U_m\sin(\omega t + \varphi) \end{aligned} \tag{3.41}$$

由此可见，电源电压u与电流i之间的相位差为φ。

由于电路中产生的各物理量都是正弦变化的，因此可用相量式表示，即

$$\begin{cases} \dot{U}_R = \dot{I}R \\ \dot{U}_L = \mathrm{j}\dot{I}X_L \\ \dot{U}_C = -\mathrm{j}\dot{I}X_C \end{cases} \tag{3.42}$$

电源电压相量式为

$$\dot{U} = \dot{U}_R + \dot{U}_L + \dot{U}_C \tag{3.43}$$

根据得出的各相量式，以电流为参考相量，相量图如图 3.13（b）所示。从图 3.13（b）中可以看出，电感上的电压相量$\dot{U}_L$与电容上的电压相量$\dot{U}_C$相位相反，相差180°。$\dot{U}$、$\dot{U}_R$和$\dot{U}_L + \dot{U}_C$正好构成一个直角三角形，称之为电压三角形。由电压三角形可求出电源电压的大小，即

$$U = \sqrt{U_R^2 + (U_L - U_C)^2} \tag{3.44}$$

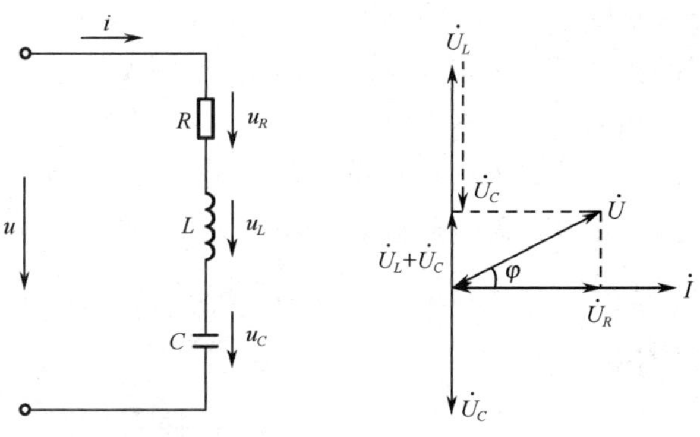

（a）电路图　　（b）相量图

图 3.13 RLC 串联交流电路

提示：电源电压（总电压）的大小不等于各元件两端电压的有效值之和，即$U \neq U_R + U_L + U_C$；电源电压与电流之间的夹角为φ，称为辅角，即$\varphi = \arctan\dfrac{U_L - U_C}{U_R}$。

由前面分析可得

$$\dot{U} = \dot{U}_R + \dot{U}_L + \dot{U}_C = \dot{I}\left[R + \mathrm{j}(X_L - X_C)\right]$$

感抗 X_L 与容抗 X_C 的差称为电抗，用大写字母 X 表示，即 $X = X_L - X_C$，单位是欧姆（Ω）。因此，上式可写为

$$\dot{U} = \dot{I}(R + \mathrm{j}X) \tag{3.45}$$

式（3.45）中的 $R+\mathrm{j}X$ 被称为复阻抗，用大写字母 Z 表示，复阻抗实际上是一个复数，其实部是电阻 R，虚部是电抗 X，所以

$$\dot{U} = \dot{I}Z \tag{3.46}$$

复阻抗的模被称为阻抗，用小写字母 z 表示，大小为

$$z = |Z| = \sqrt{R^2 + (X_L - X_C)^2} \tag{3.47}$$

辅角 φ 还可以表示为 $\varphi = \arctan\dfrac{X_L - X_C}{R}$，也被称为阻抗角。由此可见，阻抗 z、阻值 R、电抗 X 可以用直角三角形表示，该三角形称为阻抗三角形，如图 3.14 所示，阻抗三角形与电压三角形是相似三角形。

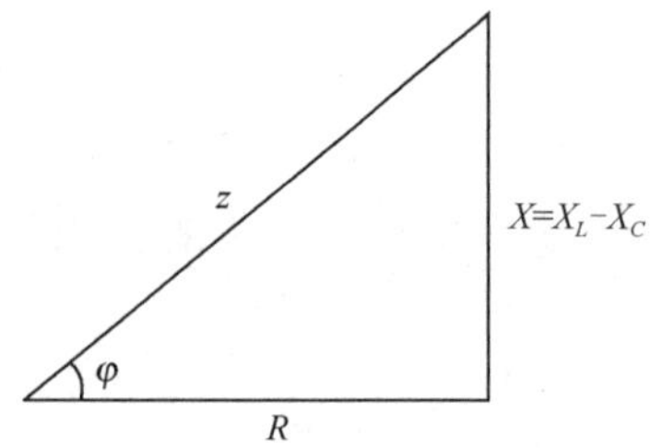

图 3.14　阻抗三角形

提示： 复阻抗不仅表示了电源电压与电流之间的大小关系，还表示了它们之间的相位关系；复阻抗不是时间的函数，所以它不是相量，只是一个复数，复阻抗 Z 上面不能加点。

由前面的式子可以看出，若电路参数不同，则电源电压与电流间的相位差 φ 不同，相位差 φ 的大小完全由电路的参数及频率决定。

（1）在频率 f 一定的条件下，若 $X_L > X_C$，即 $\varphi > 0$，则表示电压 u 超前电流 i 一个 φ 角，电感的作用大于电容的作用，该电路呈现感性。人们在日常生活、生产中接触的用电设备大多数为感性负载，如荧光灯、电动机等。

（2）在频率 f 一定的条件下，若 $X_L < X_C$，即 $\varphi < 0$，则表示电压 u 滞后电流 i 一个 φ 角，电容的作用大于电感的作用，该电路呈现容性。

（3）在频率 f 一定的条件下，若 $X_L = X_C$，即 $\varphi = 0$，则表示电压 u 与电流 i 同相位，电容的作用与电感的作用相互抵消，该电路呈现电阻性，称为串联谐振电路。串联谐振电路将在下文进行讨论。

3.3.2　电路中的功率

扫一扫看电路中的功率微课视频

1．瞬时功率

通过上文分析可知，若电流 $i = I_\mathrm{m}\sin\omega t$，电压 $u = U_\mathrm{m}\sin(\omega t + \varphi)$，则瞬时功率为

$$p = ui = U_\mathrm{m}\sin(\omega t + \varphi)\cdot I_\mathrm{m}\sin\omega t = UI[\cos\varphi - \cos(2\omega t + \varphi)] \tag{3.48}$$

式（3.48）表明，瞬时功率一部分是恒定分量 $UI\cos\varphi$，反映的是电路中电阻消耗的功率；另一部分是 $-UI\cos(2\omega t + \varphi)$，反映的是储能元件与电源之间进行能量互换的情况，如图 3.15 所示。

2．平均功率

由定义可知，RLC 串联交流电路的平均功率为

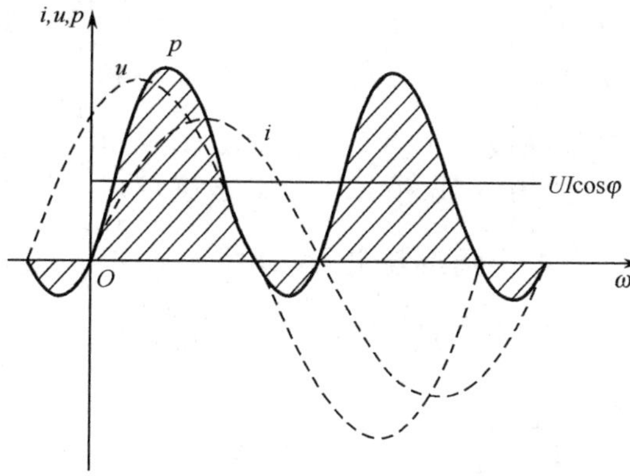

图 3.15　RLC 串联交流电路的瞬时功率

$$\begin{aligned}P&=\frac{1}{T}\int_0^T p\mathrm{d}t\\&=\frac{1}{T}\int_0^T UI\left[\cos\varphi-\cos(2\omega t+\varphi)\right]\mathrm{d}t\\&=UI\cos\varphi\end{aligned}\tag{3.49}$$

式（3.49）表明，平均功率的大小不仅与电源电压及电流有效值有关，还与电源电压及电流间相位差的余弦值 $\cos\varphi$ 有关。$\cos\varphi$ 被称为交流电路的功率因数。下文将对功率因数进行讨论。

由电压三角形可知，$U\cos\varphi=U_R$，所以 $P=UI\cos\varphi=U_RI=\frac{U_R^2}{R}=RI^2$，与前面分析的完全一致，电路平均功率是电阻消耗的功率。

3．无功功率

由电压三角形可知，$U\sin\varphi=U_L-U_C$，所以有

$$UI\sin\varphi=U_LI-U_CI=Q_L-Q_C=Q\tag{3.50}$$

无功功率是电感、电容与电源之间进行能量互换的功率，所以电路的无功功率 Q 是由电感无功功率与电容无功功率共同决定的。也就是说，电感无功功率 Q_L 与电容无功功率 Q_C 是互相补偿的，补偿后的差值部分再与电源进行能量交换，最后产生电路的无功功率 Q。

4．视在功率

在正弦电路中，电流有效值和电压有效值的乘积被定义为视在功率，用大写字母 S 表示，即

$$S=UI\tag{3.51}$$

对于交流电源来说（如交流发电机、变压器等），额定容量是按照规定的额定电压和额定电流来设计和使用的。也就是说，交流电源的额定容量用视在功率 S 表示。视在功率的单位是伏·安（V·A）或千伏·安（kV·A）。

由上文分析可知

$$P=UI\cos\varphi=S\cdot\cos\varphi$$

$$Q=UI\sin\varphi=S\cdot\sin\varphi$$

所以

$$P^2+Q^2=S^2 \text{ 或 } S=\sqrt{P^2+Q^2} \tag{3.52}$$

由此可知，P、Q、S 可以构成一个直角三角形。该直角三角形被称为功率三角形，如图 3.16 所示。辅角 φ 也可以表示为 $\varphi=\arctan\dfrac{Q_L-Q_C}{P}$。功率三角形与电压三角形、阻抗三角形是相似三角形。P、Q、S 都不是正弦量，不能用相量表示。

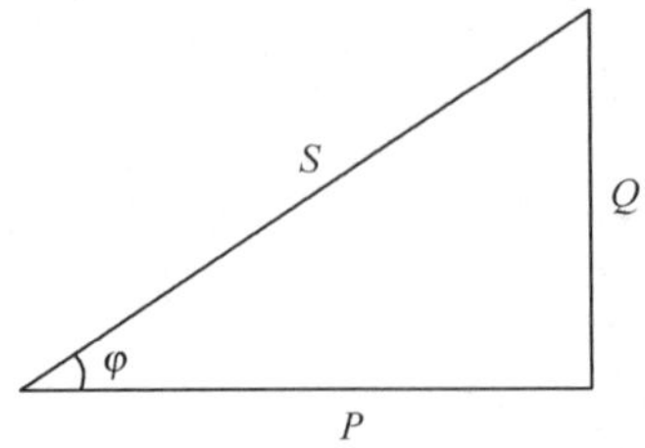

图 3.16　功率三角形

注意： 当交流电路中有多个负载时，在计算总的功率时有

$$\begin{cases}\sum P=P_1+P_2+P_3+\cdots\\ \sum Q=Q_1+Q_2+Q_3+\cdots\\ S=UI=\sqrt{\left(\sum P\right)^2+\left(\sum Q\right)^2}\end{cases} \tag{3.53}$$

【例 3.10】 已知在 RLC 串联交流电路中，$R=30\Omega$，$L=10\text{mH}$，$C=20\mu\text{F}$，外加电源电压 $u=100\sqrt{2}\sin 1000t\text{V}$，求 $\dot{I}$、$\dot{U}_R$、$\dot{U}_L$、$\dot{U}_C$ 及电路中的功率。

【解】 已知 $\dot{U}=100\angle 0^\circ \text{ V}$，$R=30\Omega$，$L=10\text{mH}=10\times10^{-3}\text{H}$，$C=20\mu\text{F}=20\times10^{-6}\text{F}$，则有

$$X_L=\omega L=1000\times10\times10^{-3}=10\ (\Omega),\quad X_C=\frac{1}{\omega C}=\frac{1}{1000\times20\times10^{-6}}=50\ (\Omega)$$

复阻抗为

$$Z=R+\text{j}(X_L-X_C)=30+\text{j}(10-50)=30-\text{j}40=50\angle-53.1^\circ\ (\Omega)$$

电路中的电流相量为

$$\dot{I}=\frac{\dot{U}}{Z}=\frac{100\angle 0^\circ}{50\angle-53.1^\circ}=2\angle 53.1^\circ\ (\text{A})$$

电阻两端的电压相量为

$$\dot{U}_R=\dot{I}R=30\times2\angle 53.1^\circ=60\angle 53.1^\circ\ (\text{V})$$

电感两端的电压相量为

$$\dot{U}_L=\text{j}\dot{I}X_L=2\angle 53.1^\circ\times10\angle 90^\circ=20\angle 143.1^\circ\ (\text{V})$$

电容两端的电压相量为

$$\dot{U}_C=-\text{j}\dot{I}X_C=2\angle 53.1^\circ\times50\angle-90^\circ=100\angle-36.9^\circ\ (\text{V})$$

因为电路中的电源电压与电流之间的夹角（辅角 φ）为 53.1°，因此电路中的平均功率为

$$P=UI\cos\varphi=100\times2\times\cos 53.1^\circ=120\ (\text{W})$$

电路中的无功功率为

$$Q=UI\sin\varphi=100\times2\times\sin 53.1^\circ=160\ (\text{var})$$

电路中的视在功率为

$$S=UI=100\times2=200\ (\text{V}\cdot\text{A})$$

扫一扫看
串联谐振
微课视频

3.3.3 串联谐振

上文提到了串联谐振，那么什么是串联谐振呢？在 RLC 串联交流电路中，不断调节电源的频率或电路参数，使电路中的感抗与容抗相等（电压与电流同相位），电路呈现电阻性，这时称之为串联谐振。在电子技术中有时希望电路发生谐振，但在电力系统中常常设法避免发生谐振，因为电路在谐振时会危及设备和人身安全。因此，了解串联谐振尤为重要。

1．谐振的条件与频率

RLC 串联交流电路发生谐振的条件为

$$X_L = X_C \quad 或 \quad 2\pi fL = \frac{1}{2\pi fC} \tag{3.54}$$

所以谐振频率为

$$f_0 = \frac{1}{2\pi\sqrt{LC}} \tag{3.55}$$

由此可以看出，谐振频率 f_0 仅由电路本身的参数 L 和 C 决定，因此 f_0 又称为电路的固有频率。改变 f_0、L 和 C 三个量中的任何一个都可以使电路满足谐振条件，发生谐振。

2．谐振的主要特点

（1）在串联谐振电路中，$X_L = X_C$，电路的阻抗 $|Z| = \sqrt{R^2 + (X_L - X_C)^2} = R$ 最小，在一定电压下，此时电路中的电流有效值最大。在偏离谐振频率 f_0 时，阻抗会明显增大，如图 3.17 所示。X_L 和 X_C 都是随频率 f 变化的曲线，两条曲线的交点对应的频率就是谐振频率 f_0。

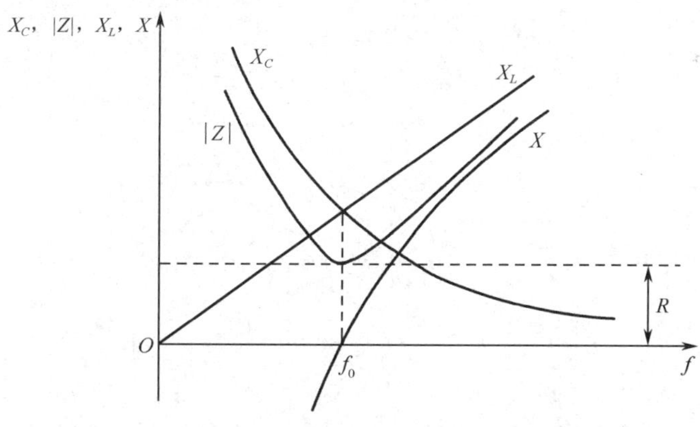

图 3.17 阻抗的频率响应曲线

谐振电流为

$$I_0 = \frac{U}{|Z|} = \frac{U}{R} \tag{3.56}$$

由于电路在发生串联谐振时阻抗最小，因此 I_0 为最大值。当偏离谐振频率时，电流将明显降低。这种把谐振频率附近的信号选择出来的特性称为电路的选择性。电流的频率响应曲线如图 3.18 所示。

（2）在串联谐振电路中，电感、电容两端的电压可以比总电压大许多倍。因为谐振电流 $I_0=\dfrac{U}{R}$，所以电感和电容两端的电压分别为

$$\begin{cases} U_{L0}=\omega_0 L I_0=\dfrac{\omega_0 L}{R}U \\ U_{C0}=\dfrac{1}{\omega_0 C}I_0=\dfrac{1}{\omega_0 CR}U \end{cases} \tag{3.57}$$

又由于谐振时，$U_{L0}=U_{C0}$，因此通过式（3.57）可得出 $\dfrac{U_{L0}}{U}=\dfrac{U_{C0}}{U}=\dfrac{\omega_0 L}{R}=\dfrac{1}{\omega_0 CR}=Q$，比值 Q 被称为谐振回路的品质因数。

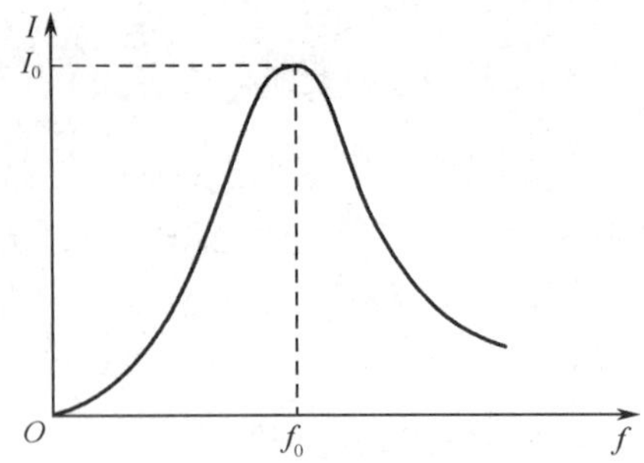

图 3.18　电流的频率响应曲线

当 $R \ll X_{L0}$ 或 X_{C0} 时，Q 很大，电感或电容两端的电压比电源电压高出几十倍甚至几百倍，所以串联谐振又被称为电压谐振。

提示：在串联谐振电路中，电感与电容所需要的能量完全互相补偿，所以电源提供的能量完全被电阻消耗。

【例 3.11】 在如图 3.19 所示的电路中，正弦电压有效值 $U=10\text{V}$，$R=10\Omega$，$L=20\text{mH}$，当电容 $C=200\text{pF}$ 时，电流 $I=1\text{A}$。求正弦电压 u 的 ω、U_L、U_C 和 Q 值。

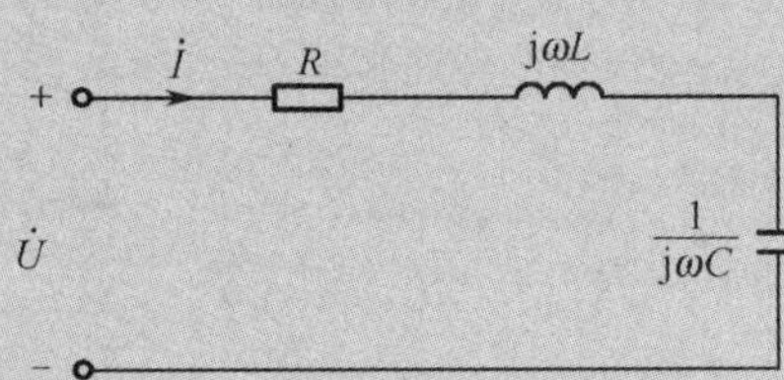

图 3.19　串联谐振电路

【解】 设 $\dot{U}=10\angle 0^\circ\ \text{V}$，有 $I=\left|\dfrac{\dot{U}}{R+\text{j}X}\right|=\left|\dfrac{10\angle 0^\circ}{10+\text{j}X}\right|=1\text{A}$，显然 X=0，表明电路处于谐振状态，所以正弦电压 u 的角频率 ω 等于电路的固有频率，即 $\omega=\omega_0=\dfrac{1}{\sqrt{LC}}=\dfrac{1}{\sqrt{20\times10^{-3}\times200\times10^{-12}}}=5\times10^5$（rad/s）（此公式自行推导）。

电感电压与电容电压为 $U_L=U_C=\dfrac{\omega L}{R}U=\dfrac{5\times10^5\times20\times10^{-3}}{10}\times10=10000$（V），品质因数 $Q=\dfrac{U_L}{U}=1000$。

3.4　复阻抗的串/并联分析

扫一扫看复阻抗的串/并联分析微课视频

知识分布网络

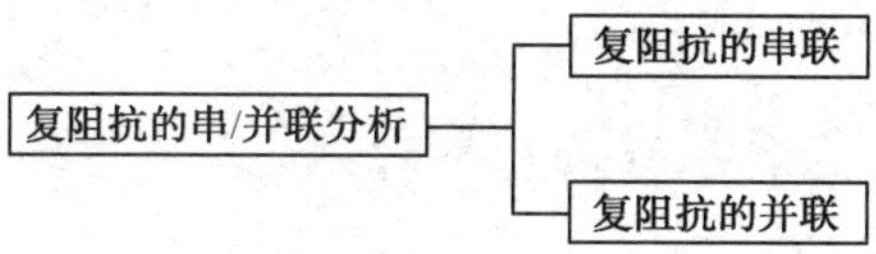

3.4.1　复阻抗的串联

在交流电路中如果有若干个复阻抗串联，如图 3.20（a）所示，根据上文介绍的基尔霍夫电压定律可以得出，电源电压的相量等于各部分复阻抗产生的电压相量之和，即

$$\dot{U}=\dot{U}_1+\dot{U}_2+\cdots=\dot{I}Z_1+\dot{I}Z_2+\cdots=\dot{I}(Z_1+Z_2+\cdots)=\dot{I}Z \tag{3.58}$$

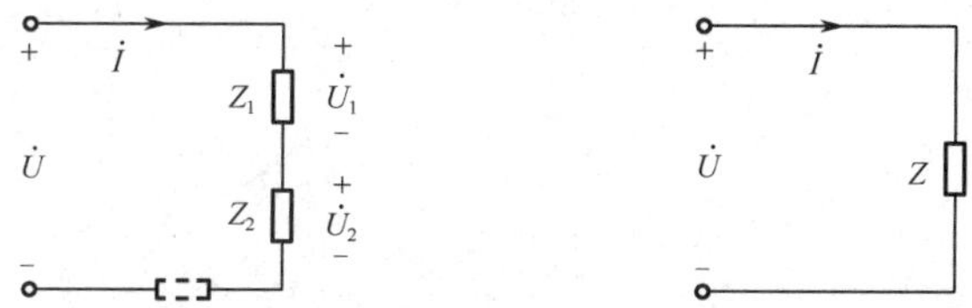

（a）两个复阻抗串联　　（b）等效电路

图 3.20　复阻抗的串联及等效电路

提示：$\dot{U}=\dot{U}_1+\dot{U}_2+\cdots$，但 $U\neq U_1+U_2+\cdots$。

由式（3.58）可以看出，当多个复阻抗串联时可以用一个等效的复阻抗 Z 来代替，如图 3.20（a）所示的等效电路如图 3.20（b）所示，即

$$\begin{aligned}Z&=Z_1+Z_2+\cdots\\&=(R_1+\mathrm{j}X_1)+(R_2+\mathrm{j}X_2)+\cdots\\&=\sum R+\mathrm{j}\sum X\end{aligned} \tag{3.59}$$

所以

$$z=\sqrt{(\sum R)^2+(\sum X)^2}$$

$$\varphi=\arctan\frac{\sum X}{\sum R}$$

提示：（1）$z\neq z_1+z_2+\cdots$。

（2）对于式（3.59）中的 $\sum X$，感抗 X_L 取正，容抗 X_C 取负。

同理，对于复阻抗串联交流电路有分压公式：

$$\begin{cases} \dot{U}_1 = \dot{I}Z_1 = \dot{U}\dfrac{Z_1}{Z_1+Z_2} \\ \dot{U}_2 = \dot{I}Z_2 = \dot{U}\dfrac{Z_2}{Z_1+Z_2} \end{cases} \tag{3.60}$$

【例 3.12】 如图 3.21 所示，$Z_1=(3-\mathrm{j}4)\Omega$，$Z_2=\mathrm{j}8\Omega$，电源电压为 $\dot{U}=100\angle30^\circ\ \mathrm{V}$，求电路中的电流 $\dot{I}$ 和各复阻抗上的电压 $\dot{U}_1$、$\dot{U}_2$，并画出相量图。

【解】 由题意可得 $Z=Z_1+Z_2=3-\mathrm{j}4+\mathrm{j}8=3+\mathrm{j}4=5\angle53.1^\circ$（Ω），则有

$$\dot{I}=\frac{\dot{U}}{Z}=\frac{100\angle30^\circ}{5\angle53.1^\circ}=20\angle-23.1^\circ\ (\mathrm{A})$$

所以

$$\begin{aligned}\dot{U}_1&=\dot{I}Z_1=20\angle-23.1^\circ\times(3-\mathrm{j}4)=20\angle-23.1^\circ\times5\angle-53.1^\circ\\&=100\angle-76.2^\circ\ (\mathrm{V})\\\dot{U}_2&=\dot{I}Z_2=20\angle-23.1^\circ\times(\mathrm{j}8)=20\angle-23.1^\circ\times8\angle90^\circ\\&=160\angle66.9^\circ\ (\mathrm{V})\end{aligned}$$

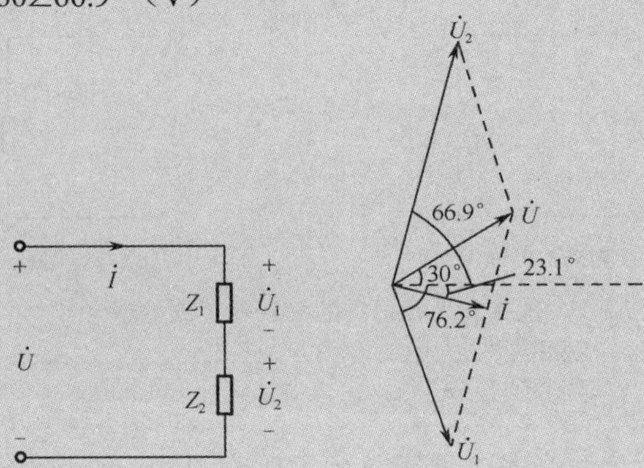

图 3.21 例 3.12 图

3.4.2 复阻抗的并联

在交流电路中如果有复阻抗 Z_1 和 Z_2 并联，如图 3.22（a）所示，根据上文介绍的基尔霍夫电流定律可以得出电路中总电流的相量等于各并联支路产生的电流相量之和，即

$$\dot{I}=\dot{I}_1+\dot{I}_2=\frac{\dot{U}}{Z_1}+\frac{\dot{U}}{Z_2}=\dot{U}\left(\frac{1}{Z_1}+\frac{1}{Z_2}\right)=\dot{U}\frac{1}{Z} \tag{3.61}$$

提示： $\dot{I}=\dot{I}_1+\dot{I}_2$，但 $I\neq I_1+I_2$。

由式（3.61）可以看出，当两个复阻抗并联时可以用一个等效的复阻抗 Z 来代替，如图 3.22（a）所示的电路的等效电路如图 3.22（b）所示，即

$$\frac{1}{Z}=\frac{1}{Z_1}+\frac{1}{Z_2}\qquad Z=\frac{Z_1\cdot Z_2}{Z_1+Z_2} \tag{3.62}$$

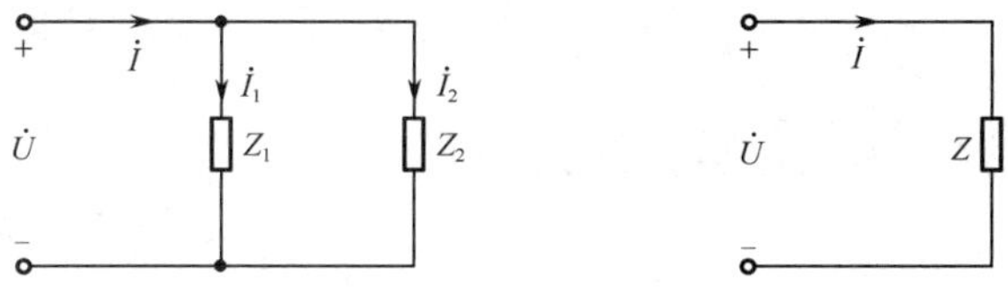

（a）两个复阻抗并联　　（b）等效电路

图 3.22　复阻抗的并联及等效电路

提示：（1）$\frac{1}{z}\neq\frac{1}{z_1}+\frac{1}{z_2}$。

（2）当多个复阻抗并联时，总复阻抗 $Z\neq\frac{Z_1\cdot Z_2\cdot Z_3\cdots}{Z_1+Z_2+Z_3+\cdots}$。

同理，对于复阻抗并联交流电路有分流公式：

$$\begin{cases}\dot{I}_1=\dfrac{\dot{U}}{Z_1}=\dfrac{\dot{I}Z}{Z_1}=\dot{I}\dfrac{Z_2}{Z_1+Z_2}\\ \dot{I}_2=\dfrac{\dot{U}}{Z_2}=\dfrac{\dot{I}Z}{Z_2}=\dot{I}\dfrac{Z_1}{Z_1+Z_2}\end{cases}\tag{3.63}$$

无论多个复阻抗在电路中以何种连接形式出现，电路总功率都会有

$$\begin{cases}P=P_1+P_2+\cdots\text{或}P=UI\cos\varphi\\ Q=Q_1+Q_2+\cdots\text{或}Q=UI\sin\varphi\\ S=UI\end{cases}\tag{3.64}$$

【例 3.13】 在如图 3.22（a）所示的电路中，$Z_1=(1-\mathrm{j}1)\,\Omega$，$Z_2=(3+\mathrm{j}4)\,\Omega$，$\dot{U}=10\angle0^\circ\,\mathrm{V}$，求总电流 $\dot{I}$ 及各通过复阻抗的电流 $\dot{I}_1$ 和 $\dot{I}_2$，并画出相量图。

【解】　由题意可得

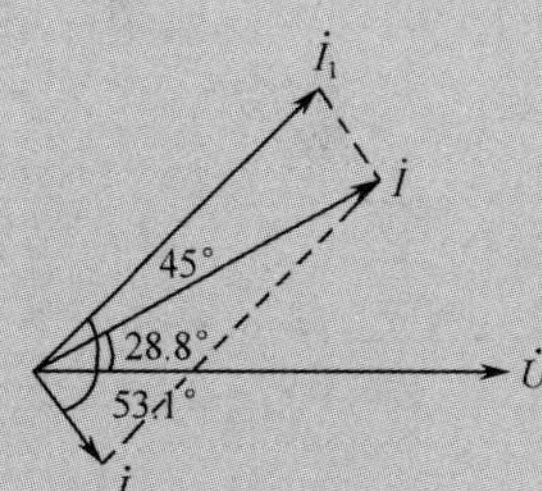

$$Z=\frac{Z_1Z_2}{Z_1+Z_2}=\frac{(1-\mathrm{j}1)(3+\mathrm{j}4)}{1-\mathrm{j}1+3+\mathrm{j}4}=\frac{7+\mathrm{j}1}{4+\mathrm{j}3}$$

$$=\frac{5\sqrt{2}\angle8.1^\circ}{5\angle36.9}=\sqrt{2}\angle-28.8^\circ\ (\Omega)$$

则

$$\dot{I}=\frac{\dot{U}}{Z}=\frac{10\angle0^\circ}{\sqrt{2}\angle-28.8^\circ}=5\sqrt{2}\angle28.8^\circ\ (\mathrm{A})$$

所以

$$\dot{I}_1=\frac{Z_2}{Z_1+Z_2}\dot{I}=\frac{3+\mathrm{j}4}{1-\mathrm{j}1+3+\mathrm{j}4}\times5\sqrt{2}\angle28.8^\circ$$

$$=\frac{5\angle53.1^\circ}{5\angle36.9^\circ}\times5\sqrt{2}\angle28.8^\circ=5\sqrt{2}\angle45^\circ\ (\mathrm{A})$$

$$\dot{I}_2=\frac{Z_1}{Z_1+Z_2}\dot{I}=\frac{1-\mathrm{j}1}{1-\mathrm{j}1+3+\mathrm{j}4}\times5\sqrt{2}\angle28.8^\circ$$

$$=\frac{\sqrt{2}\angle-45^\circ}{5\angle36.9^\circ}\times5\sqrt{2}\angle28.8^\circ=2\angle-53.1^\circ\ (\mathrm{A})$$

3.5 提高功率因数的意义和方法

扫一扫看提高功率因数的意义和方法微课视频

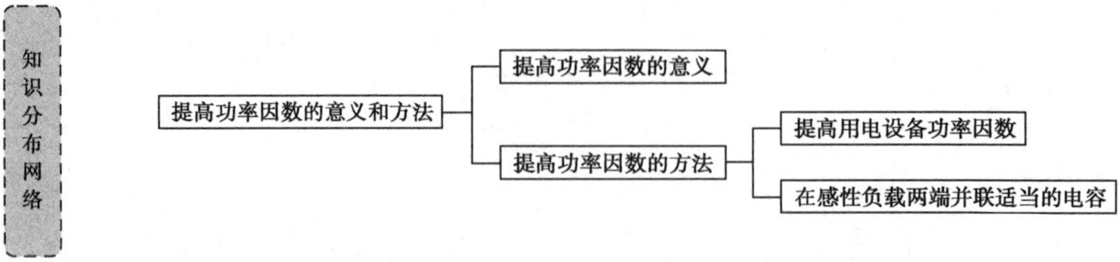

3.5.1 提高功率因数的意义

前面已经介绍了在正弦交流电路中，负载消耗的功率为$P=S\cos\varphi=UI\cos\varphi$，即负载消耗的功率不仅与电压有效值、电流有效值的乘积有关，还与功率因数$\cos\varphi$有关。功率因数完全取决于负载的性质与参数。例如，白炽灯、电炉等为纯电阻性负载，$\cos\varphi=1$；电动机、荧光灯等为感性负载，$\cos\varphi<1$。在一般情况下，供电电路的功率因数总是小于 1 的。由于功率因数$\cos\varphi<1$，电路出现了无功功率Q，因此电源与负载之间产生能量交换。所以，当功率因数$\cos\varphi$较低时，电源和供电电路会出现以下问题。

1．功率因数过低，电源设备的容量不能充分被利用

交流电源（发电机或变压器）的容量通常用视在功率$S=UI$表示，它代表电源能输出的最大平均功率。但电源究竟向负载提供多大的平均功率，不取决于电源本身，而取决于负载的大小和性质。如果电源接的是电阻性负载（如白炽灯、电炉等），那么电源只需输出负载所需的平均功率；如果电源接的是感性负载，那么电源不仅要输出平均功率，还要负担负载所需要的无功功率。

提示： 一个$S_N=40\text{kVA}$的电源，向$\cos\varphi=0.5$的荧光灯供电，它能供应 50W 的荧光灯__400__盏；如果用来供应$\cos\varphi=0.8$的 50W 荧光灯，那么能供应__640__盏；如果用来供应$\cos\varphi=1$的 50W 白炽灯，那么能供应多少盏呢？

由此可见，同样的电源设备，负载的功率因数越低，电源输出的最大平均功率就越小，无功功率就越大，电源设备的容量就越不能被充分利用。

2．功率因数过低，输电电路与电源内阻的功率损耗将增加

在一定电压下，当对负载输送一定平均功率时，有$I=\dfrac{P}{U\cos\varphi}$，当发电机的输出电压$U$和输出平均功率$P$一定时，电流与功率因数成反比，即功率因数越低，输电电路的电流就越大，由于输电电路本身有一定的内阻，同时电源内有一定的内阻，因此电流的增大，将会使输电电路上的压降增加、功率损耗加大，同时电源内部的电能损耗也将增大。

由此可见，在电力系统中，功率因数的高低直接关系到发电设备是否能被充分利用，输电效率能否提高等重要问题。因此，我国规定工厂、企业单位的负载总功率因数应在 0.9 左右。

3.5.2　提高功率因数的方法

1．提高用电设备功率因数

采取一定措施降低各用电设备需要的无功功率。正确选用异步电动机的容量，因为它在轻载及空载运行时功率因数很低，一般为 0.2～0.3，满载时的功率因数可达到 0.85 左右。所以，电动机的容量不要过大，以尽量减少轻载运行的情况。

2．在感性负载两端并联适当的电容

如图 3.23（a）所示，在未并联电容时，电路中的总电流 $\dot{I}$ 等于负载电流 $\dot{I}_1$；并联电容后，电路中的总电流 $\dot{I}'$ 等于负载电流 $\dot{I}_1$ 与电容支路上的电流 $\dot{I}_C$ 之和。从图 3.23（b）中可以看出，并联电容之后，电路中的总电流 I' 小于原电路中的总电流 I，并且从相位差上可以看出 $\varphi < \varphi_1$，即功率因数 $\cos\varphi$ 提高了。

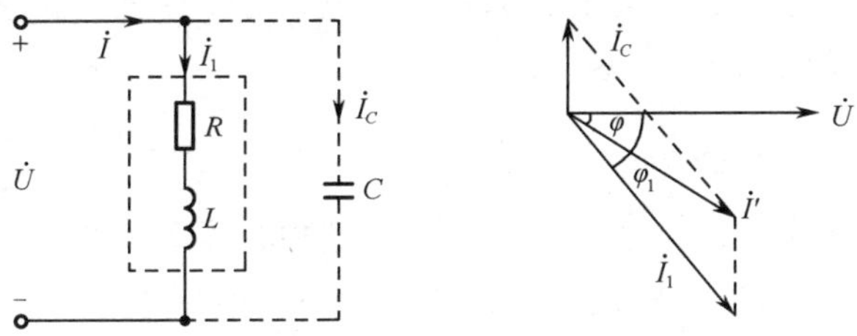

（a）电路图　　（b）相量图

图 3.23　提高功率因数的电路图与相量图

那么，并联多大的电容合适呢？根据公式有

$$C = \frac{P}{\omega U^2}(\tan\varphi_1 - \tan\varphi) \tag{3.65}$$

式中，φ_1 表示并联电容之前负载的功率因数角；φ 表示并联电容之后电路的功率因数角；P 表示负载使用的功率，单位为 W。

提示：学校、工厂、企业等通常把电容器设置在变电所中，以降低供电电路中的无功功率输送，提高整个供电电路的功率因数。

【例 3.14】　已知有一盏 220V、50W 的荧光灯，接入工频 220V 的电源，整流器的功率损耗为 4W，$\cos\varphi_1 = 0.5$。现把功率因数从原来的 0.5 提高到 0.9，求所需并联的电容值，以及并联前、后供电电路中的电流值。

【解】　当 $\cos\varphi_1 = 0.5$ 时，$\tan\varphi_1 = 1.732$；当 $\cos\varphi = 0.9$ 时，$\tan\varphi = 0.484$。

$$\begin{aligned} C &= \frac{P}{\omega U^2}(\tan\varphi_1 - \tan\varphi) \\ &= \frac{50+4}{2\pi \times 50 \times 220^2}(1.732 - 0.484) \\ &\approx 4.4 \ (\mu F) \end{aligned}$$

并联电容前供电电路中的电流 $I_1=\dfrac{P}{U\cos\varphi_1}=\dfrac{50+4}{220\times0.5}\approx0.49$（A）。

并联电容后供电电路中的电流 $I'=\dfrac{P}{U\cos\varphi}=\dfrac{50+4}{220\times0.9}\approx0.27$（A）。

提示：提高功率因数不影响负载的正常工作，也就是不影响负载本身的电压、电流、功率、功率因数，通过改变供电电路上总电压和总电流之间的相位差 φ，可提高供电电路的功率因数。

知识梳理与总结

（1）大小和方向随时间按正弦规律周期性变化的电动势、电压和电流统称为正弦交流电，简称交流电。正弦电动势、正弦电压、正弦电流统称为正弦量。正弦量的角频率、幅值和初相位是确定正弦量的三要素。

（2）有效值与最大值的关系：$I=\dfrac{I_m}{\sqrt{2}}$，$U=\dfrac{U_m}{\sqrt{2}}$，$E=\dfrac{E_m}{\sqrt{2}}$。

（3）任何两个同频率正弦量之间的相位之差或初相位之差称为相位差，用 φ 表示。相位关系包括超前、滞后、正交、同相、反相。

（4）正弦量的表示方法有波形图法、瞬时值法、相量式法和相量图法，其中相量式法和相量图法是在进行电路分析计算时常用的方法。

（5）纯电阻交流电路：电压与电流的大小关系为 $U_m=RI_m$ 或 $U=RI$；在相位上，电压 u 与电流 i 的初相位都为零，即 $\varphi=\varphi_u-\varphi_i=0$，即相位相同；相量式关系为 $\dot{U}=R\dot{I}$；平均功率为 $P=UI=RI^2=\dfrac{U^2}{R}$。

（6）纯电感交流电路：电压与电流的大小关系为

$$U_m=\omega LI_m=2\pi fLI_m \text{ 或 } I_m=\frac{U_m}{\omega L} \text{ 或 } I=\frac{U}{\omega L}$$

式中，ωL 被称为感抗，用 X_L 表示，$X_L=\omega L=2\pi fL$。在相位上，电流 i 的初相位为零，而电压 u 的初相位为 90°，即 $\varphi=\varphi_u-\varphi_i=90^\circ$，即在相位上电压超前电流。相量式关系为 $\dot{U}=\mathrm{j}\dot{I}X_L$。平均功率为零，即 P=0。电感与电源之间能量交换的规模用无功功率来表示，$Q=UI=I^2X_L=\dfrac{U^2}{X_L}$。

（7）纯电容交流电路：电压 u 与电流 i 的大小关系为

$$I_m=U_mC\omega=2\pi fCU_m \text{ 或 } I_m=\frac{U_m}{\frac{1}{\omega C}} \text{ 或 } I=\frac{U}{\frac{1}{\omega C}}$$

式中，$\dfrac{1}{\omega C}$ 是与电阻单位相同的一个量纲，称为容抗，用 X_C 表示，即 $X_C=\dfrac{1}{\omega C}=\dfrac{1}{2\pi fC}$。在相位上，电流 i 的初相位为 90°，而电压 u 的初相位为零，即 $\varphi=\varphi_u-\varphi_i=-90^\circ$，即在相位上

电压滞后电流。相量式关系为$\dot{U}=-\mathrm{j}\dot{I}X_C$。平均功率为零，即$P$=0。与纯电感电路一样，纯电容电路中没有能量消耗，只是电容与电源之间进行能量交换。电容与电源之间能量交换的规模用无功功率来表示，$Q=UI=I^2X_C=\dfrac{U^2}{X_C}$。

（8）在频率f一定的条件下，若$X_L>X_C$，即$\varphi>0$，表示电压u超前电流i一个φ角，电感的作用大于电容的作用，该电路呈现感性。若$X_L<X_C$，即$\varphi<0$，表示电压u滞后电流i一个φ角，电容的作用大于电感的作用，该电路呈现容性。在频率f一定的条件下，若$X_L=X_C$，即$\varphi=0$，表示电压u与电流i同相位，电容的作用与电感的作用相互抵消，该电路呈现电阻性。

（9）平均功率又称有功功率，$P=UI\cos\varphi=U_RI=\dfrac{U_R^2}{R}=RI^2$，即电阻消耗的功率；无功功率$UI\sin\varphi=U_LI-U_CI=Q_L-Q_C=Q$，是电感、电容与电源之间进行能量互换的功率，所以电路的无功功率Q是由电感无功功率与电容无功功率共同决定的；视在功率$S=UI$，$S=\sqrt{P^2+Q^2}$用来表示交流电源的额定容量。

（10）当电路中的感抗与容抗相等（电压与电流同相位）时，电路呈现电阻性，称为串联谐振。

（11）当功率因数过低时，电源设备的容量不能被充分利用，会增加输电电路与电源内阻的功率损耗。

（12）要想提高功率因数可提高用电设备功率因数，也可在感性负载两端并联适当的电容。

单元4 三相电路分析

扫一扫看单元4教学课件

教学导航

	项目	内容
教	知识重点	1．三相电源的产生 2．三相电源的连接方法 3．三相负载的星形连接 4．三相负载的三角形连接 5．三相负载的功率
	知识难点	1．三相负载的星形连接 2．三相负载的三角形连接 3．三相负载的功率
	推荐教学方法	以讲解例题及实际连接三相交流电路为主，结合实验操作的练习加深学生对本单元知识的运用
	建议学时	10学时
学	推荐学习方法	以分组讨论并加强实际操作的学习方式为主
	必须掌握的理论知识	1．三相电源的产生 2．三相电源的连接方法 3．三相负载的星形连接 4．三相负载的三角形连接 5．三相负载的功率
	必须掌握的技能	能够分析、解决实际三相交流电路中的问题

扫一扫下载技能训练6 三相负载的连接及其相应物理量的测量

扫一扫下载思考与练习题4

扫一扫下载思考与练习题4参考答案

4.1　三相电源及其连接方法

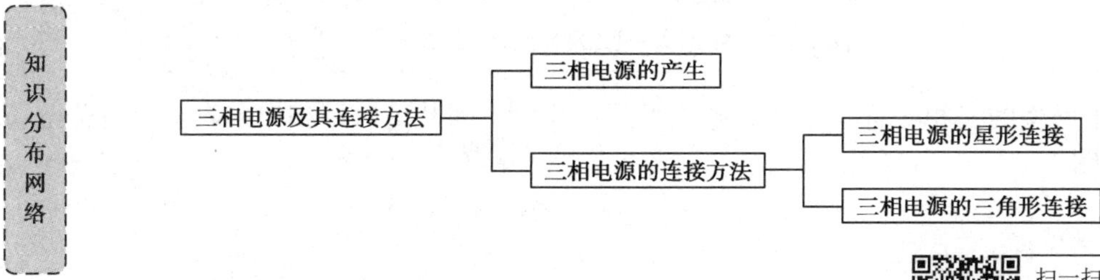

扫一扫看三相电源的产生微课视频

4.1.1　三相电源的产生

三相电源是由三相交流发电机产生的，发电机利用电磁感应原理将机械能转变为电能。

三相交流发电机主要由定子和转子组成，如图 4.1 所示。定子又被称为电枢，它由定子铁芯和定子绕组组成，定子铁芯的内圆周表面有冲槽，用于放置定子的三相绕组。定子的三相绕组是完全相同的，彼此间隔120°，三相绕组的首端分别用 A、B、C 表示，末端分别用 X、Y、Z 表示。图 4.2 所示为三相绕组和电动势的参考方向。

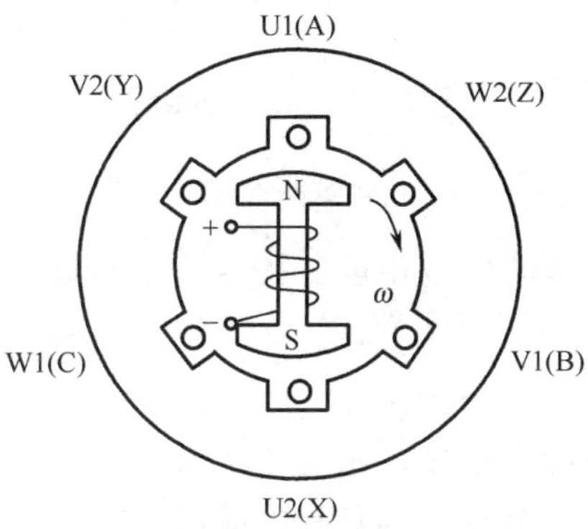

图 4.1　三相交流发电机

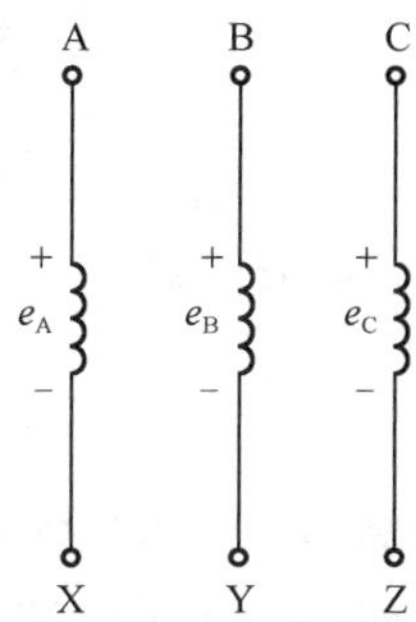

图 4.2　三相绕组和电动势的参考方向

转子由转子铁芯和转子绕组组成，转子铁芯是用铁磁性材料做成的磁极，该磁极由于始终处于旋转状态，因此被称为转子。转子绕组是绕在转子铁芯上的励磁绕组，用直流励磁。选择合适的极面形状和励磁绕组布置方式，可使空气隙中的磁感应强度按正弦规律分布。

转子由原动机带动，以角速度 ω 按顺时针方向匀速转动，每相定子绕组依次切割磁力线，其中产生频率相同、幅值相等、彼此相位差为120° 的正弦电动势 e_A、e_B、e_C。这三个正弦电动势被称为三相对称电动势。选定各电动势的参考方向为自绕组的末端指向首端，如图 4.2 所示。电动势分别为

$$\begin{cases} e_A = E_m \sin \omega t \\ e_B = E_m \sin(\omega t - 120^\circ) \\ e_C = E_m \sin(\omega t + 120^\circ) = E_m \sin(\omega t - 240^\circ) \end{cases} \tag{4.1}$$

提示：三相对称电动势可以用三相对称电压源来表示：

$$\begin{cases}u_A = U_m \sin\omega t \\ u_B = U_m \sin(\omega t - 120^\circ) \\ u_C = U_m \sin(\omega t + 120^\circ) = U_m \sin(\omega t - 240^\circ)\end{cases}$$

由于产生的三相对称电动势、电压都是正弦量，因此可以用相量来表示。对称电压相量表达式为

$$\begin{cases}\dot{U}_A = U\angle 0^\circ \\ \dot{U}_B = U\angle -120^\circ \\ \dot{U}_C = U\angle 120^\circ\end{cases} \tag{4.2}$$

三相对称电压的波形图和相量图如图 4.3 所示。

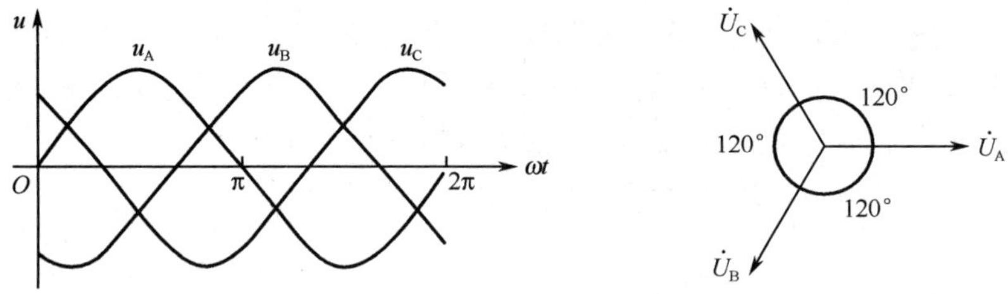

（a）波形图　　（b）相量图

图 4.3　三相对称电压的波形图与相量图

由此可见，在任一瞬间，三相对称电压的瞬时值或相量之和等于零，即

$$\begin{cases}u_A + u_B + u_C = 0 \\ \dot{U}_A + \dot{U}_B + \dot{U}_C = 0\end{cases} \tag{4.3}$$

在三相电源中，各电压在相位的先后次序称为相序。如果相序为 A—B—C—A，就称之为正相序或顺相序；如果相序为 A—C—B—A，就称之为负相序或逆相序。若无特别说明，则三相电源采用的均是正相序。

提示：（1）在电力工业中交流发电机的三相引出线及配电装置的三相母线上涂有黄、绿、红三种颜色，分别表示 A、B、C 三相。

（2）改变三相电源的相序，将改变三相电动机的旋转方向。这种方法常用于控制电动机的正转或反转。

4.1.2　三相电源的连接方法

扫一扫看三相电源的星形连接微课视频

1．三相电源的星形连接

图 4.4 所示为三相电源的星形连接。将三相电源的三个绕组末端 X、Y、Z 连在一起，形成一个节点。这一节点被称为中性点或零点，用大写字母 N 表示。从 N 引出的线称为中性线或零线。从三个绕组的首端 A、B、C 分别引出三条导线，称为相线或端线，俗称火线。这种有零线的供电方式被称为三相四线制；如果没有零线，就被称为三相三线制。

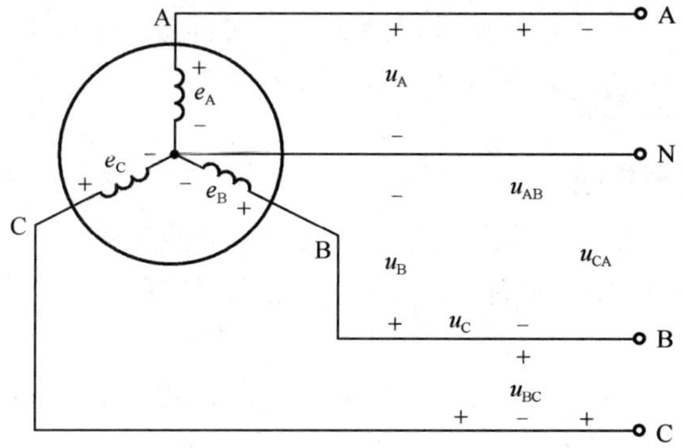

图 4.4　三相电源的星形连接

1）相电压与线电压的概念

由三相四线制供电系统可知，电源相线与零线之间的电压称为电源相电压，其有效值用大写字母U_A、U_B、U_C表示（瞬时值用u_A、u_B、u_C表示）或统一用U_P表示。任意两条相线之间的电压称为线电压，其有效值用大写字母U_{AB}、U_{BC}、U_{CA}表示（瞬时值用u_{AB}、u_{BC}、u_{CA}表示），或统一用U_L表示。各电压的参考方向规定如图 4.4 所示。

2）相电压与线电压的关系

当三相电源采用的是星形连接方式时可以提供相电压与线电压，两者是不相等的。根据上文介绍的电压与电位关系可知：

$$\begin{cases} u_{AB} = u_A - u_B \\ u_{BC} = u_B - u_C \\ u_{CA} = u_C - u_A \end{cases} \tag{4.4}$$

由于式（4.4）中都是同频率的正弦量，因此各式可用相量表示，即

$$\begin{cases} \dot{U}_{AB} = \dot{U}_A - \dot{U}_B \\ \dot{U}_{BC} = \dot{U}_B - \dot{U}_C \\ \dot{U}_{CA} = \dot{U}_C - \dot{U}_A \end{cases} \tag{4.5}$$

可见线电压相量等于相应相电压相量之差，根据式(4.5)画相量图，如图 4.5 所示。

由图 4.5 可知，线电压和相电压都是对称电压，在相位上线电压超前相电压 30°，它们之间的大小关系为

$$\frac{U_{AB}}{2} = U_A \cos 30^\circ = \frac{\sqrt{3}}{2} U_A$$

$$U_{AB} = \sqrt{3} U_A$$

同理

$$U_{BC} = \sqrt{3} U_B，\quad U_{CA} = \sqrt{3} U_C$$

可得出线电压与相电压的大小关系为$U_L = \sqrt{3} U_P$（线电压是相电压的$\sqrt{3}$倍）。

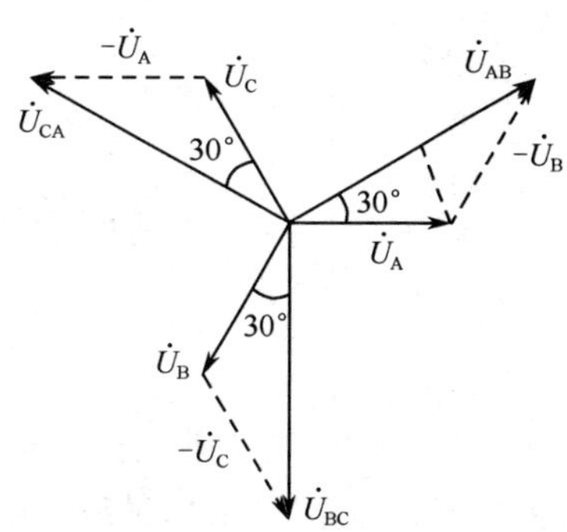

图 4.5　三相电源星形连接时的线电压与相电压相量图

提示： 三相发电机绕组采用星形连接方式时，可为生产、生活中的用电负荷提供民用电压（相电压）220V，动力电压（线电压）380V。

2. 三相电源的三角形连接

扫一扫看三相电源的三角形连接微课视频

图 4.6 所示为三相电源的三角形连接。所谓三角形连接，就是把三相电源的三个绕组的首、末端依次相连，构成一个闭合的三角形回路，然后由三个连接点引出三条供电线。从图 4.6 中可以看出，三相电源采用三角形连接方式时，只能以三相三线制方式对外供电，并且三个电源的相电压 u_A、u_B、u_C 是对称的，三个线电压 u_{AB}、u_{BC}、u_{CA} 也是对称的，且有

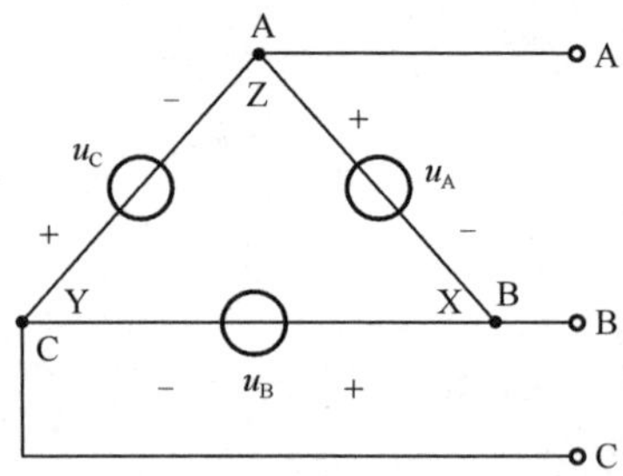

图 4.6 三相电源的三角形连接

$$\begin{cases} u_{AB} = u_A \\ u_{BC} = u_B \\ u_{CA} = u_C \end{cases} \tag{4.6}$$

有效值形式为

$$U_L = U_P \tag{4.7}$$

写成相量式为

$$\dot{U}_L = \dot{U}_P \tag{4.8}$$

由此可见，在任一瞬间，三相对称电压的瞬时值或相量之和等于零，即

$$\begin{cases} u_A + u_B + u_C = 0 \\ \dot{U}_A + \dot{U}_B + \dot{U}_C = 0 \end{cases} \tag{4.9}$$

如果各相绕组产生的电压不对称，或者把某相绕组的首尾端接错，那么在闭合的三角形回路内将产生很大的环流，从而烧毁发电机。因此，实际中的发电机绕组和变压器绕组很少采用三角形连接方式。

4.2 三相电路的分析与计算

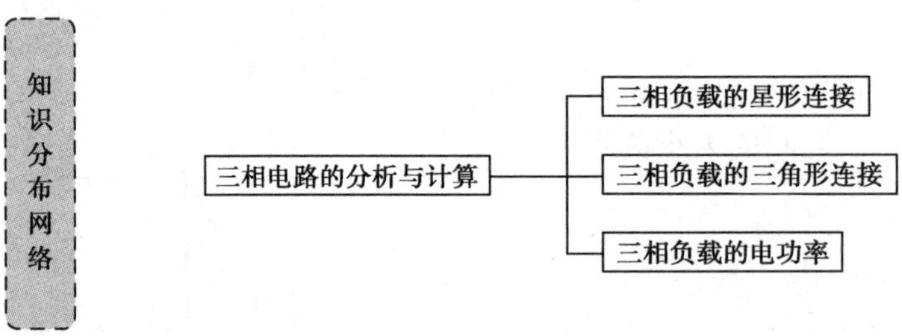

三相负载是指使用三相交流电源才能正常工作的负载，如三相异步电动机、三相电炉等。在日常生产、生活中，常尽量将使用的单相用电设备均衡地分配在三个相线上，对于三相电源来说，这些单相设备的组合也被称为三相负载，如照明灯具、单相电动机等。

根据三相负载的性质及大小，可将三相负载分为三相对称负载和三相不对称负载。如果每相负载的阻抗相等，辐角也相等，即 $z_A = z_B = z_C$ 和 $\varphi_A = \varphi_B = \varphi_C$，就称之为对称负载（如三

相异步电动机）。反之，如果每相负载的阻抗或辅角不相等，就称之为不对称负载（如照明灯具）。

三相负载与三相电源一样，也有星形连接和三角形连接两种连接方式。三相负载究竟采用哪种连接方式，需要根据电源电压、负载的额定电压及负载的特点而定。

提示：（1）当负载的额定相电压等于电源线电压时，采用三角形连接。

（2）当负载的额定相电压是电源线电压的 $\frac{1}{\sqrt{3}}$ 倍时，采用星形连接。

4.2.1　三相负载的星形连接

扫一扫看三相负载的星形连接微课视频

1. 三相不对称负载星形连接

在民用等建筑供电系统中，大多用电设备是单相用电设备，即使尽量将它们均衡地分配在三条相线上，但是各组用电设备的个数及每个用电设备的额定功率不完全相同，而且不能保证它们同时工作，所以这一负载属于不对称负载，如图 4.7 所示。

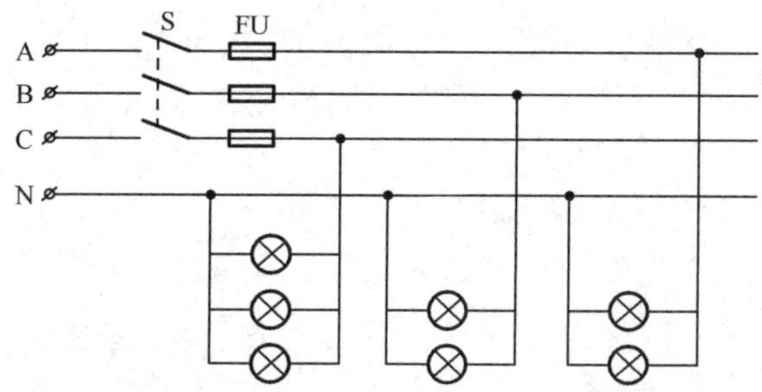

图 4.7　三相不对称负载星形连接的实际电路

如图 4.8 所示，在各相电压的作用下，电路中有电流通过。通过各相负载的电流称为相电流，用相量 $\dot{I}'_A$、$\dot{I}'_B$、$\dot{I}'_C$ 表示；各相线上的电流称为线电流，用相量 $\dot{I}_A$、$\dot{I}_B$、$\dot{I}_C$ 表示；流过零线的电流称为中线电流，用相量 $\dot{I}_N$ 表示。由于三条相线采用的是星形连接，每根相线和相应的每相负载串联，所以线电流等于相电流，即

$$\dot{I}_A=\dot{I}'_A,\quad \dot{I}_B=\dot{I}'_B,\quad \dot{I}_C=\dot{I}'_C \tag{4.10}$$

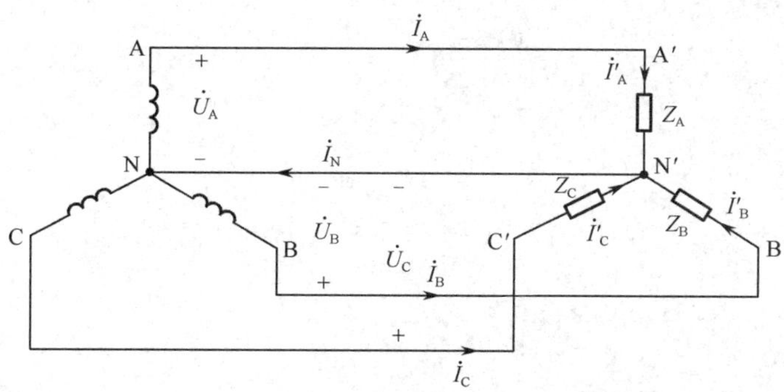

图 4.8　三相负载的星形连接

在三相四线制供电系统中，如果忽略相线上的压降，各相负载两端的电压分别等于对应

的电源相电压$\dot{U}_A$、$\dot{U}_B$、$\dot{U}_C$。由于存在零线，各相负载与电源独自构成回路，互不干扰，因此各相负载的物理量的计算可按单相电路逐一进行。

相电流为

$$\begin{cases} \dot{I}_A = \dot{I}'_A = \dfrac{\dot{U}_A}{Z_A} \\ \dot{I}_B = \dot{I}'_B = \dfrac{\dot{U}_B}{Z_B} \\ \dot{I}_C = \dot{I}'_C = \dfrac{\dot{U}_C}{Z_C} \end{cases} \tag{4.11}$$

根据基尔霍夫电流定律，中线电流为

$$\dot{I}_N = \dot{I}_A + \dot{I}_B + \dot{I}_C \tag{4.12}$$

提示：在一般情况下，中线电流总小于线电流，而且负载越接近对称负载，中线电流越小。

【例 4.1】 如图 4.9 所示，已知在三相四线制 220V/380V 的供电系统中，A 相接一个 220V、100W 的白炽灯泡，B 相接一个 50W 的白炽灯泡，C 相因故障断路。求有零线时的各相电流$\dot{I}_A$、$\dot{I}_B$、$\dot{I}_C$；若零线断开，此时电路会出现什么现象。

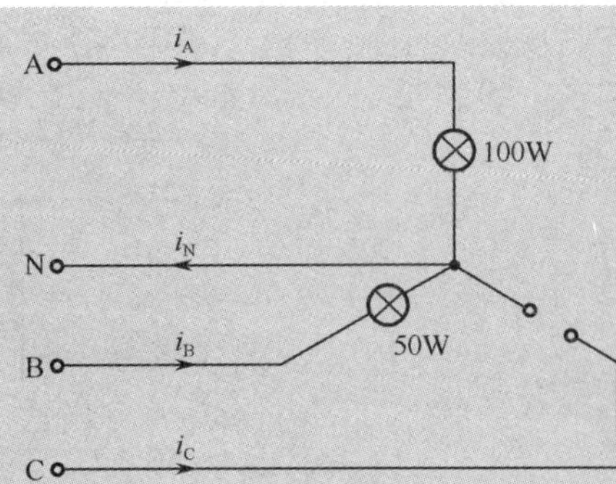

图 4.9 例 4.1 电路

【解】 有零线时的各相负载为

$$Z_A = R_A = \frac{U^2}{P} = \frac{220^2}{100} = 484 \text{（Ω）}$$

$$Z_B = R_B = \frac{U^2}{P} = \frac{220^2}{50} = 968 \text{（Ω）}$$

$$Z_C = \infty \text{（无穷大）}$$

设$\dot{U}_A = 220\angle 0^\circ$ V，则各相电流为

$$\dot{I}_A = \frac{\dot{U}_A}{Z_A} = \frac{220\angle 0^\circ}{484} \approx 0.45 \text{（A）}$$

$$\dot{I}_B = \frac{\dot{U}_B}{Z_B} = \frac{220\angle -120^\circ}{968} = 0.23\angle -120^\circ \text{（A）}$$

$$\dot{I}_C = \frac{\dot{U}_C}{Z_C} \approx 0\text{A}$$

若零线断开，则两只白炽灯泡相当于串联在线电压U_{AB}之间，此时两只灯泡的实际工作电压为

$$U_A = 380 \times \frac{484}{484 + 968} \approx 127 \text{（V）}$$

$$U_B = 380 \times \frac{968}{484 + 968} \approx 253 \text{（V）}$$

电路由于零线断开，A 相接的灯泡的实际工作电压低于额定电压，灯泡变暗甚至不发亮；B 相接的灯泡的实际工作电压高于额定电压，灯泡瞬间发亮直到烧毁。

提示： 通过例 4.1 可知，不对称的三相负载接成星形，如果有零线，不论负载有无变化，每相负载均承受对称的电源相电压；如果零线断开或无零线，将会出现有的电压偏高，有的电压偏低的情况，导致负载不能正常工作，甚至烧毁。为了保证不对称负载正常工作，供电规程中规定，不允许在电源干线的零线上安装开关或熔断器。

2. 三相对称负载星形连接

生产上用的水泵、搅拌机等都是由三相交流电动机带动工作的，所以它们都属于三相对称负载。对于这类负载来说，由于所接三相电源是对称的，加之负载本身也是对称的，因此各相产生的电流也是对称的。在计算电流时，只需计算出一相即可，其余两相可根据对称性直接推出，即

$$\begin{cases} \dot{I}_A = \dot{I}'_A = \dfrac{\dot{U}_A}{Z_A} \\ \dot{I}_B = \dot{I}'_B = \dot{I}_A \angle -120^\circ \\ \dot{I}_C = \dot{I}'_C = \dot{I}_A \angle 120^\circ \end{cases} \tag{4.13}$$

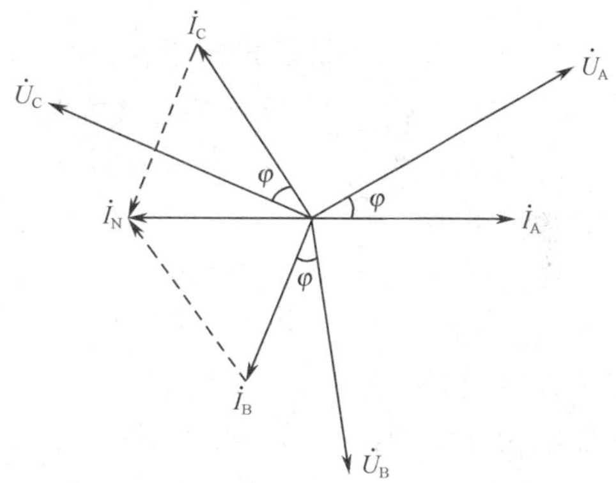

图 4.10　三相对称负载相电压与相电流的相量图

图 4.10 所示为三相对称负载相电压与相电流的相量图。由图 4.10 可以看出，中线电流为

$$\dot{I}_N = \dot{I}_A + \dot{I}_B + \dot{I}_C = 0 \tag{4.14}$$

因此，三相负载对称时零线上没有电流流过，说明零线不起作用，即使取消零线，也不会影响电路的正常工作。所以，三相对称负载的连接可以采用三相三线制的星形连接方式。三相对称负载采用星形连接时的三相三线制电路如图 4.11 所示。

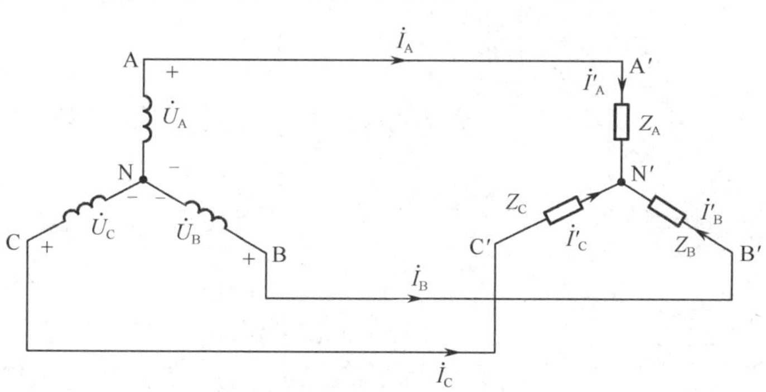

图 4.11　三相对称负载采用星形连接时的三相三线制电路

【例 4.2】　已知一星形连接的三相对称负载的每相复阻抗 $Z = (4+3\mathrm{j})\Omega$，接于线电压为 $\dot{U}_{AB} = 380\angle 30^\circ$ V 的三相电源上，试求各相电流、线电流及中线电流。

【解】　已知电源线电压为 $\dot{U}_{AB} = 380\angle 30^\circ$ V，则相电压为 $\dot{U}_A = 220\angle 0^\circ$ V。负载对称，则各相复阻抗为

$$Z = 4 + 3\mathrm{j} = 5\angle 36.9^\circ \ (\Omega)$$

由于星形连接的线电流等于相电流，因此有

$$\dot{I}_{\mathrm{A}} = \frac{\dot{U}_{\mathrm{A}}}{Z} = \frac{220\angle 0^\circ}{5\angle 36.9^\circ} = 44\angle -36.9^\circ \ (\mathrm{A})$$

$$\dot{I}_{\mathrm{B}} = \dot{I}_{\mathrm{A}}\angle -120^\circ = 44\angle(-36.9^\circ - 120^\circ) = 44\angle -156.9^\circ \ (\mathrm{A})$$

$$\dot{I}_{\mathrm{C}} = \dot{I}_{\mathrm{A}}\angle 120^\circ = 44\angle(-36.9^\circ + 120^\circ) = 44\angle 83.1^\circ \ (\mathrm{A})$$

中线电流为

$$\dot{I}_{\mathrm{N}} = \dot{I}_{\mathrm{A}} + \dot{I}_{\mathrm{B}} + \dot{I}_{\mathrm{C}} = 0$$

4.2.2 三相负载的三角形连接

扫一扫看三相负载的三角形连接微课视频

1. 三相对称负载三角形连接

与三相电源一样，将三相负载的首尾相连，再将三个连接点与三相电源的 A、B、C 相线连接，即可构成负载三角形连接的三相三线制电路，如图 4.12 所示。

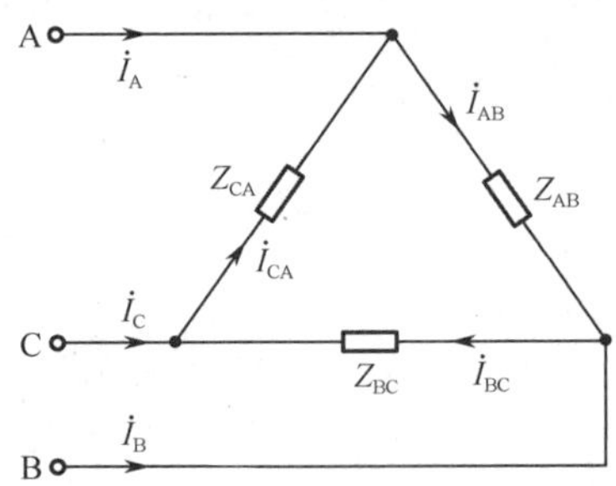

图 4.12　三相负载的三角形连接

在如图 4.12 所示的电路中，流过每相负载的电流为相电流 $\dot{I}_{\mathrm{AB}}$、$\dot{I}_{\mathrm{BC}}$、$\dot{I}_{\mathrm{CA}}$，流过相线的电流为线电流 $\dot{I}_{\mathrm{A}}$、$\dot{I}_{\mathrm{B}}$、$\dot{I}_{\mathrm{C}}$，参考方向如图 4.12 所示。从图 4.12 中可以看出，每相负载承受的电压是电源的线电压，由于电源的线电压总是对称的，所以无论负载是否对称，三相负载的相电压总是对称的。因此，三相负载对称时，相电流也是对称的，即

$$\begin{cases} \dot{I}_{\mathrm{AB}} = \dfrac{\dot{U}_{\mathrm{AB}}}{Z_{\mathrm{AB}}} \\ \dot{I}_{\mathrm{BC}} = \dfrac{\dot{U}_{\mathrm{BC}}}{Z_{\mathrm{BC}}} = \dot{I}_{\mathrm{AB}}\angle -120^\circ \\ \dot{I}_{\mathrm{CA}} = \dfrac{\dot{U}_{\mathrm{CA}}}{Z_{\mathrm{CA}}} = \dot{I}_{\mathrm{AB}}\angle 120^\circ \end{cases} \tag{4.15}$$

根据基尔霍夫电流定律可得线电流为

$$\begin{cases} \dot{I}_{\mathrm{A}} = \dot{I}_{\mathrm{AB}} - \dot{I}_{\mathrm{CA}} \\ \dot{I}_{\mathrm{B}} = \dot{I}_{\mathrm{BC}} - \dot{I}_{\mathrm{AB}} \\ \dot{I}_{\mathrm{C}} = \dot{I}_{\mathrm{CA}} - \dot{I}_{\mathrm{BC}} \end{cases} \tag{4.16}$$

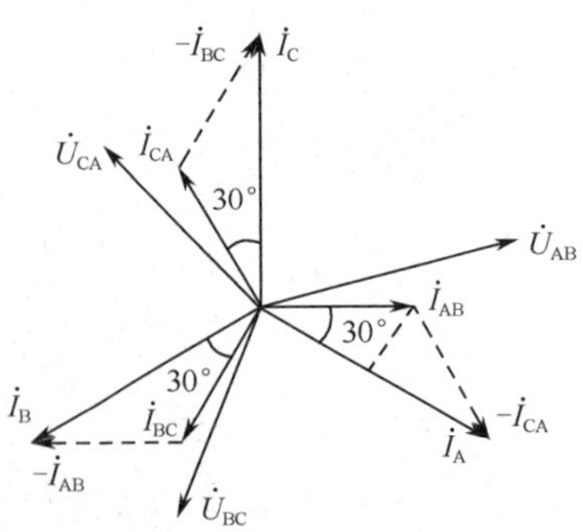

图 4.13　三相对称负载三角形连接线电流与相电流的相量图

由此可见，线电流有效值相量等于相应两个相电流有效值相量之差。无论负载是否对称式（4.16）都成立。在负载对称的情况下，相电流与线电流之间还存在特定的大小与相位关系，根据式（4.16）可以画出其相量图，如图 4.13 所示。

因为三个相电流是对称的，所以三个线电流也是对称的。线电流在相位上比相应的相电流滞后 30°，由

图 4.13 可得其大小为

$$\frac{I_{\mathrm{A}}}{2}=I_{\mathrm{AB}}\cos 30^{\circ}=\frac{\sqrt{3}}{2}I_{\mathrm{AB}}$$

$$I_{\mathrm{A}}=\sqrt{3}I_{\mathrm{AB}}$$

同理可求出

$$I_{\mathrm{B}}=\sqrt{3}I_{\mathrm{BC}}$$

$$I_{\mathrm{C}}=\sqrt{3}I_{\mathrm{CA}}$$

由此得到

$$I_{\mathrm{L}}=\sqrt{3}I_{\mathrm{P}} \tag{4.17}$$

式（4.17）说明，当三相对称负载采用三角形连接时，线电流是相电流的 $\sqrt{3}$ 倍。

【例 4.3】 将例 4.2 中的三相对称负载的连接方式改为三角形连接，试求各相电流相量与线电流相量。

【解】 已知 $\dot{U}_{\mathrm{AB}}=380\angle 30^{\circ}\ \mathrm{V}$，由于三相对称负载采用的是三角形连接，因此负载各相电压等于电源线电压。

负载对称，则各相复阻抗为

$$Z=4+3\mathrm{j}=5\angle 36.9^{\circ}\ (\Omega)$$

所以，相电流为

$$\dot{I}_{\mathrm{AB}}=\frac{\dot{U}_{\mathrm{AB}}}{Z}=\frac{380\angle 30^{\circ}}{5\angle 36.9^{\circ}}=76\angle -6.9^{\circ}\ (\mathrm{A})$$

$$\dot{I}_{\mathrm{BC}}=\dot{I}_{\mathrm{AB}}\angle -120^{\circ}=76\angle(-6.9^{\circ}-120^{\circ})=76\angle -126.9^{\circ}\ (\mathrm{A})$$

$$\dot{I}_{\mathrm{CA}}=\dot{I}_{\mathrm{AB}}\angle 120^{\circ}=44\angle(-6.9^{\circ}+120^{\circ})=76\angle 113.1^{\circ}\ (\mathrm{A})$$

线电流为

$$\dot{I}_{\mathrm{A}}=\sqrt{3}\dot{I}_{\mathrm{AB}}\angle -30^{\circ}=76\sqrt{3}\angle(-6.9^{0}-30^{\circ})=76\sqrt{3}\angle -36.9^{\circ}\ (\mathrm{A})$$

$$\dot{I}_{\mathrm{B}}=\dot{I}_{\mathrm{A}}\angle -120^{\circ}=76\sqrt{3}\angle -156.9^{\circ}\ (\mathrm{A})$$

$$\dot{I}_{\mathrm{C}}=\dot{I}_{\mathrm{A}}\angle 120^{\circ}=76\sqrt{3}\angle 83.1^{\circ}\ (\mathrm{A})$$

提示： 三相对称负载采用三角形连接时的相电流采用是星形连接时的相电流的 $\sqrt{3}$ 倍；采用三角形连接时的线电流是采用星形连接时的线电流的 3 倍。

2. 三相不对称负载三角形连接

由于三相负载采用三角形连接时，不论负载是否对称，各相负载均承受对称的电源线电压，所以三相不对称负载的三角形连接各相负载的电流分别按单相电路计算，即

$$\begin{cases}\dot{I}_{\mathrm{AB}}=\dfrac{\dot{U}_{\mathrm{AB}}}{Z_{\mathrm{AB}}}\\ \dot{I}_{BC}=\dfrac{\dot{U}_{\mathrm{BC}}}{Z_{\mathrm{BC}}}\\ \dot{I}_{\mathrm{CA}}=\dfrac{\dot{U}_{\mathrm{CA}}}{Z_{\mathrm{CA}}}\end{cases} \tag{4.18}$$

各线电流分别按式（4.16）进行计算。

扫一扫看三相负载的功率微课视频

4.2.3　三相负载的功率

1．三相功率的一般计算方法

在三相交流电路中，不论负载采用是星形连接还是三角形连接，不论负载是否对称，三相电路的总功率的计算方法为

$$\begin{cases} P = P_A + P_B + P_C = U_A I_A \cos\varphi_A + U_B I_B \cos\varphi_B + U_C I_C \cos\varphi_C \\ Q = Q_A + Q_B + Q_C = U_A I_A \sin\varphi_A + U_B I_B \sin_B + U_C I_C \sin\varphi_C \end{cases} \tag{4.19}$$

式中，U_A、U_B、U_C 表示各相相电压有效值；I_A、I_B、I_C 表示各相相电流有效值；φ_A、φ_B、φ_C 表示各相相电压与相电流之间的相位差。

三相电路总的视在功率为 $S = \sqrt{P^2 + Q^2}$ 。

注意： $S \neq S_A + S_B + S_C$。

2．三相对称负载的功率的计算方法

在三相交流电路中，若负载是对称负载，则三相电路的总功率的计算方法为

$$\begin{cases} P = 3P_P = 3U_P I_P \cos\varphi_P \\ Q = 3Q_P = 3U_P I_P \sin\varphi_P \end{cases} \tag{4.20}$$

式中，U_P 表示相电压有效值；I_P 表示相电流有效值；φ_P 表示相电压与相电流之间的相位差。

在实际应用中，负载的连接方式既有星形连接又有三角形连接，且三相电路中的线电压和线电流的数值比较容易测量，用线电压和线电流表示的三相功率如下。

当三相对称负载采用的是星形连接时，$U_L = \sqrt{3}U_P$， $I_L = I_P$，代入式（4.20）有

$$\begin{cases} P = \sqrt{3}U_L I_L \cos\varphi_P \\ Q = \sqrt{3}U_L I_L \sin\varphi_P \end{cases} \tag{4.21}$$

当三相对称负载采用的是三角形连接时，$U_L = U_P$， $I_L = \sqrt{3}I_P$，代入式（4.20）有

$$\begin{cases} P = \sqrt{3}U_L I_L \cos\varphi_P \\ Q = \sqrt{3}U_L I_L \sin\varphi_P \end{cases} \tag{4.22}$$

从式（4.21）和式（4.22）可以看出，不论负载采用的是何种连接方式，只要是对称负载，其公式都有 $P = \sqrt{3}U_L I_L \cos\varphi_P$， $Q = \sqrt{3}U_L I_L \sin\varphi_P$ 。

三相电路总的视在功率为

$$S = \sqrt{P^2 + Q^2} = 3U_P I_P = \sqrt{3}U_L I_L \tag{4.23}$$

提示： 对于接在同一三相电源上的同一对称负载而言，当连接方式不同时，其三相平均功率是不相等的，采用三角形连接时的平均功率是采用星形连接时的平均功率的 3 倍，即 $P_\triangle = 3P_Y$ 。

【例 4.4】　已知三相对称负载的每相负载 $Z = (6 + 8\text{j})\Omega$，将其接在线电压 380V 的三相电源上。若负载分别采用星形连接与三角形连接，试计算各总功率。

【解】　当负载为星形连接时有

$$z=|Z|=\sqrt{R^2+X^2}=\sqrt{6^2+8^2}=10\ (\Omega)$$

$$U_P=\frac{U_L}{\sqrt{3}}=\frac{380}{\sqrt{3}}\approx 220\ (\text{V})$$

$$I_P=\frac{U_P}{z}=\frac{220}{10}=22\ (\text{A})$$

$$\varphi=\arctan\frac{X}{R}=\arctan\frac{8}{6}\approx 53.1^\circ$$

$$P_Y=3U_PI_P\cos 53.1^\circ\approx 3\times 220\times 22\times 0.6=8712\ (\text{W})$$

$$Q_Y=3U_PI_P\sin 53.1^\circ\approx 3\times 220\times 22\times 0.8=11616\ (\text{var})$$

$$S_Y=3U_PI_P=3\times 220\times 22=14520\ (\text{V}\cdot\text{A})$$

当负载为三角形连接时有

$$U_P=U_L=380\text{V}$$

$$I_P=\frac{U_P}{z}=\frac{380}{10}=38\ (\text{A})$$

$$P_\triangle=3U_PI_P\cos 53.1^\circ\approx 3\times 380\times 38\times 0.6=25992\ (\text{W})$$

$$Q_\triangle=3U_PI_P\sin 53.1^\circ\approx 3\times 380\times 38\times 0.8=34656\ (\text{var})$$

$$S_\triangle=3U_PI_P=3\times 380\times 38=43320\ (\text{V}\cdot\text{A})$$

通过以上结果可以看出，负载采用三角形连接时的各总功率的大小是采用星形连接时相应总功率的 3 倍。

知识梳理与总结

（1）三相四线制供电系统能够提供两种对称的三相电压，即线电压和相电压，它们之间的大小关系为 $U_L=\sqrt{3}U_P$，在相位上线电压超前相应的相电压 30°。

（2）三相负载采用星形连接（负载无论是否对称）时的线电流等于相电流。三相对称负载采用三角形连接时的线电流是相电流的 $\sqrt{3}$ 倍，在相位上线电流滞后相电流 30°。

（3）在三相交流电路中，若是对称负载，则三相电路的总功率计算方法为 $P=3P_P=3U_PI_P\cos\varphi_P$，$Q=3Q_P=3U_PI_P\sin\varphi_P$。不论负载是何种连接方式，只要是对称负载，其总功率计算公式都为 $P=\sqrt{3}U_LI_L\cos\varphi_P$，$Q=\sqrt{3}U_LI_L\sin\varphi_P$。三相对称负载的总视在功率等于 $S=\sqrt{P^2+Q^2}=3U_PI_P=\sqrt{3}U_LI_L$。

单元5 半导体器件与整流电路分析

扫一扫看单元5教学课件

教学导航

教	知识重点	1．PN结的工作特性　　2．二极管的单向导电性及其应用 3．二极管整流电路分析 4．晶体管的工作原理、工作组态分析和特性曲线分析
	知识难点	1．二极管整流电路分析　　2．晶体管的工作组态分析
	推荐教学方法	讲解例题及实例，结合实训操作
	建议学时	10学时
学	推荐学习方法	以小组讨论的学习方式为主
	必须掌握的理论知识	1．半导体的基础知识　　2．PN结的工作特性 3．二极管的结构、电路符号、作用、伏安特性与参数 4．整流电路、滤波电路的工作原理 5．晶体管的结构、表示符号、作用、伏安特性与参数
	必须掌握的技能	1．常用电子仪器仪表的使用 2．半导体元器件的识别与检测 3．整流电路与滤波电路的连接与测试

扫一扫下载技能训练7　常用电子仪器仪表的使用

扫一扫下载技能训练8　半导体元器件的识别与检测

扫一扫下载技能训练9　整流与滤波电路的连接及测试

扫一扫下载思考与练习题5

扫一扫下载思考与练习题5参考答案

5.1　二极管的认知与应用

知识分布网络

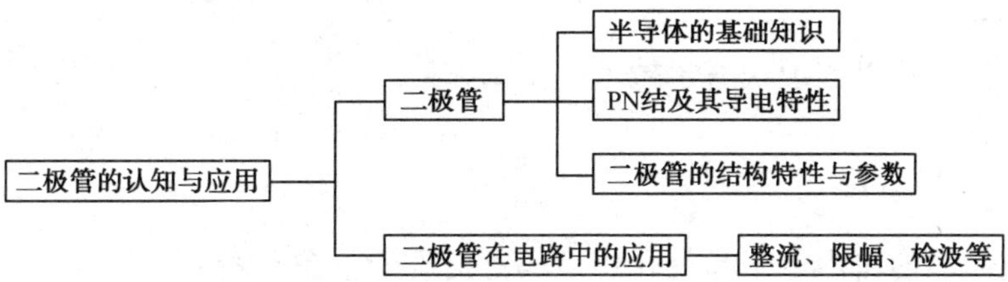

半导体器件具有体积小、质量轻、使用寿命长、耗电少等特点，是各种电子电路的核心组成器件，在当今电子技术中占主导地位。了解半导体器件是学习电子技术的基础。

本节先简要介绍半导体的特点，再讨论 PN 结的工作特性、二极管的结构、特性与参数，然后讨论二极管在整流电路、稳压电路、滤波电路中的应用。

5.1.1　半导体的基础知识及 PN 结的工作特性

扫一扫看半导体的基础知识微课视频

1．半导体的基础知识

导电性能介于导体与绝缘体之间的材料叫作半导体。常用的半导体材料有硅、锗、砷化镓等。下面以硅为例讨论半导体的导电特性。

硅属于四价元素，硅原子的最外层轨道上有 4 个价电子，如图 5.1 所示。纯净的硅呈晶体结构，原子排列整齐，并且每个原子的 4 个价电子与相邻的 4 个原子共有，构成共价键结构，如图 5.2 所示。当温度为热力学零度时，硅晶体不呈现导电性。当温度升高时，由于热激发，一些电子获得一定能量后会挣脱束缚成为自由电子。与此同时，这些自由电子原有的位置处留下相应的空位置，即空穴，如图 5.3 所示。空穴因失去一个电子而带正电。由于正电、负电相互吸引，空穴会被附近的电子填补，于是又产生新的空穴，新的空穴也会被相邻的电子填补。如此继续下去，空穴就像在运动。由热激发而产生的自由电子和空穴总是成对出现的。

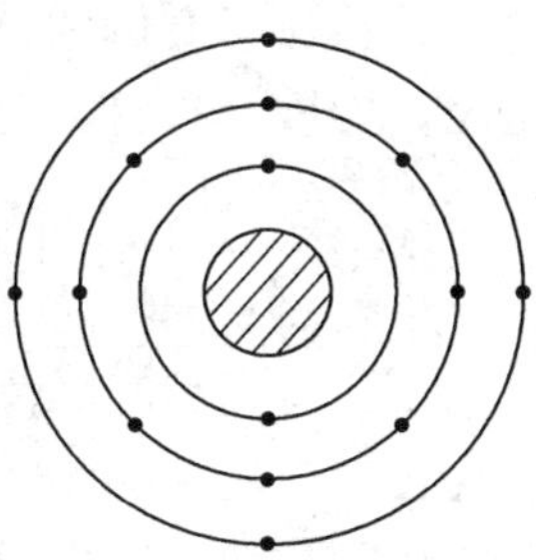

图 5.1　硅的原子结构图

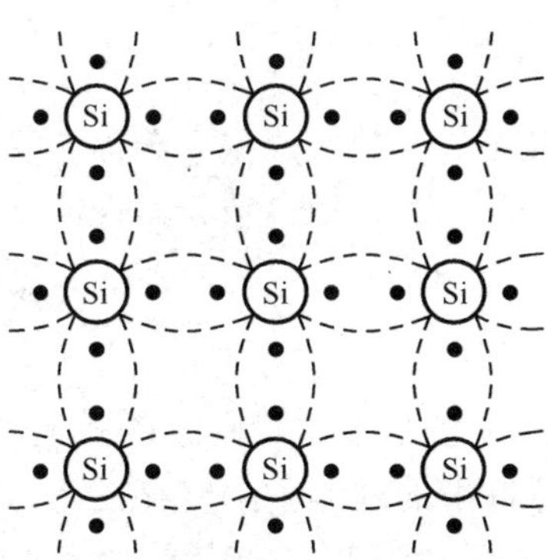

图 5.2　硅原子间的共价键结构

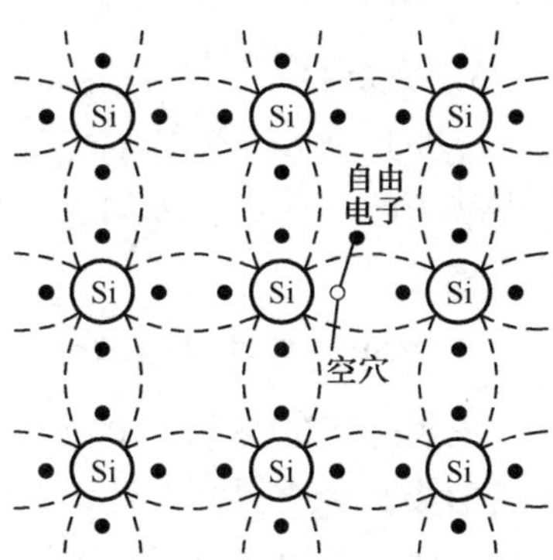

图 5.3　空穴和自由电子的形成

自由电子和空穴被统称为载流子。

提示：在外加电场的作用下，半导体中的自由电子和空穴按相反方向运动，形成的电流方向一致，所以半导体中的电流是电子流和空穴流之和。这是半导体和金属在导电原理上的本质区别。

半导体器件之所以在现代科学技术中得到如此广泛的应用，是由于其导电性能易受外界条件影响，主要表现如下。

1）掺杂性

纯净半导体中的自由电子和空穴总是成对出现的，在常温下其数量有限，导电能力并不强，如果在纯净的半导体中掺入某些微量杂质（其他元素），那么该半导体的导电能力将会大大增强。

当在纯净的半导体硅或锗中掺入硼、铝等三价元素时，这些元素的原子最外层有 3 个价电子，在构成的共价键中因缺少价电子而形成空穴。这种半导体主要靠空穴运动实现导电，空穴是多数载流子，热激发形成的自由电子是少数载流子。因此，这种半导体被称为空穴半导体或 P 型半导体。

当在纯净半导体硅或锗中掺入磷、砷等五价元素时，这些元素的原子最外层有 5 个价电子，在构成的共价键结构中因存在多余的价电子而产生大量自由电子。这种半导体主要靠自由电子导电，自由电子是多数载流子，热激发形成的空穴是少数载流子。因此，这种半导体被称为电子半导体或 N 型半导体。

提示：需要注意的是，无论 P 型半导体还是 N 型半导体，虽然都有一种载流子占多数，但半导体都是电中性的，对外不显电性。

2）热敏性

环境温度对半导体的导电能力有很大影响。在热辐射条件下，半导体的导电能力有明显变化。随着环境温度升高，纯净半导体的导电能力显著增强。因此，可用半导体制成各种温度敏感元器件，如热敏电阻等。

3）光敏性

光照对某些半导体的导电能力有很大影响。一些半导体在受到光照时，载流子会剧增，导电能力随之增强。利用这种特性可以制成各种光敏元器件，如光敏电阻、光敏二极管、光敏三极管等。

扫一扫看 PN 结微课视频

2. PN 结及其导电特性

采用适当的工艺把 P 型半导体和 N 型半导体紧密连接后制作在同一基片上，两种半导体之间形成一个交界面。由于两种半导体中的载流子浓度存在差异，因此会产生载流子的相对扩散运动。若 P 区的空穴浓度大于 N 区，则 P 区的空穴要穿过交界面向 N 区扩散；同理，若 N 区的自由电子浓度大于 P 区，则 N 区的自由电子要向 P 区扩散。扩散的结果是在交界面两侧形成一个空间电荷区，产生一个由 N 区指向 P 区的电场，称之为内电场。PN 结形成的示意图如图 5.4 所示。内电场一方面阻止多数载流子的继续扩散，即对 P 区的空穴、N 区的自由电子的继续扩散起阻挡作用；另一方面促进少数载流子的运动，即促进 P 区的自由电子、N 区的空穴的运动。这种少数载流子在内电场作用下的运动称为漂移。显然，多数载流子的扩散运动方向和少数载流子的漂移运动方向相反。

在空间电荷区开始形成时，扩散运动占优势，空间电荷区逐渐加宽，内电场逐渐加强。内电场的加强使漂移运动加强，扩散运动减弱。最后，扩散运动和漂移运动达到动态平衡，在 P 区和 N 区的交界面上形成一个宽度稳定的空间电荷区——PN 结。PN 结内是不能移动的正离子、负离子，自由电子和空穴大都复合，载流子极少，所以电阻率极高，又称之为耗尽层。

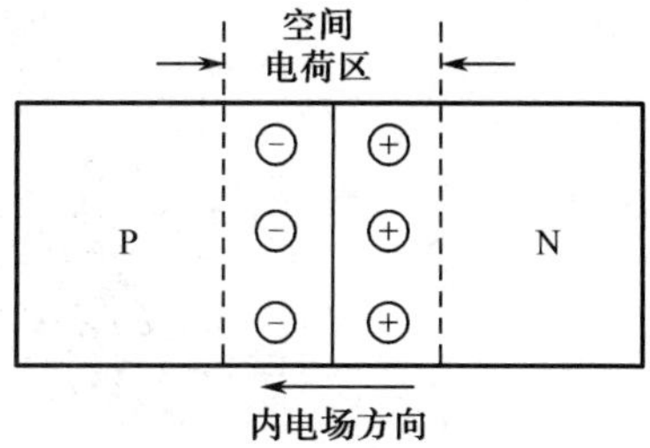

图 5.4　PN 结形成的示意图

实际工作中，PN 结上总有外加电压，称之为偏置电压。若将 P 区接电源正极，N 区接电源负极，则称之为 PN 结正向偏置，简称正偏，如图 5.5（a）所示。由图 5.5（a）可知，外电场方向与内电场方向相反，空间电荷区变窄，多数载流子的扩散运动加强，形成较大的正向电流，电流方向从 P 区指向 N 区。在一定范围内，外加电场越强，正向电流越大，此时 PN 结呈低阻导通状态。

若将 P 区接电源负极，N 区接电源正极，则称之为 PN 结反向偏置，简称反偏，如图 5.5（b）所示。由图 5.5（b）可知，外加电场与内电场方向一致，空间电荷区变宽，多数载流子的扩散运动难以进行。虽然少数载流子漂移运动加强，但由于少数载流子的浓度较低，形成的反向电流很小，所以电流方向从 N 区指向 P 区，此时 PN 结呈反向高阻状态。

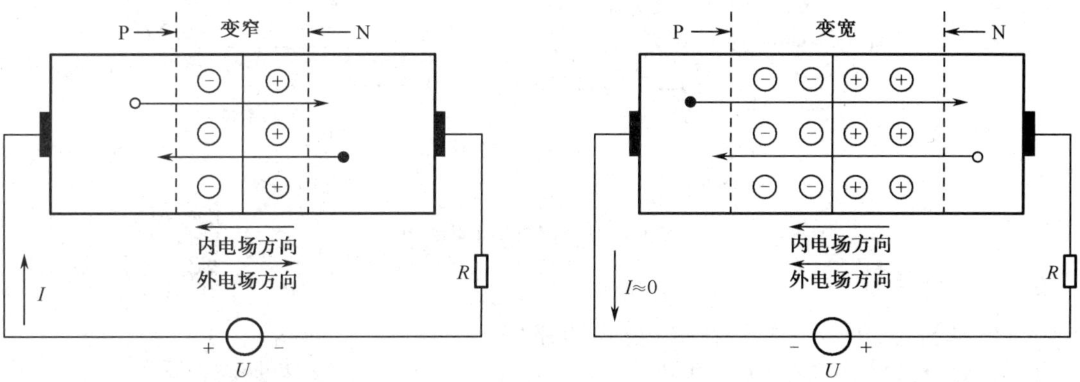

（a）PN结正向偏置　　（b）PN结反向偏置

图 5.5　PN 结的单向导电性

综上所述，PN 结具有单向导电性。在 PN 结正向偏置时，PN 结的电阻很小，正向电流很大，PN 结导通；在 PN 结反向偏置时，PN 结的电阻很大，反向电流很小，PN 结截止。

5.1.2　二极管的结构、特性与参数

扫一扫看半导体二极管的结构微课视频

1. 二极管的结构

将一个 PN 结连上电极引线，并封装到管壳中即可构成半导体二极管。图 5.6 所示为常

见的半导体二极管外形示意图。由图 5.6 可知，二极管有两个电极，一个为正极（又称阳极），从 P 区引出；另一个为负极（又称阴极），从 N 区引出。图 5.7 所示为二极管的电路符号，箭头表示电流导通方向，文字符号用 VD 表示。

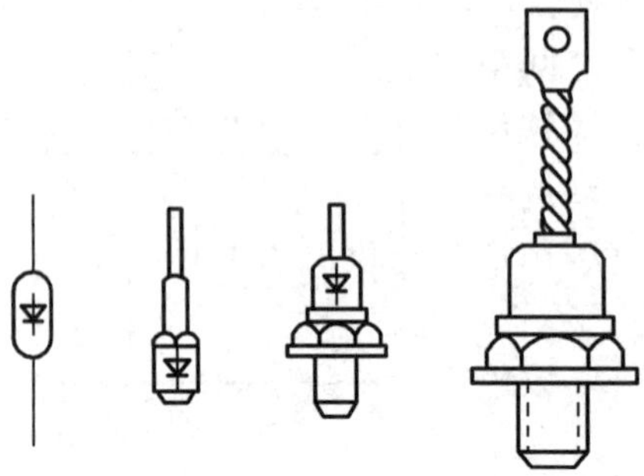

图 5.6　常见的半导体二极管外形示意图

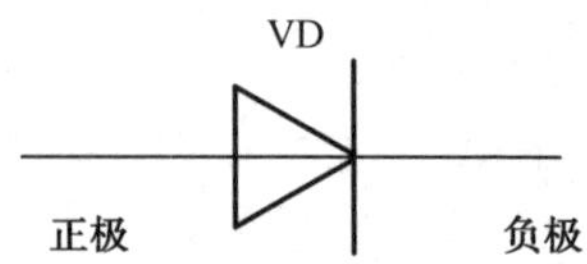

图 5.7　二极管的电路符号

按内部结构不同，二极管分为点接触型和面接触型两类，如图 5.8 所示。点接触型二极管的 PN 结面积小，不能通过较大的电流，但它的结电容较小、高频性能好，一般适用于高频和小功率工作，可用作数字电路中的开关元器件，通常为锗管。面接触型二极管的 PN 结面积大，能通过较大的电流，但它的结电容较大、工作频率低，一般用于整流，通常为硅管。

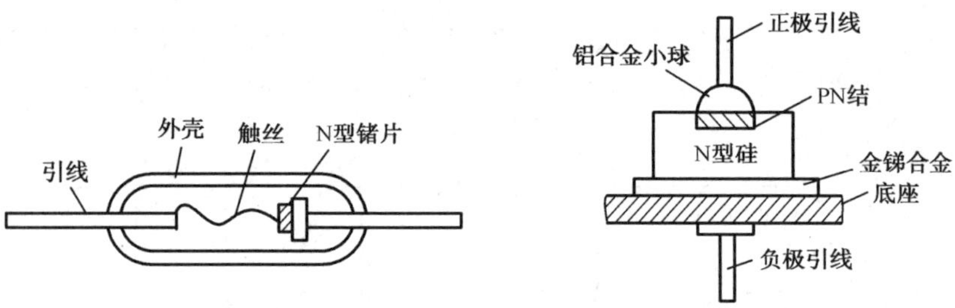

（a）点接触型　　（b）面接触型

图 5.8　二极管的内部结构

扫一扫看二极管的伏安特性微课视频

2．伏安特性

二极管的伏安特性是指加在二极管两端的电压和通过二极管的电流的关系曲线，可通过实验获得。图 5.9 所示为典型的二极管伏安特性曲线，由图可知，伏安特性曲线由正向特性（图中的第Ⅰ象限）和反向特性（图中的第Ⅲ象限）两部分组成。

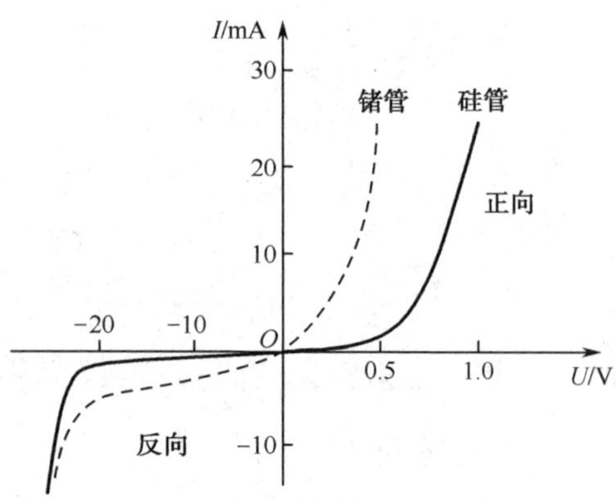

图 5.9　典型的二极管伏安特性曲线

正向特性表明，当外加正向电压很低，且小于某一数值时，外加电场不足以克服内电场的阻挡作用，故正向电流很小，几乎为零。该电压称为死区电压，硅管的死区电压约为 0.5V。锗管的死区电压约为 0.2V。当正向电压超过死区电压时，内电场被削弱，二极管正向导通，电流随电压的增加迅速上升。二极管在正向导通时，两端的电压称为二极管的正向压降。在正常工作电流范围内，此值基本稳定，硅管约为 0.6V，锗管约为 0.3V。

提示：死区电压——硅管约为 0.5V，锗管约为 0.2V。

再看反向特性，当二极管的反向电压小于某一数值时，反向电流很小，二极管处于反向截止状态。反向电流的大小基本恒定，不随外加电压的大小而变化，通常被称为反向漏电流或反向饱和电流。而当外加反向电压大于某一定值时，反向电流将急剧增加，这种现象称为反向击穿，该定值称为二极管的反向击穿电压。二极管被击穿后，一般不能恢复原来的性能，从而失效。

各类二极管的反向击穿电压大小不等，通常为几十伏至几百伏，最高可超过千伏。

3. 主要参数

扫一扫看二极管的主要参数微课视频

1）最大整流电流

最大整流电流是指二极管长时间工作时允许通过的最大正向平均电流，用 I_{OM} 表示。平均电流超过此值过多时，二极管将因过热而被烧坏。

2）反向峰值电压

反向峰值电压是保证二极管不被击穿而允许的反向电压值，一般是反向击穿电压的 1/2 或 2/3，用 U_{RM} 表示。点接触型二极管的反向峰值电压一般为数十伏，面接触型二极管的反向峰值电压可达数百伏。

3）反向峰值电流

反向峰值电流是指在二极管上加反向峰值电压时的反向电流值，用 I_{RM} 表示。反向峰值电流大，说明二极管的单向导电性能差，并且受温度影响大。

4）最高工作频率

最高工作频率是指二极管工作时单向导电性出现明显差异的频率，用 f_M 表示。由于二极管的 PN 结具有电容效应，因此当频率大到一定程度时，二极管的单向导电性明显变差。

5.1.3 二极管在电路中的应用

扫一扫看半导体二极管在电路中的应用微课视频

二极管的应用范围很广，因其具有单向导电性，故可以用于整流、限幅、钳位和检波等，也可以构成其他元器件或电路的保护电路，以及在脉冲与数字电路中作为开关元器件等。

为了讨论方便，在分析电路时，一般将二极管视为理想元器件，即认为其正向电阻为零，正向导通时二极管的正向压降可忽略不计；反向电阻为无穷大，反向截止时为开路特性，反向电流可忽略不计。下面主要对二极管整流电路进行分析。

扫一扫看二极管整流电路分析微课视频

5.2　二极管整流电路分析

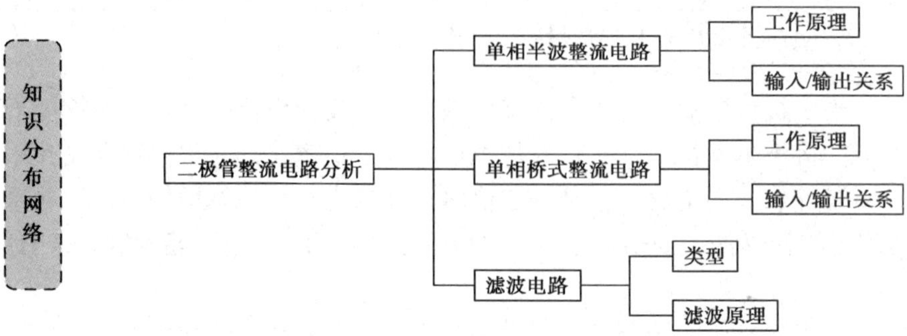

目前电能主要以交流电形式供电，但在许多场合都需要使用直流电源，如电解、电镀、直流电动机的驱动、各种电子设备和自动控制装置等。为了得到直流电源，可采用由半导体器件（二极管等）构成的将交流电变换成直流电的各种直流稳压电源。直流稳压电源主要由整流变压器、二极管整流电路、滤波电路、稳压电路等部分组成，如图 5.10 所示。

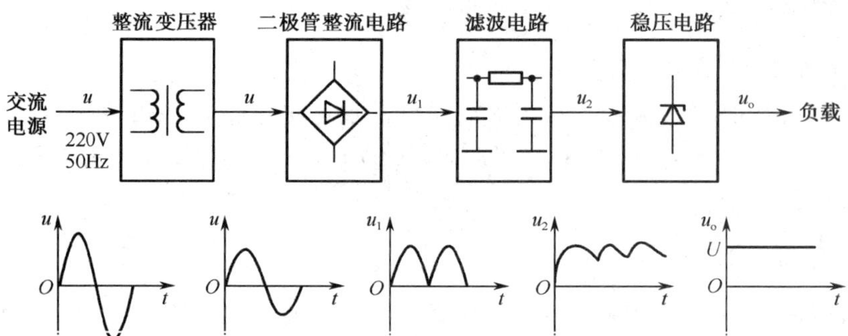

图 5.10　直流稳压电源组成框图

整流变压器将交流电源电压变换为整流电路所需的交流电压；二极管整流电路将交流电压变换为单方向脉动电压；滤波电路将二极管整流电路输出的电压中的交流成分滤除，以减小波动程度，为负载提供比较平滑的整流电压；在交流电源电压变动或负载波动时，稳压电路可使输出直流电压平滑稳定。

5.2.1　单相半波整流电路的工作原理及输入/输出关系

单相半波整流电路由电源变压器 T_r、二极管 VD 及负载 R_L 组成，如图 5.11 所示。设电源变压器副边电压的正弦波为

扫一扫看单相半波整流电路的工作原理及输入/输出关系微课视频

$$u = \sqrt{2}U\sin\omega t$$

其波形如图 5.12（a）所示。

根据二极管 VD 的单向导电性，当 u 为正半周时，a 端为正、b 端为负，如图 5.11（a）所示，二极管 VD 在正向电压作用下导通，负载 R_L 中有电流流过。二极管 VD 在导通时，其正向压降很小，可以忽略不计。因此，输出电压 u_o 的波形和输入电压 u 的波形相同，即负载

R_L两端的电压$u_o=u$，二极管VD相当于短路。当u为负半周时，a端为负、b端为正，如图5.11（b）所示，二极管VD因承受反向电压而截止，负载R_L中无电流流过，其两端电压$u_o=0$，如图5.12（b）所示。

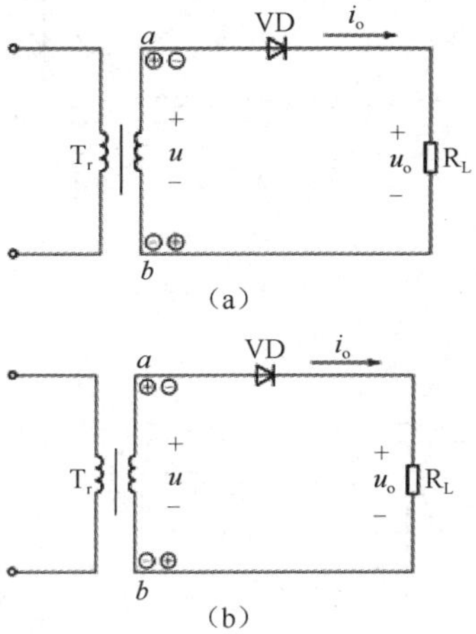

图5.11　单相半波整流电路

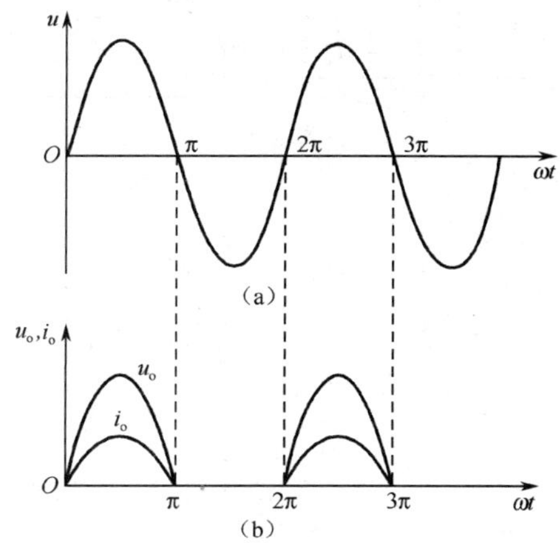

图5.12　电流与电压的波形

负载R_L上得到的方向单一且大小变化的电压u_o，被称为单向脉动电压。单相脉动电压u_o一个周期的平均值为

$$U_o=\frac{1}{2\pi}\int_0^{\pi}\sqrt{2}U\sin\omega t\mathrm{d}(\omega t)=\frac{\sqrt{2}}{\pi}U=0.45U \tag{5.1}$$

式（5.1）表明了整流电压的平均值与交流电压的有效值之间的关系。由此可以得出整流电流的平均值为

$$I_o=\frac{U_o}{R_L}=0.45\frac{U}{R_L} \tag{5.2}$$

电路中的二极管VD在截止时承受的最高反向电压为

$$U_{DRM}=\sqrt{2}U \tag{5.3}$$

根据负载所需要的直流电压U_o、直流电流I_o和最高反向电压U_{DRM}可以选择合适的整流元器件。

扫一扫看单相桥式整流电路的工作原理及输入/输出关系微课视频

5.2.2　单相桥式整流电路的工作原理及输入/输出关系

单相半波整流电路结构简单，缺点是只利用了电源的半个周期，整流输出电压低、脉动幅度较大且变压器利用率低。为了克服这些缺点，可以采用全波整流电路，如图5.13（a）所示。由于电路采用的是由4个二极管连接成电桥的形式，因此也称为单相桥式整流电路。图5.13（b）所示为如图5.13（a）所示的电路的简化画法。

变压器副边电压u的波形图如图5.14（a）所示。当变压器副边电压为u的正半周时，变压器副边a点的电位高于b点的电位，VD_1、VD_3导通，VD_2、VD_4截止，电流i_1流通的路径是$a \rightarrow VD_1 \rightarrow R_L \rightarrow VD_3 \rightarrow b$。负载$R_L$上得到一个半波电压，如图5.14（b）所示。

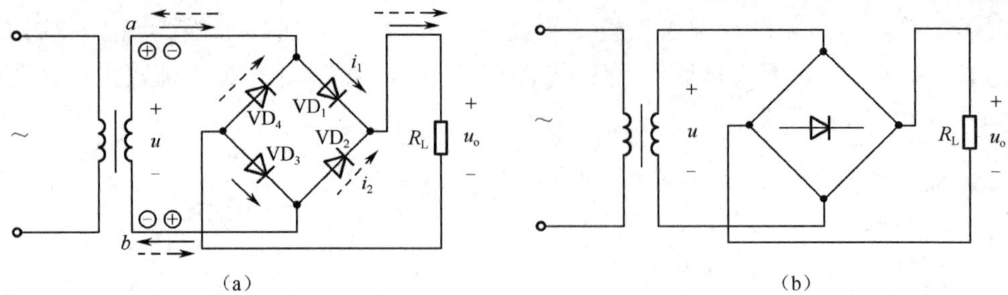

图 5.13　单相桥式整流电路

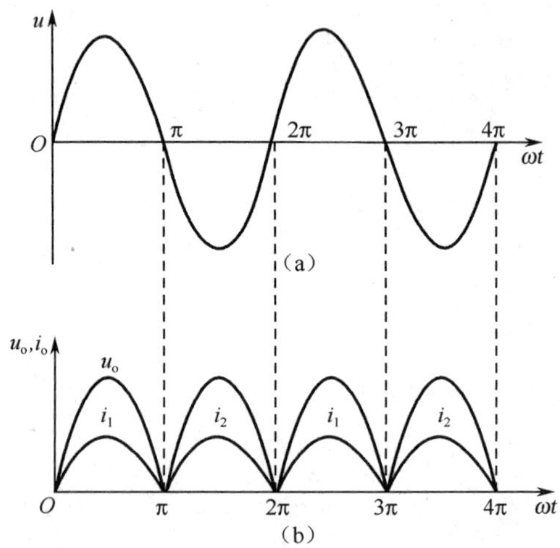

图 5.14　电压与电流的波形图

当变压器副边电压为 u 的负半周时，变压器副边 b 点的电位高于 a 点的电位，VD_1、VD_3 截止，VD_2、VD_4 导通，电流 i_2 流通的路径是 $b \to VD_2 \to R_L \to VD_4 \to a$。同样，在负载 R_L 上得到一个半波电压，如图 5.14（b）所示。

全波整流电路输出电压的平均值为

$$U_o = \frac{1}{\pi}\int_0^{\pi} \sqrt{2}U \sin \omega t \mathrm{d}(\omega t) = \frac{2\sqrt{2}}{\pi}U = 0.9U \tag{5.4}$$

流过负载 R_L 的电流的平均值为

$$I_o = \frac{U_o}{R_L} = 0.9\frac{U}{R_L} \tag{5.5}$$

在桥式整流电路中每个二极管只导通半周，导通角为π，因而通过每个二极管的平均电流是负载电流平均值的一半，即

$$I_{VD} = \frac{1}{2}I_o \tag{5.6}$$

结合图 5.12 可知，单相桥式整流电路中的每个二极管承受的最高反向电压与单相半波整流电路中的每个二极管承受的最高反相电压相同，即

$$U_{DRM} = \sqrt{2}U \tag{5.7}$$

在选择单相桥式整流电路中的整流二极管时，为了保证可靠性，应使二极管的 $I_{OM}>I_{VD}$，$U_{RM}>U_{DRM}$。

为了使用方便，半导体器件生产厂家已将整流二极管封装在一起制造成单相整流桥式模块和三相整流桥式模块。这些模块只有输入交流接线引脚和输出直流接线引脚，其特点是连接线少、可靠性高、使用方便。

【例 5.1】　要求设计一个单相桥式整流电路，其输出直流电压为 110V、直流电流为 3A。试求：（1）电源变压器副边电压、电流和容量；（2）二极管承受的最高反向电压；（3）选择合适的二极管。

【解】　（1）由式（5.4）可知变压器副边电压的有效值为

$$U=\frac{U_{\rm o}}{0.9}=\frac{110}{0.9}\approx 122\ \text{（V）}$$

考虑到二极管的正向压降及电源变压器副边的阻抗压降，副边空载电压 $U_{2\rm o}$ 应略大于 U（约 10%），设

$$U_{2\rm o}=1.1U=1.1\times 122\approx 134\ \text{（V）}$$

则变压器副边电流的有效值为

$$I=\frac{U}{R_{\rm L}}=\frac{1}{0.9}I_{\rm o}\approx 1.11I_{\rm o}=1.11\times 3=3.33\ \text{（A）}$$

变压器的容量为

$$S=UI=122\times 3.33=406.26\ \text{（V·A）}$$

（2）二极管承受的最高反向电压为

$$U_{\rm DRM}=\sqrt{2}U_{2\rm o}=\sqrt{2}\times 134\approx 189\ \text{（V）}$$

通过二极管的电流平均值为

$$I_{\rm VD}=\frac{1}{2}I_{\rm o}=\frac{1}{2}\times 3=1.5\ \text{（A）}$$

（3）通过查手册可知可以选用 4 个 2CZ12D 型整流二极管，其最大整流电流为 3A，反向峰值电压为 300V。

5.2.3　滤波电路的类型及滤波原理

扫一扫看滤波电路的类型及滤波原理微课视频

整流电路虽然可以把交流电转换为直流电，但是得到的输出电压是单向脉动电压。在某些设备（如电镀、蓄电池充电等场合）中这种电压的脉动是允许的，但是在大多数电子设备中这种电压的脉动是不允许的，因此相关电路中要加接滤波器，以改变输出电压的脉动程度。

所谓“滤波”就是利用电容和电感的电抗作用，过滤掉整流后的交流成分，使输出的直流电压平滑，并提高负载上电压的整流平均值。滤波电路一般由电容、电感及电阻组成。常用的滤波电路如图 5.15 所示。

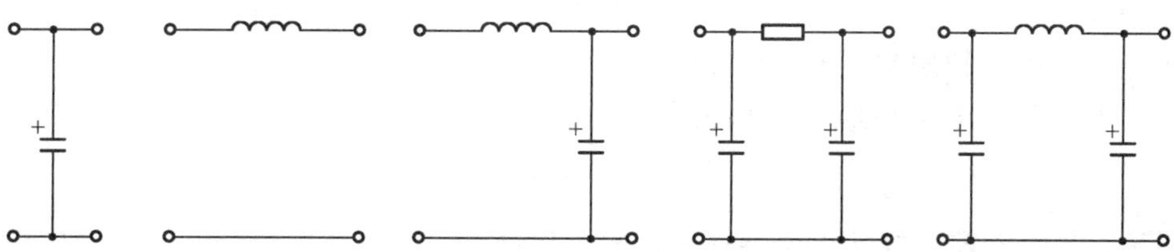

（a）C型　（b）L型　（c）LC型　（d）RC-π型　（e）LC-π型

图 5.15　常用的滤波电路

下面介绍两种常用的滤波器。

1．电容滤波电路（C 型滤波器）

图 5.16 所示为桥式整流电容滤波电路，该电路利用电容充、放电作用使输出电压 u_o 的波形比较平滑。

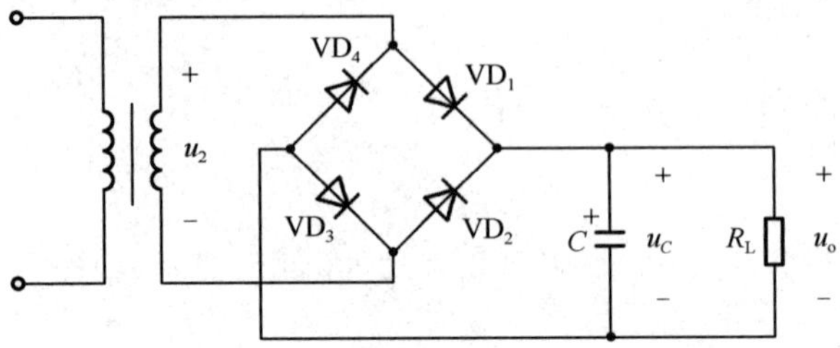

图 5.16　桥式整流电容滤波电路

由于电容的容抗为 $X_C = 1/2\pi fC$，所以不能通过直流电（$X_C = \infty$）。而对于交流电，只要 C 足够大（如几百微法至几千微法），X_C 则很小，可以近似看成短路，此时流过负载的电流基本是一个平滑的直流电流，达到了滤除交流成分的目的。从电容的特性看，由于电容两端电压不会突变，所以负载两端的电压也不会突变，因此输出电压更平滑，达到了滤波的目的。滤波过程如图 5.17 所示。图 5.17 中的虚线是原来不加滤波电容时的输出电压的波形，实线是加了滤波电容之后的输出电压的波形。输出电压的大小显然与负载的阻值 R_L 和电容量 C 有关。

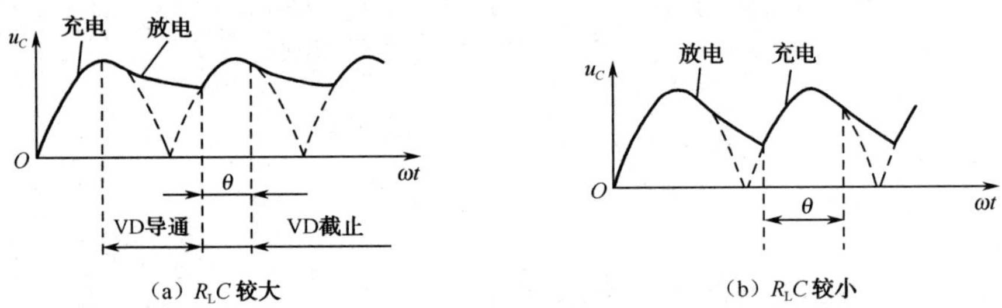

图 5.17　电容滤波电路 R_LC 变化时输出电压的波形

放电时间常数为

$$\tau_d = R_L C \tag{5.8}$$

显然，τ_d 决定着滤波效果。τ_d 越大，放电越慢，电压 u_o 越高，滤波效果越好。

τ_d 通常为

$$\tau_d = R_L C \geqslant (3\sim5)\frac{T}{2} \tag{5.9}$$

式中，T 为电源电压的周期，$T = 2\pi/\omega$。

此时，桥式整流电容滤波电路输出电压的平均值为

$$U_o = 1.2U_2 \tag{5.10}$$

提示： 滤波电容一般采用电解电容，其正极接高电位，负极接低电位；否则易发生击穿、爆裂。

总之，电容滤波电路简单，直流电压较高；缺点是输出特性较差，适用于小电流的场合。

2．电感电容滤波电路（LC 型滤波器）

为了减小输出电压的波动程度，在滤波电容前串接一个铁芯电感线圈，组成电感电容滤波电路，如图 5.18 所示。电感电容滤波电路利用电感线圈对交流电具有较大的阻抗，对直流电的阻抗很小的特点，使输出脉动电压中的交流分量几乎全部落在电感上，经电容滤波，滤掉交流分量，得到较平滑的直流输出电压。频率越高，电感越大，滤波效果越好。电感电容滤波电路适用于电流较大、负载变化较大的场合。

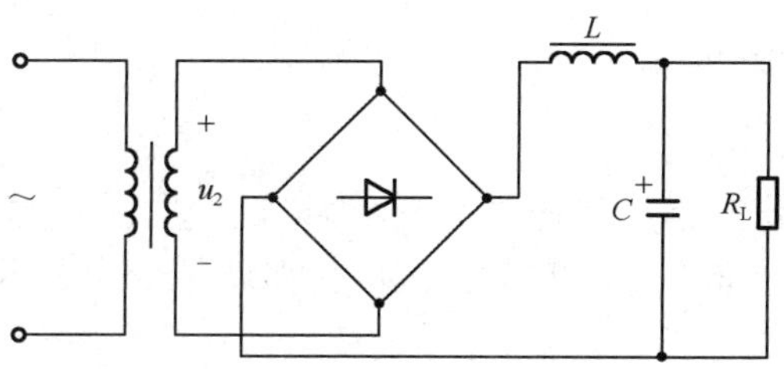

图 5.18　电感电容滤波电路

5.3　特殊二极管的认知

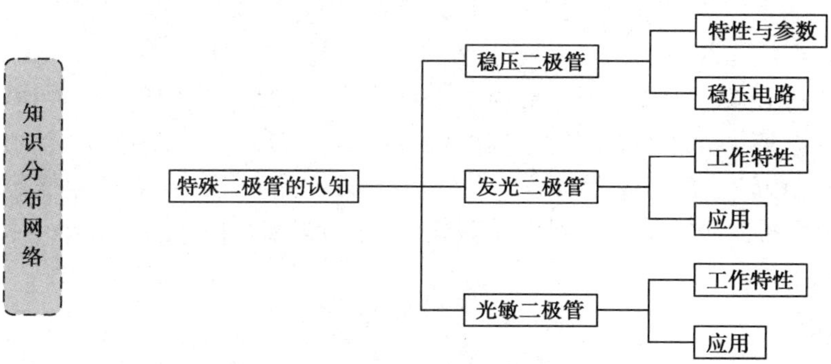

5.3.1　稳压二极管的工作特性及应用

扫一扫看稳压二极管的工作特性及应用微课视频

稳压二极管是一种特殊的面接触型二极管，又称齐纳二极管，其外形、内部结构与普通二极管相似。与适当阻值的电阻配合后，稳压二极管在电路中能起到稳定电压的作用，因此经常被用在稳压设备和一些电子电路中。

1．稳压二极管的特性与参数

稳压二极管的伏安特性曲线和电路符号如图 5.19 所示。稳压二极管的伏安特性曲线与普通二极管的伏安特性曲线相似，只是稳压二极管的反向特性曲线比较陡。

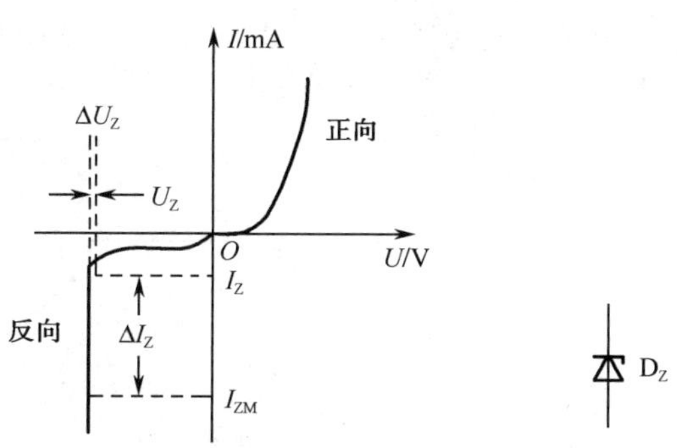

（a）伏安特性曲线　　（b）电路符号

图 5.19　稳压二极管的伏安特性和电路符号

稳压二极管工作在反向击穿区。当反向击穿电流 I_Z 在较大范围内变化时，其两端电压 U_Z 变化较小，因而可以从其两端获得一个稳定的电压。

稳压二极管的反向击穿是可逆的。其原因是在制造工艺中采取了适当的措施，使通过 PN 结接触面上各点的电流比较均匀，稳压二极管在工作时反向电流被限制在一定数值范围内。因此，稳压二极管虽然工作在击穿状态，但只要其 PN 结的温度不超过所允许的数值，稳压二极管就不会损坏。

由于硅管的热稳定性比锗管好，因此一般都用硅管做稳压二极管，如 2CW 型和 2DW 型都是硅稳压二极管。

稳压二极管的主要参数如下。

1）稳定电压

稳定电压是指反向击穿状态下稳压二极管两端的稳定工作电压，用 U_Z 表示。同一型号的稳压二极管的稳定电压分布在一定数值范围内，但就某一个稳压二极管来说，在温度一定时，其稳定电压是一个定值。

2）稳定电流

稳定电流是指稳压二极管两端的电压等于稳定电压时稳压二极管中通过的电流值，它是稳压二极管正常工作时的最小电流值，用 I_Z 表示。为使稳压二极管工作在稳压区，稳压二极管中的工作电流应大于或等于稳定电流。稳压二极管的工作电流越大，稳定效果越好。

3）电压温度系数

电压温度系数是指稳压二极管受温度变化影响的系数，用 α_U 表示。例如，2CW18 型硅稳压二极管的电压温度系数是+0.095%/℃，表示温度每升高 1℃，稳定电压增加 0.095%。

通常 U_Z<4V 的稳压二极管的电压温度系数为负值；U_Z>7V 的稳压二极管的电压温度系数为正值；U_Z 约为 6V 的稳压二极管的电压温度系数较小。因此，选用 U_Z 约为 6V 的稳压二极管可得到较好的温度稳定性。

2. 稳压二极管稳压电路

稳压二极管的主要作用是稳压和限幅，和其他电路配合可以实现欠压或过压保护、报警等。

图 5.20 所示为稳压二极管和限流电阻组成的稳压电路。限流电阻的作用是使经过稳压二极管的电流不超过允许值，并与稳压二极管配合起稳压作用。图 5.20 中的 U_i 是稳压电路的输入电压，U_o 是稳压电路的输出电压，由图 5.20 可知

$$U_o = U_Z = U_i - RI \tag{5.11}$$

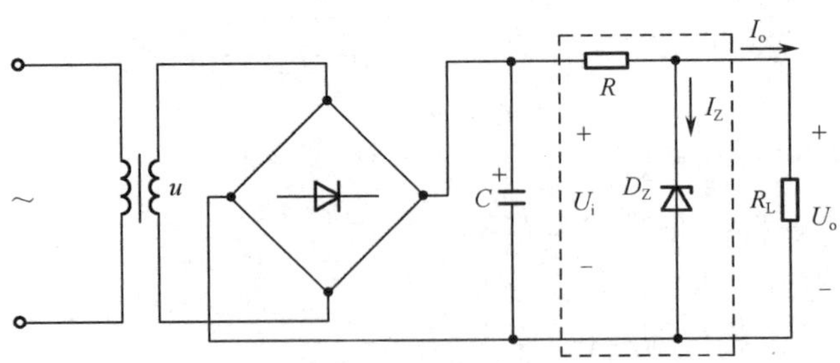

图 5.20 稳压二极管和限流电阻组成的稳压电路

当某种原因导致 U_i 上升时，U_o 也随之上升。由稳压二极管的反向特性可知，U_Z 的微小增加，将使稳压二极管中通过的电流 I_Z 大大增加，I_Z 的增加又使电阻 R 上的压降（$U_R = RI = R(I_o + I_Z)$）增加，因此 U_i 的增量绝大部分落在 R 上，这使得输出电压 U_o 基本维持不变。这个自动稳定电压的过程可表示如下：

$$U_i \uparrow \rightarrow U_o(U_Z) \uparrow \rightarrow I_Z \uparrow \rightarrow RI \uparrow \rightarrow U_o \downarrow$$

当负载电流 I_o 在一定范围内变化时，由于稳压二极管电流 I_Z 的补偿，U_o 基本保持不变。若 I_o 的变化引起 U_o 下降，则 U_o 的下降将使得 I_Z 大大减小，从而使 I 基本不变，使 U_o 基本不变。

在选择稳压二极管时，一般取：

$$\begin{cases} U_Z = U_o \\ I_{ZM} = (1.5\sim3)I_{OM} \\ U_i = (2\sim3)U_o \end{cases} \tag{5.12}$$

稳压二极管稳压电路结构简单、稳压效果较好。由于该电路是靠稳压二极管的电流调节作用来实现的，因此其电流调节范围有限，只适用于负载电流较小且变化不大的场合。

5.3.2　发光二极管的工作特性及应用

扫一扫看发光二极管的工作特性及应用微课视频

发光二极管是一种将电能直接转换为光能的固体器件，简称 LED，通常由元素周期表中Ⅲ族、Ⅴ族元素的化合物，如砷化镓、磷化镓等制成。LED 不仅具有普通二极管的正、反特征，还具有普通二极管没有的发光能力。当 LED 中流过正向电流时会发出可见光。光的颜色有红、黄、绿等，与使用的材料有关。

LED 的电路符号和伏安特性曲线如图 5.21 所示。LED 的死区电压比普通二极管高，正向电压一般为 1.5～2.5V。LED 的亮度与正向电流的大小成正比，正向工作电流一般为 5～15mA。

LED 具有驱动电压低、工作电流小、有较强的抗振动和抗冲击能力、体积小、可靠性高、耗电少和寿命长等优点，因此 LED 的应用范围非常广泛。LED 可以发出可见光，因此可以作为指示灯、红外通信、测距用光源等；也可以用于显示数字及字符，以及特殊照明。

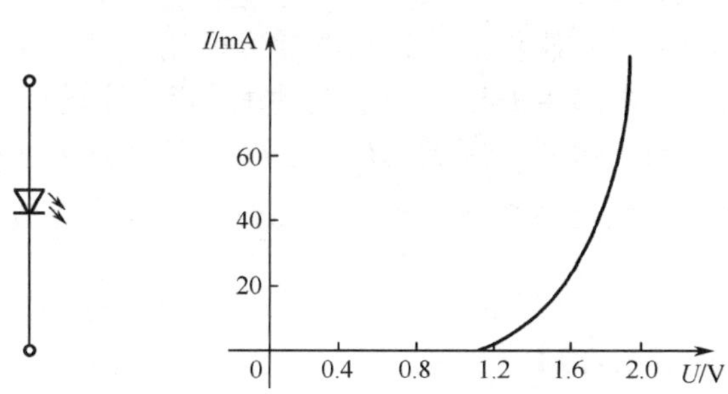

（a）电路符号　　（b）伏安特性曲线

图 5.21　LED 的电路符号和伏安特性曲线

扫一扫看光敏二极管的工作特性及应用微课视频

5.3.3　光敏二极管的工作特性及应用

光敏二极管又称光电二极管，它的管壳上装有玻璃窗口，用于接收光照。根据 PN 结对光的敏感特性，当光线照射到 PN 结时，在 PN 结附近就会产生电子空穴对，称之为光生载流子。光生载流子的浓度与光照强度成正比。在一定的反向偏压作用下，光生载流子参与导电，PN 结由反向截止变为反向导通，这时的光敏二极管等效于一个恒流源，也被称为光电池。当无光照时，光敏二极管的伏安特性与普通二极管的伏安特性相似。

光敏二极管的电路符号和伏安特性曲线如图 5.22 所示。图 5.22（b）中的 E 是光照度，其单位是勒克斯（lx）。

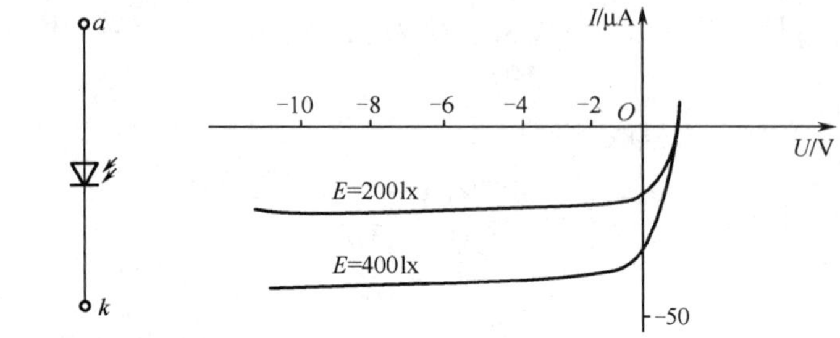

（a）电路符号　　（b）伏安特性曲线

图 5.22　光敏二极管的电路符号和伏安特性曲线

5.4　晶体管的认知

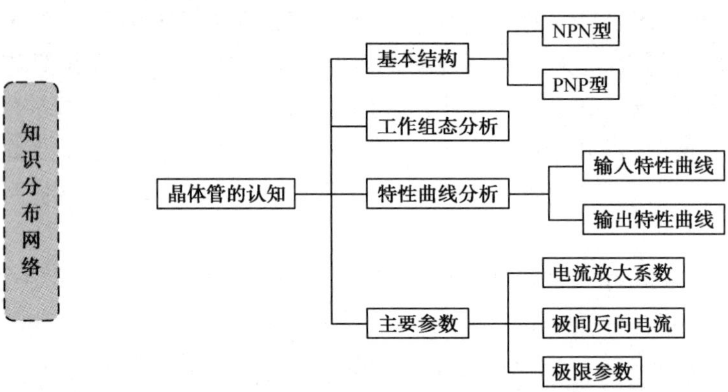

晶体管是一种重要的半导体器件之一，它的放大作用和开关作用推动了电子技术的飞跃发展。由晶体管组成的放大电路主要用于将微弱的电信号（如电压或电流）不失真地放大为需要的较强的电信号。例如，将反映压力、位移、温度等物理量的微弱电信号放大，以推动执行元器件（如指示仪表、继电器和电动机等）工作。可以说，放大电路在工农业生产、科技、国防和日常生活中的应用极其广泛。

扫一扫看晶体管的基本结构及工作原理微课视频

5.4.1　晶体管的基本结构

晶体管的全称为晶体三极管。晶体管种类很多，但不同种类的晶体管的基本结构是相同的，都是先通过一定的工艺在一块半导体基片上制成两个 PN 结，再引出三个电极，然后用管壳封装而成的，所以又称为三极管。图 5.23 所示为几种常见晶体管的外形，其中 3AD6 型晶体管的电极 C 是管壳。

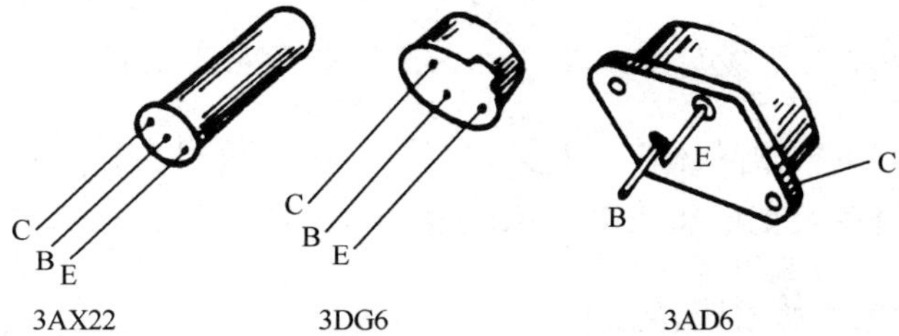

图 5.23　几种常见晶体管的外形

晶体管的管芯结构分为平面型和合金型两类，如图 5.24 所示。硅管主要是平面型的，锗管都是合金型的。

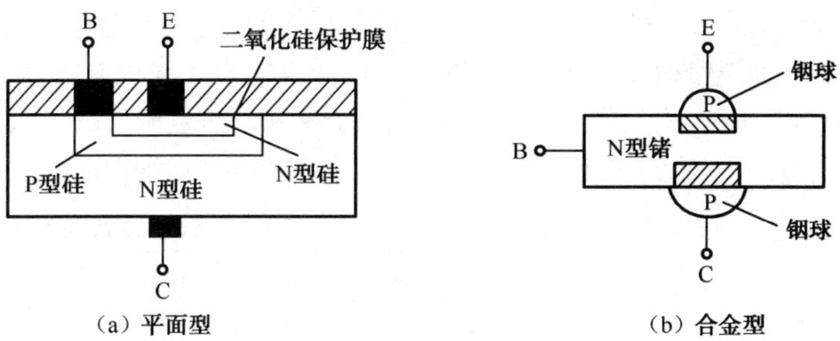

图 5.24　晶体管的结构

无论平面型晶体管还是合金型晶体管都是由三层不同性质的半导体组合而成的。根据结构不同，晶体管可分为 NPN 型和 PNP 型两种。图 5.25 所示为晶体管的结构示意图和电路符号。由图 5.25 可知，晶体管的三层半导体形成三个不同的导电区。中间薄层半导体含有的掺入杂质最少，因而多数载流子浓度最低，称为基区。基区两边是同型半导体，但两者掺入杂质的浓度不同。多数载流子浓度大的一边是发射多数载流子的，称为发射区。多数载流子浓度小的一边是收集载流子的，称为集电区。从发射区、基区和集电区引出的三个电极分别为发射极、基极和集电极，分别用字母 E、B、C 表示。发射区与基区交界处的 PN 结称为发射结，集电区和基区交界处的 PN 结称为集电结。

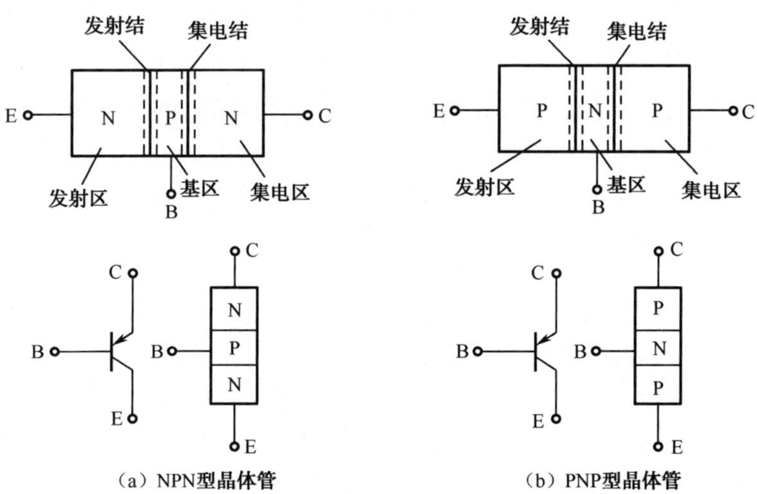

图 5.25　晶体管的结构示意图和电路符号

提示： 集电结面积大于发射结，其目的在于保证集电区能有效地收集载流子。

NPN 型晶体管和 PNP 型晶体管的电路图形符号（见图 5.25）中的发射极的箭头方向表示电流方向。目前我国生产的硅管大多为 NPN 型，如 3DG6、3DD4、3DK4 等。

5.4.2 晶体管的工作组态分析

扫一扫看晶体管的工作组态分析微课视频

NPN 型晶体管和 PNP 型晶体管内部结构虽然有所不同，但它们的工作原理是相同的，只是在使用时电源极性连接不同。根据晶体管的内部条件，为它提供一定的外部条件（加适当的电压），载流子将会按一定规律运动和分配。下面以 NPN 型晶体管为例进行说明。在如图 5.26 所示的晶体管电流放大实验电路中，电源 U_{BB} 使发射结承受正向电压（正向偏置）；而电源 $U_{CC}>U_{BB}$，使集电结承受反向电压（反向偏置），这样做的目的是使晶体管具有正常的电流放大作用。改变电路中可变电阻的阻值 R_B，测得相应的集电极电流 I_C 和发射极电流 I_E，电流方向如图 5.26 所示。晶体管各极电流测量值如表 5.1 所示。

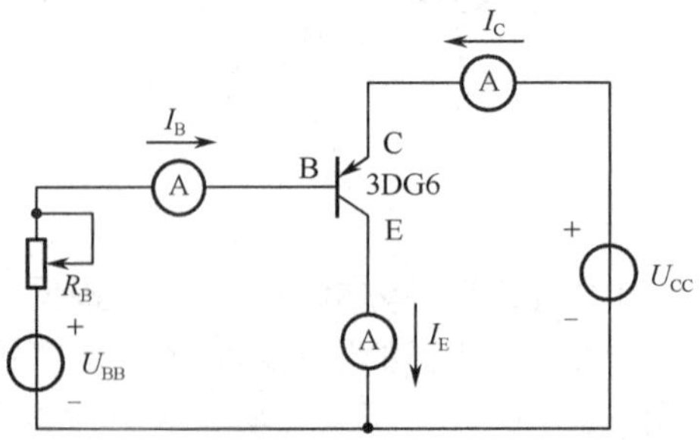

图 5.26 晶体管电流放大实验电路

表 5.1 晶体管各极电流测量值

I_B/mA	0	0.02	0.04	0.06	0.08	0.10
I_C/mA	<0.001	0.70	1.50	2.30	3.10	3.95
I_E/mA	<0.001	0.72	1.54	2.36	3.18	4.05

比较表 5.1 中的数据，可得出如下结论。

（1）无论晶体管电流如何变化，基极电流 I_B、集电极电流 I_C、发射极电流 I_E 间始终符合基尔霍夫电流定律，即

$$I_E = I_B + I_C \tag{5.13}$$

并且 I_C 和 I_E 均比 I_B 大得多，因此 $I_E \approx I_C$。

（2）尽管基极电流 I_B 很小，但其对集电极电流 I_C 有控制作用，集电极电流 I_C 随着基极电流 I_B 的改变而改变，两者在一定范围内有一定的比例关系，即

$$\beta = \frac{\Delta I_C}{\Delta I_B} \tag{5.14}$$

式中，β为晶体管的动态（交流）电流放大系数，反映晶体管的电流放大能力，或者说 I_B 对 I_C 的控制能力。例如，根据表 5.1 中的第 4 列和第 5 列数据可得出

$$\beta = \frac{\Delta I_C}{\Delta I_B} = \frac{3.10-2.30}{0.08-0.06} = 40$$

表明 I_C 的变化量 ΔI_C 是 I_B 的变化量 ΔI_B 的 40 倍。

下面结合图 5.27 分析载流子在晶体管内部的运动规律，以解释上述结论。

（1）发射区向基区扩散电子。当发射结加正向电压时，其内电场被削弱，多数载流子的扩散运动加强，发射区的多数载流子电子不断越过发射结扩散到基区，同时电源的负极不断地把电子送入发射区补偿扩散的电子，形成发射极电流 I_E，其方向与电子运动方向相反。与此同时，基区的多数载流子空穴扩散到发射区，从而形成电流，但是由于基区的空穴浓度比发射区的自由电子浓度低得多，所以这部分空穴电流很小，可以忽略不计。

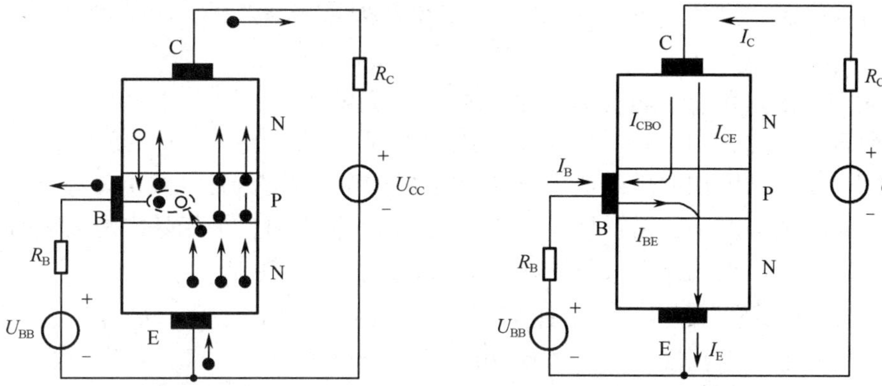

（a）载流子运动　　（b）电流分配

图 5.27　晶体管中的电流

（2）从发射区扩散到基区的自由电子开始聚集在发射结附近，靠近集电结方向扩散，并在扩散过程中与基区中的空穴复合。由于基区接电源 U_{BB} 的正极，基区中受激发的价电子不断被电源拉走，相当于不断补充基区中被复合的空穴，形成电流 I_{BE}，其值近似等于基极电流 I_B，如图 5.27（b）所示。

（3）集电极收集从发射区扩散过来的电子。集电结加了较大的反向电压，其内电场增强。内电场对多数载流子的扩散起阻挡作用，对于基区内的少数载流子而言电子是一个加速电场。所以，从发射区进入基区并扩散到集电结边缘的大量电子作为基区的少数载流子几乎全部进入集电区，然后被电源 U_{CC} 拉走，形成集电极电流 I_C。

提示： 晶体管的电流放大作用主要是依靠其发射极电流通过基区传输，到达集电极，使在基区的扩散与复合保持一定比例关系而实现的。要使晶体管具有电流放大作用，一方面要满足内部条件，即发射区多数载流子的浓度要远大于基区多数载流子的浓度，基区要很窄；另一方面要满足外部条件，即发射结上加正向电压（正向偏置），集电结上加反向电压（反向偏置）。

扫一扫看晶体管的特性曲线分析微课视频

5.4.3　晶体管的特性曲线分析

晶体管的特性曲线是表示该晶体管各极间电压和电流之间相互关系的曲线，反映了晶体管的性能，是分析晶体管放大电路的重要依据。由于晶体管是非线性元器件，因此常用伏安特性曲线描述其特性。若想正确使用晶体管，必须先了解晶体管的特性曲线。最常用的采用共发射极接法时的输入特性曲线和输出特性曲线可用晶体管专用图示仪直观地显示出来，也可通过实验测量绘制出来。通常，各种型号的晶体管的典型特性曲线可以从产品手册中查到。

图 5.28（a）所示为测量 NPN 型晶体管特性曲线的实验电路；其中，U_{BB} 和 U_{CC} 是供给基极和集电极电路的可调直流电源；R_B 和 R_C 是限流电阻，用来防止在电源电压调节过高时晶体管因出现过大电流而损坏。

扫一扫看晶体管的输入特性曲线微课视频

1．输入特性曲线

输入特性曲线是指当集电极与发射极之间的电压 U_{CE} 为常数时，输入电路中基极电流 I_B

与基极—发射极电压 U_{BE} 之间的关系曲线，二者函数关系式为

$$I_B = f(U_{BE})|_{U_{CE}=\text{常数}}$$

NPN 型硅管 3DG6 的输入特性曲线如图 5.28（b）所示。

对硅管而言，当 $U_{CE} \geqslant 1V$ 时，集电结反向偏置。只要 U_{BE} 相同，从发射区发射到基区的电子数就相同，集电结所加的反向电压把这些电子中的绝大部分拉入集电区，以至于 U_{CE} 继续增加，I_B 也不再明显减小。也就是说，$U_{CE} \geqslant 1V$ 后的输入特性曲线基本是重合的。由于在实际使用时 $U_{CE} > 1V$，因此通常只画一条 $U_{CE} \geqslant 1V$ 的输入特性曲线。

由如图 5.28（b）所示的输入特性曲线可见，当 U_{BE} 较小时，I_B=0。I_B=0 的区域被称为死区。这表明晶体管的输入特性曲线与二极管的正向伏安特性曲线相似，也有一段死区。只有在发射结外加电压 U_{BE} 大于死区电压时，才会出现这种特性。硅管死区电压约为 0.5V，锗管死区电压约为 0.2V。在正常情况下，NPN 型硅管的发射结压降 U_{BE} 为 0.6～0.7V，PNP 型锗管的发射结压降 U_{BE} 为-0.3～-0.2V。

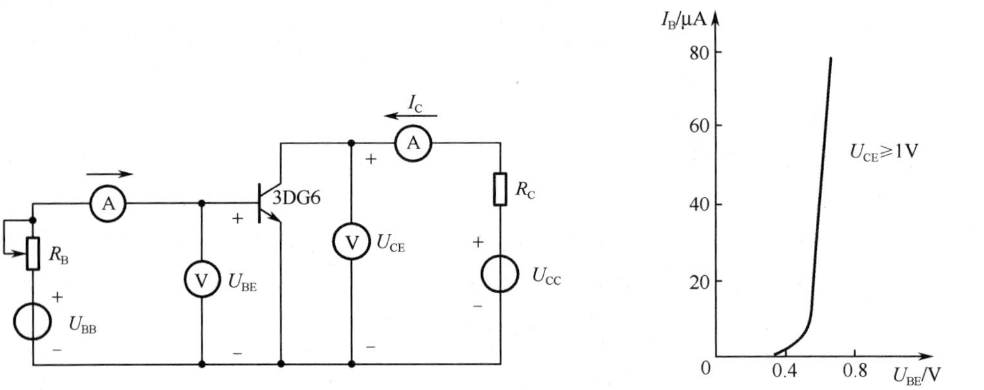

（a）实验电路　　（b）NPN型硅管3DG6的输入特性曲线

图 5.28　测量晶体管特性的实验电路

2．输出特性曲线

输出特性曲线是指当基极电流为常数时，晶体管输出电路（集电极电路）中集电极电流 I_C 与集电极—发射极电压 U_{CE} 之间的关系曲线，二者的函数关系式为

$$I_C = f(U_{CE})|_{I_B=\text{常数}}$$

在不同 I_B 下，可得出不同的曲线，所以晶体管的输出特性曲线是一组曲线，如图 5.29 所示。

当基极电流 I_B 一定时，从发射区扩散到基区的电子数大致是一定的。当 U_{CE}>1V 时，集电结的电场足够强，发射区扩散到基区的绝大部分电子都被拉入集电区形成集电极电流 I_C，以至于当 U_{CE} 继续增大时，I_C 不再有明显增加。这反映了晶体管的恒流特性。

当 I_B 增大时，相应的 I_C 也增大，曲线上移，而且 I_C 的变化量远远大于 I_B 的变化量，这就是前面所说的晶体管的电流放大作用。

根据晶体管工作状态的不同，输出特性曲线通常可分成三个工作区域，即放大区、截止区、饱和区。

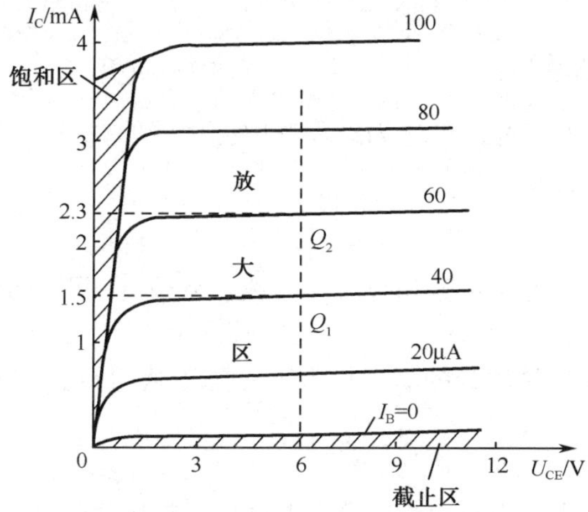

图 5.29 NPN 型硅管 3DG6 的输出特性曲线

扫一扫看晶体管的输出特性曲线：放大区微课视频

扫一扫看晶体管输出特性曲线：截止区、饱和区微课视频

1）放大区

放大区是输出特性曲线中近似平行于横轴的曲线族部分。当 U_{CE} 大于某一定值时（1V 左右），I_C 几乎不随 U_{CE} 变化，只受 I_B 的控制，并且 I_C 的变化量远远大于 I_B 的变化量，这反映了晶体管的电流放大作用。放大区也被称为晶体管的线性区。

提示：放大区的特点是，发射结为正向偏置，集电结为反向偏置。

2）截止区

I_B=0 对应输出特性曲线以下的区域被称为截止区，如图 5.29 所示。在该区域内，$I_C = I_{CEO} \approx 0$。在常温下穿透电流 I_{CEO} 的值很小，I_B =0 的曲线几乎与横轴重合，可认为此时晶体管处于截止状态。NPN 型硅管在 $U_{BE} < 0.5V$ 时，就开始截止了，但是为了截止可靠，常使 $U_{BE} \leqslant 0$。

提示：截止区的特点是，发射结和集电结均为反向偏置。

3）饱和区

当 $U_{CE} < U_{BE}$ 时，集电结为正向偏置，晶体管输出特性曲线上升部分对应的区域被称为饱和区。在饱和区内，集电极—发射极电压 $U_{CE} = U_{CC} - R_C I_C$，$I_C$ 随 I_B 的增大而增大，U_{CE} 相应减小。当 I_C 接近 $\dfrac{U_{CC}}{R_C}$ 时，$U_{CE} \approx 0$，I_B 的变化对 I_C 的影响较小，即 I_C 不再受 I_B 控制，晶体管进入饱和状态。此时 I_C 被称为集电极电流，用 I_{CS} 表示；集电极—发射极电压称为集电极—发射极饱和电压，用 U_{CES} 表示，一般认为 $U_{CES} = 0V$ 时，集电极—发射极间相当于接通状态。在饱和状态下 $|U_{BE}| > |U_{CES}|$。

提示：饱和区的特点是，发射结和集电结均为正向偏置。

5.4.4 晶体管的主要参数

晶体管的参数反映了其性能指标，可作为工程选用晶体管的依据。晶体管的主要参数有电流放大系数、极间反向电流及极限参数等。

1. 电流放大系数

电流放大系数分为直流电流放大系数和交流电流放大系数。下面以共发射极为例来讨论电流放大系数。

（1）直流电流放大系数 $\bar{\beta}$ 为晶体管的集电极电流 I_C 与基极电流 I_B 之比，即

$$\bar{\beta}=\frac{I_C}{I_B} \tag{5.15}$$

（2）交流电流放大系数 β 为集电极电流的变化量 ΔI_C 与基极电流的变化量 ΔI_B 之比，即

$$\beta=\frac{\Delta I_C}{\Delta I_B} \tag{5.16}$$

提示： 显然 β 和 $\bar{\beta}$ 的定义是不同的。$\bar{\beta}$ 反映的是直流工作状态时的集电极电流与基极电流之比；而 β 反映的是交流工作状态时的电流放大特性。晶体管特性曲线是非线性的，各点的 $\bar{\beta}$ 值不相同；同理，各点的 β 值也不一定相等。随着半导体器件制造工艺水平的提高，目前生产的小功率晶体管均具有良好的恒流特性和很小的穿透电流，曲线间距基本相等。因此，在实际应用中，在工作电流不是非常大的情况下可以认为 $\beta\approx\bar{\beta}$，并且为常数，所以 β 和 $\bar{\beta}$ 可混用。

2. 极间反向电流

极间反向电流有 I_{CBO} 和 I_{CEO}，是衡量晶体管质量的重要参数。

1）集电极—基极反向电流

集电极—基极反向电流是当发射极开路时，在集电结反向偏置电压作用下集电极—基极间的反向电流，用 I_{CBO} 表示。I_{CBO} 由少数载流子漂移形成。I_{CBO} 越小，晶体管的工作稳定性越好。在室温下，小功率锗管的 I_{CBO} 约为 10μA，小功率硅管的 I_{CBO} 小于 1μA。

2）集电极—发射极反向穿透电流

集电极—发射极反向穿透电流是当基极开路时，在集电结为反向偏置，发射结为正向偏置的情况下，集电极—发射极间的反向电流，用 I_{CEO} 表示。I_{CEO} 中除含有由集电区的少数载流子（空穴）漂移形成的 I_{CBO} 外，还含有发射区的多数载流子（电子）扩散形成的 I_{CBO}，则

$$I_{CEO}=I_{CBO}+\bar{\beta}I_{CBO}=(1+\bar{\beta})I_{CBO}$$

3. 极限参数

1）集电极最大允许电流

当集电极电流超过某一定值时，电流放大系数 β 会下降。当 β 下降到正常值的 2/3 时，集电极电流被称为集电极最大允许电流，用 I_{CM} 表示。在使用晶体管时，若 $I_C>I_{CM}$，晶体管

不一定会损坏，但 β 将明显下降，这可能导致晶体管因损耗过大而损坏。

2）集电极—发射极反向击穿电压

集电极—发射极反向击穿电压是当基极开路时集电结不致击穿，允许加在集电极—发射极之间的最高电压，用 $U_{(BR)CEO}$ 表示。当晶体管的集电极—发射极电压 $U_{CE}>U_{(BR)CEO}$ 时，I_{CEO} 会突然剧增，说明晶体管已被击穿。晶体管在工作时，应保证 $U_{(BR)CEO}\geqslant(2\sim3)U_{CC}$。

3）集电极最大允许功率

晶体管在工作时，大部分 U_{CE} 加在集电结上，因此集电极功率损耗（简称功耗）$P_C=U_{CE}I_C$，近似为集电结功耗，它将使集电结温度升高，从而使晶体管发热。集电极最大允许功率就是允许的最高集电结温度决定的最大集电极功耗，用 P_{CM} 表示。晶体管工作时的功耗必须小于 P_{CM}。

知识梳理与总结

（1）纯净的半导体中掺入少量的三价或五价元素可以形成 P 型半导体和 N 型半导体。当两种掺杂半导体结合在一起时，交界面会形成一个特殊的薄层，即 PN 结。PN 结具有单向导电性，当正向偏置时，呈低阻导通状态；当反向偏置时，呈高阻截止状态。PN 结是构成各种半导体器件的基本单元。

（2）把一个 PN 结封装起来引出两个金属电极即可得到一个二极管。伏安特性曲线形象地描述了二极管的单向导电情况。整流二极管最主要的参数是最大正向电流和最高反向工作电压。稳压二极管、发光二极管、光敏二极管是常见的特殊二极管，它们有不同的用处。

（3）晶体管是由三层不同性质的半导体组合而成的，满足一定结构特点和外部偏置要求，可实现电流放大，或者可以作为开关使用。其输出特性可分为三个区域：放大区、饱和区、截止区。在放大区，发射结为正向偏置，集电结为反向偏置，晶体管的集电极电流受基极电流的控制，是基极电流的 β 倍。在饱和区和截止区，晶体管具有开关特性。

（4）根据二极管和晶体管的结构特点，可用万用表对它们进行测量，判断其质量好坏及管型引脚。也可用晶体管特性图示仪直观显示它们的特性曲线，用 Multisim 软件进行仿真。

（5）晶体管毫伏表和函数信号发生器是最常用的电子仪表，应学会它们的操作和使用方法。

单元6 基本放大电路分析

扫一扫看单元6教学课件

教学导航

教	知识重点	1. 基本电压放大电路的工作状态分析 2. 放大电路静态工作点稳定分析 3. 晶体管放大电路的微变等效电路 4. 共集电极放大电路的特性及应用 5. 多级放大电路的耦合方式、特点及应用 6. 反馈放大电路的判别、类型及应用分析 7. 集成功率放大电路分析
	知识难点	1. 放大电路静态工作点稳定分析 2. 晶体管放大电路的微变等效电路 3. 反馈放大电路的判别及应用
	推荐教学方法	讲解例题与实例，结合实训操作
	建议学时	12学时
学	推荐学习方法	以小组讨论的学习方式为主
	必须掌握的理论知识	1. 基本电压放大电路的电路结构、静态分析和动态分析的估算法 2. 静态工作点的作用　　3. 共集电极放大电路的特性 4. 反馈的概念、类型及对放大电路的影响 5. 功率放大电路的工作原理
	必须掌握的技能	1. 焊接技术　　2. 功率晶体管音频放大器的组装与调试

扫一扫下载技能训练10 焊接操作技术

扫一扫下载技能训练11 功率晶体管音频放大器的组装与调试

扫一扫下载思考与练习题6

扫一扫下载思考与练习题6参考答案

6.1 基本电压放大电路的分析

知识分布网络

- 基本电压放大电路的分析
  - 基本电压放大电路的组成 —— VT、U_{CC}、R_C、R_B、C_1、C_2
  - 基本电压放大电路的工作状态分析
    - 静态工作分析
    - 动态工作分析
  - 基本电压放大电路静态工作点稳定分析

电压放大电路的作用是将微弱电信号（电压、电流）放大到足够的幅度，以推动后级放大电路（功率放大电路）工作。

扫一扫看基本电压放大电路的组成微课视频

6.1.1 基本电压放大电路的组成

图 6.1 所示为共发射极放大电路。这种电路以晶体管的发射极为输入回路和输出回路的公共电极，所以称之为共发射极放大电路，简称共射极放大电路。它是晶体管放大电路中应用最广泛的一种基本放大电路。电路中各元器件的作用如下。

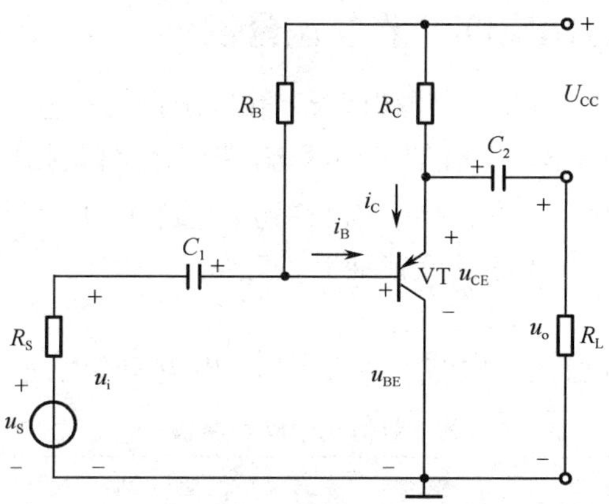

图 6.1 共发射极放大电路

1．晶体管 VT

如图 6.1 所示的电路中的晶体管是一个 NPN 型硅管，是电路中的核心元器件，利用基极电流 i_B 控制集电极电流 i_C。从能量观点来看，输入信号的能量较小，输出信号的能量较大，但不能说放大电路把输入能量放大了。能量是守恒的，是不能放大的。输出的较大能量来自直流电源 U_{CC}，也就是能量较小的输入信号利用晶体管的控制作用控制电源 U_{CC} 供给的能量，在输出端获得一个能量较大的信号。这就是放大作用的实质，因此也可以说晶体管是一个控制元器件。

2．集电极直流电源 U_{CC}

集电极直流电源 U_{CC} 除为输出信号提供能量外，还保证集电结为反向偏置，以使晶体管处在放大状态。一般 U_{CC} 取值为几伏到几十伏。

3．集电极负载电阻 R_C

集电极负载电阻主要将变化的集电极电流 i_C 转化为变化的电压 R_Ci_C，以便获得输出电压 u_o，实现电压的放大作用。一般 R_C 取值为几千欧到几十千欧。

4．基极电阻 R_B

基极电阻的作用是提供大小适当的基极电流 i_B，使放大电路获得较合适的静态工作点，同时保证发射结为正向偏置。R_B 较大，取值一般为几十千欧到几百千欧。

5．耦合电容 C_1、C_2

在放大电路的输入端和输出端分别接入电容 C_1、C_2，一方面用于隔断直流，C_1 隔断放大电路与信号源 u_S 之间的直流通路，C_2 隔断放大电路与负载 R_L 之间的直流通路，使信号源、放大电路与负载之间无直流联系，互不影响；另一方面用于耦合交流，使交流信号畅通无阻。当输入端加上信号电压 u_i 时，可以将 u_i 通过 C_1 耦合到晶体管的基极与发射极之间，而放大了的信号电压 u_o 从 C_2 端取出。所以 C_1、C_2 被称为隔直或耦合电容。C_1、C_2 的容量较大，一般为几微法到几十微法，但其对交流分量呈现的容抗很小，基本上可以无损失地传输交流分量。C_1、C_2 通常采用有极性的电解电容。在使用有极性的电解电容时，其正极性、负极性要连接正确。这种耦合方式在交流放大电路中被广泛采用。

扫一扫看基本电压放大电路的工作状态分析微课视频

6.1.2　基本电压放大电路的工作状态分析

放大电路可以被分为静态和动态两种情况。静态是指没有输入信号（$u_i=0$）时的工作状态；动态是指有输入信号（$u_i\neq0$）时的工作状态。静态分析是指根据放大电路的直流通路确定各极电压、电流的直流值 I_B、I_C、U_{CE}（也称为静态值），放大电路的质量与静态值有很大关系；动态分析是指通过放大电路的交流通路确定放大电路的电压放大倍数 A_u、输入电阻阻值 r_i 和输出电阻阻值 r_o 等。

为了便于分析，对晶体管放大电路中各极电压、电流的符号进行统一规定，如表 6.1 所示。

表 6.1　晶体管放大电路中各极电压、电流符号

名　称	静 态 值	交 流 分 量		总电压或总电流	
		瞬 时 值	有 效 值	瞬 时 值	平 均 值
基极电流	I_B	i_b	I_b	i_B	$I_{B(AV)}$
集电极电流	I_C	i_c	I_c	i_C	$I_{C(AV)}$
发射极电流	I_E	i_e	I_e	i_E	$I_{E(AV)}$
集电极—发射极电压	U_{CE}	u_{ce}	U_{ce}	u_{CE}	$U_{CE(AV)}$
基极—发射极电压	U_{BE}	u_{be}	U_{be}	u_{BE}	$U_{BE(AV)}$
直流电源电压	U_{CC}、U_{BB}				

1．静态工作分析

当放大电路无输入信号（$u_i=0$）时，确定静态值 I_B、I_C 和 U_{CE} 的方法有以下两种。

1）估算法

估算法是用放大电路的直流通路计算静态值，在如图 6.1 所示的放大电路中，由于耦合

电容 C_1、C_2 对直流信号相当于开路，因此放大电路可用如图 6.2 所示的直流通路来表示。它包含两个独立回路：一个是由直流电源 U_{CC}、基极电阻 R_B 和发射极 E 组成的基极回路；另一个是由直流电源 U_{CC}、集电极电阻 R_C 和发射极 E 组成的集电极回路。

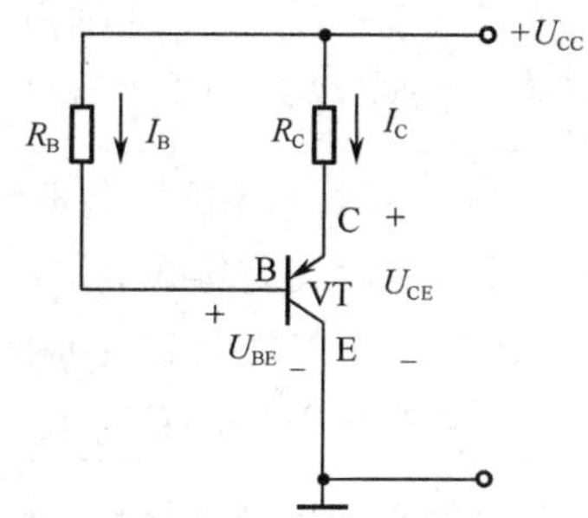

图 6.2　图 6.1 所示电路的直流通路

由图 6.2 的直流通路可得

$$I_B = \frac{U_{CC} - U_{BE}}{R_B} \approx \frac{U_{CC}}{R_B} \tag{6.1}$$

式中，U_{BE} 为晶体管发射结的正向压降。硅管的 U_{BE} 约为 0.6～0.7V，而 U_{CC} 一般为几伏、十几伏，甚至几十伏，所以 U_{BE} 可忽略不计。

静态时的集电极电流为

$$I_C = \beta I_B \tag{6.2}$$

此时，晶体管集电极与发射极之间的电压为

$$U_{CE} = U_{CC} - R_C I_C \tag{6.3}$$

2）图解法

图解法是根据晶体管的输出特性曲线，通过作图来确定放大电路的静态值。若已知晶体管的输出特性曲线（见图 6.3），则可用图解法确定静态值，具体步骤如下。

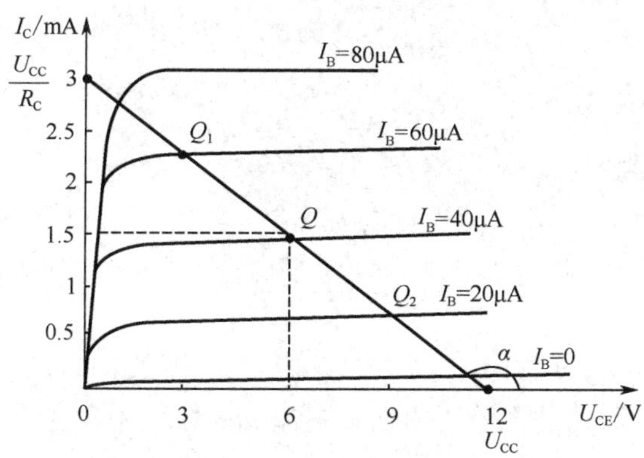

图 6.3　静态工作点图解分析法

（1）作直流负载线。根据直流通路（见图 6.2）列出电压方程，有

$$U_{CE} = U_{CC} - R_C I_C$$

或

$$I_C = -\frac{1}{R_C} U_{CE} + \frac{U_{CC}}{R_C} \tag{6.4}$$

这是一个直线方程，其在横轴上的截距为 U_{CC}（为 CE 间开路的工作点，$I_C = 0$），在纵轴上的截距为 $\frac{U_{CC}}{R_C}$（为 CE 间短路的工作点，$U_{CE} = 0$），直线的斜率为 $\tan\alpha = -\frac{1}{R_C}$。因其是由直流通路得出的，并且与阻值为 R_C 的集电极电阻有关，所以称为直流负载线。

（2）用估算法求出 I_B。在晶体管的输出特性曲线中找到 I_B 对应的曲线。

（3）求静态工作点，并确定 U_{CE}、I_C 的值。I_B 对应的曲线与直流负载线的交点 Q 就是静态工作点，简称 Q 点。由静态工作点可在对应的坐标上查得静态值 I_C 和 U_{CE}。

提示：放大电路在静态工作时，静态值 I_B、I_C、U_{CE} 确定了放大电路的静态工作点。其中，对确定放大电路静态工作点起主导作用的是 I_B。因为只要确定了 I_B，I_C 和 U_{CE} 就确定了。因此，通常用改变电阻阻值 R_B 的方法，来获得一个合适的 I_B 值，从而使放大电路有一个合适的静态工作点。

放大电路静态工作时的 I_B 被称为偏置电流，简称偏流，电阻 R_B 被称为偏置电阻。在选定电阻 R_B 的阻值后，I_B 就固定不变了，所以称如图 6.1 所示的放大电路为固定偏置放大电路。

静态工作点的重要性在于保证放大电路有一个合适的工作状态。I_B 过大或过小都将导致输入信号在放大时失真。所谓失真，是指输出信号的波形与输入信号的波形相比发生畸变。引起失真的因素有很多，其中最主要的因素是静态工作点选择不当或输入信号太大。

提示：由于输出电压波形与静态工作点有密切关系，静态工作点过高或过低都会导致失真。

【例 6.1】 在如图 6.1 所示的电路中，若 U_{CC}=24V，β=50，已选定 I_C=2mA，U_{CE}=8V，试计算 R_B、R_C。

【解】

$$I_B=\frac{I_C}{\beta}=\frac{2\times10^{-3}}{50}=4\times10^{-5}=40\ （\mu A）$$

$$R_B\approx\frac{U_{CC}}{I_B}=\frac{24}{40\times10^{-6}}=600\ （k\Omega）$$

$$R_C=\frac{U_{CC}-U_{CE}}{I_C}=\frac{24-8}{2\times10^{-3}}=8\ （k\Omega）$$

2．动态工作分析

动态是指输入信号 $u_i\neq0$ 时的工作状态。此时放大电路在直流电源 U_{CC} 和交流输入信号 u_i 的共同作用下工作，电路中的电流 i_B 和 i_C、电压 u_{CE} 等均包含直流分量和交流分量两部分，交流分量叠加在直流分量上，即

$$i_B=I_B+i_b$$

$$i_C=I_C+i_c$$

$$u_{CE}=U_{CE}+u_{ce}$$

式中，I_B、I_C、U_{CE} 是 U_{CC} 单独作用在电路中产生的电流和电压，实际上就是放大电路的静态值，称为直流分量；i_b、i_c、u_{ce} 是在输入信号作用下电路中产生的电流和电压，称为交流分量。

1）各极电压和电流波形

在如图 6.1 所示的放大电路中，设输入电压 u_i 为一正弦信号：

$$u_i=U_{im}\sin\omega t$$

放大电路动态时的电压和电流波形如图 6.4 所示。

u_i 经电容 C_1 加到晶体管的基极，基极—发射极电压为直流电压 U_{BE} 和信号电压 u_i 的叠加，即

$$u_{BE}=U_{BE}+U_{im}\sin\omega t$$

u_{BE} 以 U_{BE} 为基础，随 u_i 上下波动，其波形如图 6.4（b）所示。

在 u_{BE} 的作用下，i_B 将随 u_{BE} 成比例变化，它也是由直流分量和交流分量叠加而成的，即

$$i_B=I_B+i_b=I_B+I_{bm}\sin\omega t$$

式中，$i_b=\dfrac{u_i}{r_{be}}=I_{bm}\sin\omega t$。$i_B$ 的波形如图 6.4（c）所示。

将 i_B 放大 β 倍，得到集电极电流为

$$i_C=\beta i_B=I_C+I_{cm}\sin\omega t$$

式中，$i_C=\beta i_B$，$I_{cm}=\beta I_{bm}$。i_C 的波形如图 6.4（d）所示。

集电极—发射极间的电压 u_{CE} 由 i_C 和电路参数决定，即

$$u_{CE}=U_{CE}+R_Ci_C=U_{CE}-U_{cem}\sin\omega t$$

式中，$U_{cem}=R_CI_{cm}$，$U_{CE}=U_{CC}-I_CR_C$。当 i_C 上升时，R_Ci_C 上升，u_{CE} 下降；当 i_C 下降时，R_Ci_C 下降，u_{CE} 上升。可见，u_{CE} 与 i_C 相位相反，波形如图 6.4（e）所示。因 i_C 与输入信号 u_i 同相，所以 u_{CE} 与 u_i 反相。

u_{CE} 经耦合电容 C_2 输出时，其直流分量被隔断。输出电压 u_o 就是 u_{CE} 中的交流分量：

$$u_o=-R_Ci_C=u_{oem}\sin\omega t$$

其波形图如图 6.4（f）所示。

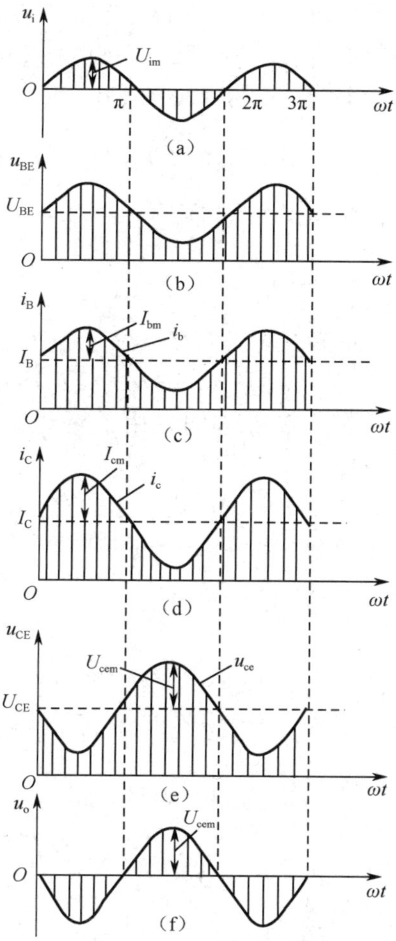

图 6.4　放大电路动态时的电压和电流波形

综上所述，可得出以下结论。

（1）有输入信号时，各极电流、电压都包含直流和交流两种分量。直流分量可保证放大电路的正常工作，交流分量是放大电路的放大对象。

（2）u_{be}、i_b、i_c 与输入信号 u_i 同相位，而 u_{ce}、u_o 与输入信号 u_i 反相位。输出电压与输入电压相反，这种情况被称为放大电路的反相作用。

（3）输出回路的电流信号 i_C 是输入回路电流信号的 β 倍，i_C 在 R_C 上的压降 $|R_Ci_C|$ 就是输出电压信号。选取适当的阻值 R_C，就可以得到需要的放大的输出电压 u_o。

直流分量的分析计算在前面已讨论过了，通常交流分量的分析计算采用的是小信号模型法。

2）交流分量小信号模型分析法

交流分量可用交流通路（u_i 单独作用时的电路）进行分析计算。当输入交流信号足够小时，通常用微变等效电路法进行分析。

（1）晶体管微变等效电路。

① 输入端等效。如果输入信号很小，那么可以认为晶体管在静态工作点附近是线性的。

如图 6.5（a）所示，在 u_{CE} 为常数的条件下，当晶体管在静态工作点上叠加一个交流信号时，有输入电压的微小变化量Δu_{BE}及相应的基极电流变化量Δi_B。这样，从 B、E 看进去，晶体管就是一个线性电阻［见图 6.6（a）］，则晶体管的交流（或动态）电阻的阻值 r_{be} 为

$$r_{be} \approx \frac{\Delta u_{BE}}{\Delta i_B} \approx \frac{\Delta u_{be}}{\Delta i_b} \approx \frac{u_i}{i_B}$$

低频小功率管的输入电阻常用下式计算

$$r_{be} = 200 + (1+\beta)\frac{26(\text{mV})}{I_E(\text{mA})} \tag{6.5}$$

式中，I_E 为发射极静态电流；r_{be} 的单位为Ω。

② 输出端等效。图 6.5（b）所示为晶体管输出特性曲线。在 u_{CE} 为常数的条件下，当基极电流有一增量Δi_B时，由于 i_B 对 i_C 的控制作用，i_C 必产生更大的增量：

$$\Delta i_{C1}=\beta\Delta i_B \tag{6.6}$$

式（6.6）表明，从晶体管输出端 C、E 看进去的电路可以用一个大小为 $\beta\Delta i_B$ 或 $\beta\Delta i_b$ 的受控源来等效，如图 6.6（b）所示。

$$r_{ce} = \left.\frac{\Delta u_{CE}}{\Delta i_{C2}}\right|_{i_B=\text{常数}} \tag{6.7}$$

r_{ce} 由输出特性曲线不平坦所致，即 u_{CE} 增大时 i_C 也稍有增大。当输出特性曲线较平坦时，r_{ce} 很大，可认为是∞，可将图 6.6（b）中的电阻 r_{ce} 开路。

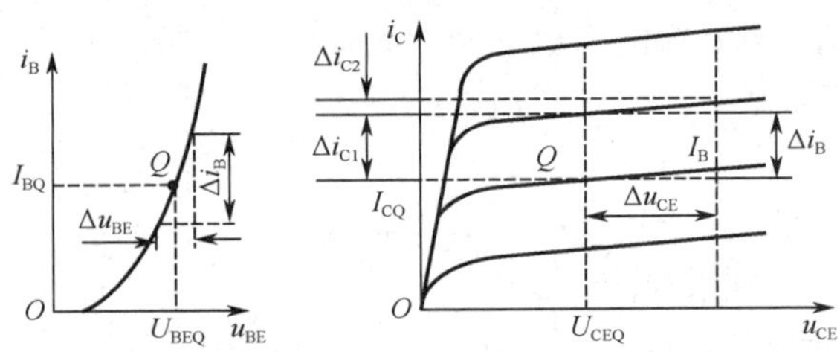

（a）输入特性曲线　　（b）输出特性曲线

图 6.5　晶体管的特性曲线

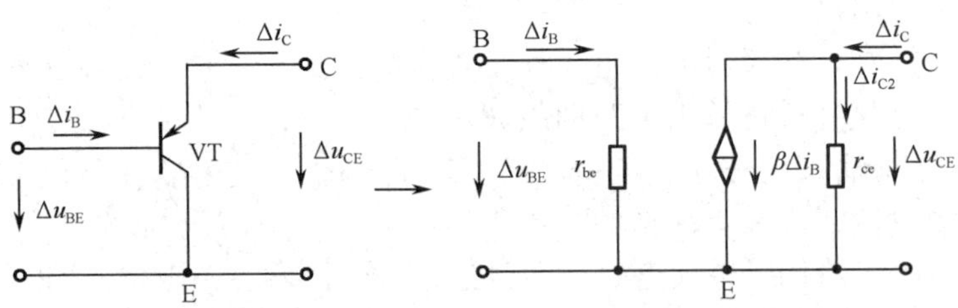

（a）晶体管　　（b）晶体管的微变等效电路

图 6.6　晶体管的微变等效电路

（2）放大电路和微变等效电路。

根据放大电路和交流通路及晶体管的微变等效，可以得到如图 6.7（a）所示的放大电路的微变等效电路［见图 6.7（b）］。

① 电压放大倍数。假设在输入端输入正弦信号，如图 6.7（b）所示电路中的电压表示为

$$U_i = I_b r_{be}$$

$$U_o = -I_c R_L' = -\beta I_b R_L'$$

则

$$A_u = \frac{U_o}{U_i} = -\beta R_L' / r_{be} \quad (6.8)$$

式中，$R_L' = R_L // R_C$。

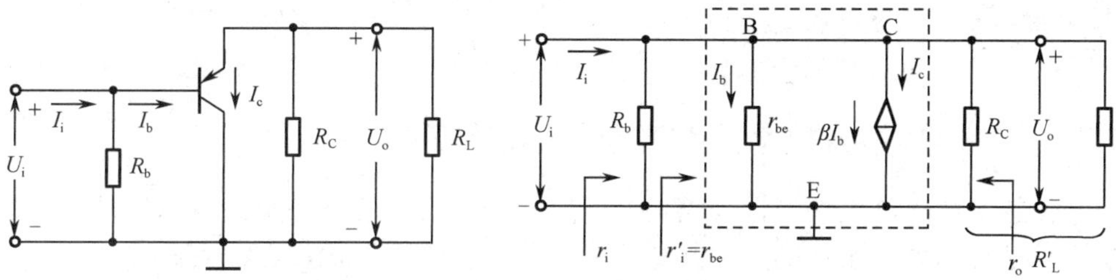

（a）交流通路　　（b）微变等效电路

图 6.7　基本放大电路的交流通路及微变等效电路

当负载开路时

$$A_u = \frac{U_o}{U_i} = \frac{-\beta R_C}{r_{be}} \quad (6.9)$$

② 放大电路的输入电阻。放大电路对于信号源来说是一个负载，可以用一个电阻来等效代替。这个电阻是信号源的负载电阻，也就是放大电路和输入电阻 r_i，即

$$r_i = \frac{U_i}{I_i} = R_B // r_{be} \approx r_{be} \quad (6.10)$$

③ 放大电路的输出电阻。输出电阻是由输出端向放大电路看进去的动态电阻，因 r_{be} 远大于 R_C，所以

$$r_o = R_C // r_{ce} \approx R_C \quad (6.11)$$

【例 6.2】　在如图 6.8（a）所示的电路中，若 $\beta=50$，U_{BE}=0.7V。试求：（1）静态工作点参数 I_{BQ}、I_{CQ}、U_{CEQ} 的值；（2）计算动态指标 A_u、r_i、r_o 的值。

【解】（1）求静态工作点参数。

$$I_{BQ} = \frac{U_{CC}-0.7}{R_B} = \frac{12-0.7}{280\times10^3} \approx 0.04\text{（mA）}=40\text{（μA）}$$

$$I_{CQ} = \beta I_{BQ} = 50\times0.04 = 2\text{（mA）}$$

$$U_{CEQ} = U_{CC} - I_{CQ}R_C = 12-2\times10^{-3}\times3\times10^3 = 6\text{（V）}$$

画出微变等效电路，如图 6.8（b）所示。

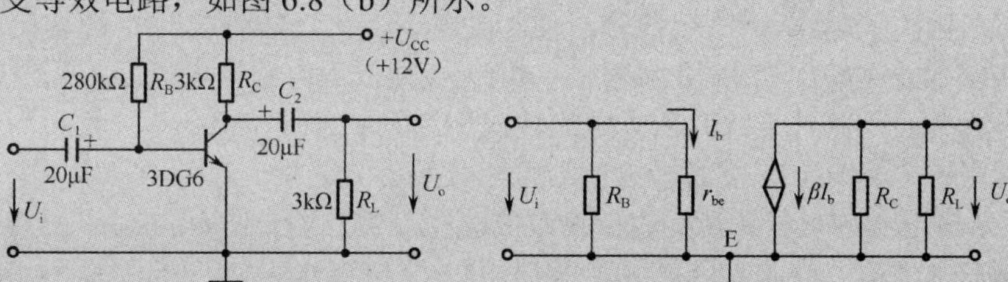

（a）电路图　　（b）微变等效电路

图 6.8　用微变等效电路求动态指标

$$r_{be}=200+(1+\beta)\frac{26(\text{mV})}{I_E(\text{mA})}=200+\frac{51\times 26(\text{mV})}{2(\text{mA})}=863\ (\Omega)\approx 0.86\ (\text{k}\Omega)$$

（2）计算动态指标。

$$A_u=\frac{U_o}{U_i}=\frac{-\beta R'_L}{r_{be}}=\frac{-50\times(3//3)\text{k}\Omega}{0.86\text{k}\Omega}=-87.2$$

$$r_i=R_B//r_{be}\approx r_{be}=0.86\text{k}\Omega$$

$$r_o=R_C=3\text{k}\Omega$$

6.1.3 基本电压放大电路静态工作点稳定分析

为了不使放大电路产生非线性失真，必须要有一个合适的静态工作点。但是，放大电路的静态工作点往往因外界条件的变化（如温度变化、晶体管老化、电源电压波动等）而发生变动。例如，晶体管的特性和参数对温度的变化非常敏感，当温度上升时，偏流 I_B 将增加，集电极电流 I_C 也随之增加，这时，会使发射结的正向压降 U_{BE} 减小，从而导致静态工作点发生漂移，放大电路不能正常工作。

图 6.9 所示为分压式偏置放大电路。电阻 R_{B1} 和电阻 R_{B2} 组成分压偏置电路，使基极电位 V_B 基本固定。发射极电路串接电阻 R_E，目的是利用电阻 R_E 上的直流电流负反馈作用稳定静态工作点。其物理过程可表示为

温度升高→I_C↑→V_E↑→U_{BE}（$=V_B-V_E$）↓→I_B↓→I_C↓

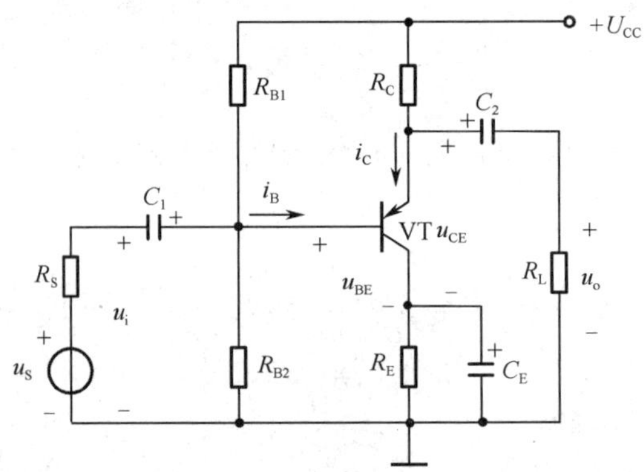

扫一扫看放大电路静态工作点稳定分析微课视频

图 6.9　分压式偏置放大电路

当温度升高，I_C 和 I_E 增大时，$V_E=R_EI_E$ 也增大。由于 V_B 为 R_{B1} 和 R_{B2} 的分压电路所固定，因此 U_{BE} 减小会引起 I_B 减小，从而使 I_C 下降，静态工作点大致恢复到原来的位置。可见，这种电路稳定静态工作点的实质是，由于输出电流 I_C 的变化通过发射极电阻 R_E 的压降变化反映出来，然后引回输入电路，和 V_B 比较，使 U_{BE} 发生变化，从而控制 I_C 的变化。R_E 越大，放大电路的稳定性能越好。当 R_E 太大时，V_E 增大会使放大电路输出电压的幅值减小。R_E 在小电流情况下为几百欧到几千欧，在大电流情况下为几欧到几十欧。

接入发射极的电阻 R_E，在发射极电流的直流分量 I_E 通过时，起自动稳定静态工作点的作用；同时，发射极电流的交流分量 i_e 也要通过它产生交流压降，使 u_{be} 减小，这样就会降低放大电路的电压放大倍数。为此，可在电阻 R_E 两端并联电容 C_E，如图 6.9 所示。电容 C_E 的容量只要足够大，其对交流信号的容抗就会很小，对交流分量可视为短路，而对直流分量并无影响。因此，电容 C_E 被称为发射极交流旁路电容，其容量一般为几十微法到几百微法。

【例 6.3】 分压式偏置共发射极放大电路如图 6.10（a）所示，已知 R_{B1}=30kΩ，R_{B2}=10kΩ，R_C=2kΩ，R_E=1kΩ，R_L=8kΩ，β=40，U_{CC}=12V，晶体管为硅管，接有 C_E。

（1）估算静态工作点参数。

（2）计算电压放大倍数、输入电阻、输出电阻。

【解】 （1）放大器的直流偏置电路如图 6.10（b）所示。

$$U_B \approx \frac{R_{B2}}{R_{B1}+R_{B2}}U_{CC}=\frac{10}{30+10}\times 12=3\ (\text{V})$$

$$I_C \approx I_E=\frac{U_E}{R_E}=\frac{U_B-U_{BE}}{R_E}=\frac{3-0.6}{1}=2.4\ (\text{mA})$$

$$I_B=\frac{I_C}{\beta}=\frac{2.4}{40}=60\ (\mu\text{A})$$

$$U_{CE}=U_{CC}-I_C(R_C+R_E)=12-2.4\times(2+1)=4.8\ (\text{V})$$

（2）有 C_E 时：

$$r_{be}=300+(1+\beta)\frac{26}{I_E}=300+(1+40)\times\frac{26}{2.4}\approx 0.744\ (\text{k}\Omega)$$

$$A_u=\frac{-\beta R_L'}{r_{be}}=\frac{-40}{0.744}\times(2//8)=-86$$

$$r_i=R_{B1}//R_{B2}//r_{be}=0.667\ (\text{k}\Omega)$$

$$r_o=R_C=2\text{k}\Omega$$

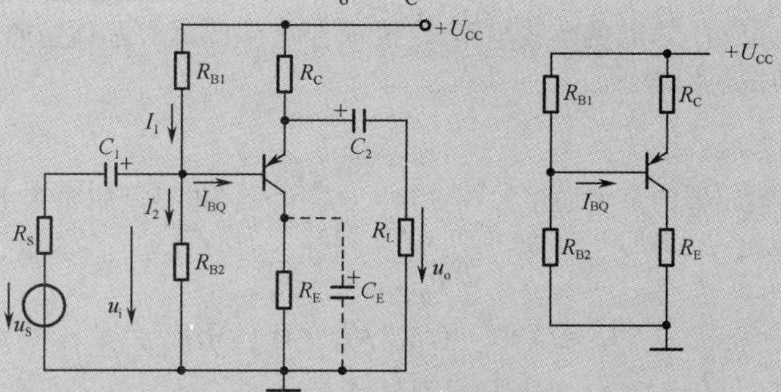

图 6.10 分压式偏置共发射极放大电路

6.2 其他放大电路的简要分析

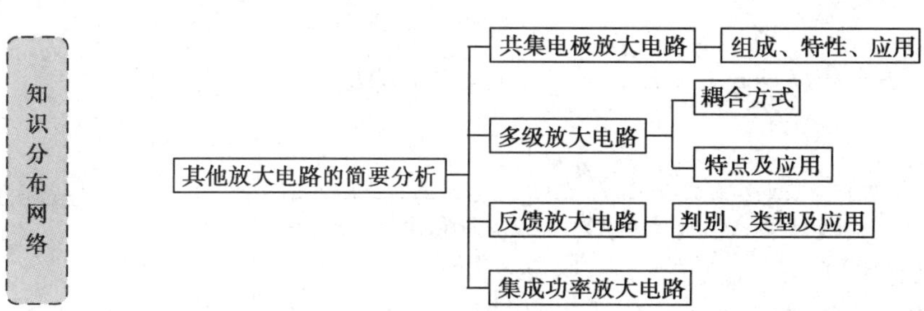

扫一扫看共集电极放大电路的组成、特性及应用微课视频

6.2.1 共集电极放大电路的组成、特性及应用

前面讨论的放大电路被称为共发射极电路，该电路从基极输入信号，从集电极输出被放大的信号，公共端为发射极。该电路能获得较高的电压放大倍数，但其输入电阻较小，输出电阻较大。因此，共发射极电路常用作多级放大电路的中间级。当输入信号加到基极，被放大的信号从发射极输出，集电极接电源 U_{CC} 时，对交流信号而言，输入与输出的公共端是集电极，则称其为共集电极电路，又称射极输出器，如图 6.11 所示。

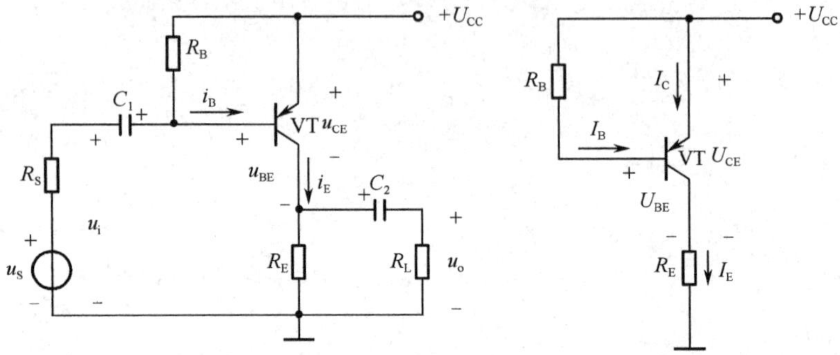

（a）射极输出器　　（b）直流通路

图 6.11　射极输出器及其直流通路

1．射极输出器工作情况分析

由图 6.11（a）可知，电路的负载电阻 R_L 经耦合电容 C_2 接在晶体管的发射极上，即输出电压 u_o 由晶体管的发射极输出。

1）静态分析

静态时，射极输出器的直流通路如图 6.11（b）所示，根据基尔霍夫电压定律可得

$$I_B=\frac{U_{CC}-U_{BE}}{R_B+(1+\beta)R_E} \tag{6.12}$$

$$I_E=I_B+I_C=I_B+\beta I_B=(1+\beta)I_B \tag{6.13}$$

$$U_{CE}=U_{CC}-R_E I_E \tag{6.14}$$

2）动态分析

动态时，射极输出器的微变等效电路如图 6.12（a）所示。

（1）电压放大倍数 A_u。由如图 6.12（a）所示的等效电路可得

$$\dot{U}_o=R_L'\dot{I}_e=R_L'(1+\beta)\dot{I}_b$$

式中，$R_L'=R_E\,//\,R_L$。

$$\dot{U}_i=r_{be}\dot{I}_b+R_L'\dot{I}_e=r_{be}\dot{I}_b+R_L'(1+\beta)\dot{I}_b$$

所以

$$A_u=\frac{\dot{U}_o}{\dot{U}_i}=\frac{R_L'(1+\beta)\dot{I}_b}{r_{be}\dot{I}_b+R_L'(1+\beta)\dot{I}_b}=\frac{(1+\beta)R_L'}{r_{be}+(1+\beta)R_L'} \tag{6.15}$$

由式（6.15）可知：

① 射极输出器的电压放大倍数恒小于 1，但接近 1。因为 $r_{be}\ll(1+\beta)R_L'$，所以 $A_u\approx1$，

即 $\dot{U}_o \approx \dot{U}_i$。该电路没有电压放大作用，但具有一定的电流放大作用和功率放大作用。

② 输出电压与输入电压同相，具有跟随作用，所以射极输出器又被称为射极跟随器。

（2）输入电阻 r_i。射极输出器的输入电阻 r_i 也可以根据如图 6.12（a）所示的微变等效电路求得

$$r_i' = \frac{\dot{U}_i}{\dot{I}_b} = \frac{[r_{be} + R_L'(1+\beta)]\dot{I}_b}{\dot{I}_b} = r_{be} + R_L'(1+\beta)$$

所以

$$r_i = R_B // [r_{be} + (1+\beta)R_L'] \tag{6.16}$$

在一般情况下，R_B 很大（几十千欧到几百千欧），同时 $[r_{be} + (1+\beta)R_L']$ 比共发射极放大电路的输入电阻（$r_i \approx r_{be}$）大得多，因此，射极输出器的输入电阻很大，可达几十千欧到几百千欧。

（3）输出电阻 r_o。射极输出器的输出电阻 r_o 可根据如图 6.12（b）所示的等效电路求得。将信号源短路，保留内阻 R_S，R_S 与 R_B 并联后的等效电阻为 R_S'，即 $R_S' = R_S // R_B$。在输出端断开电阻 R_L，外加一交流电压 $\dot{U}_o$，产生电流 $\dot{I}_o$。对节点 E 列基尔霍夫电流定律方程：

$$\dot{I}_o = \dot{I}_b + \beta\dot{I}_b + \dot{I}_e = \frac{\dot{U}_o}{r_{be} + R_S'} + \beta\frac{\dot{U}_o}{r_{be} + R_S'} + \frac{\dot{U}_o}{R_E}$$

则

$$r_o = \frac{\dot{U}_o}{\dot{I}_o} = \frac{1}{\dfrac{1+\beta}{r_{be} + R_S'} + \dfrac{1}{R_E}} = \frac{R_E(r_{be} + R_S')}{(1+\beta)R_E + (r_{be} + R_S')} \tag{6.17}$$

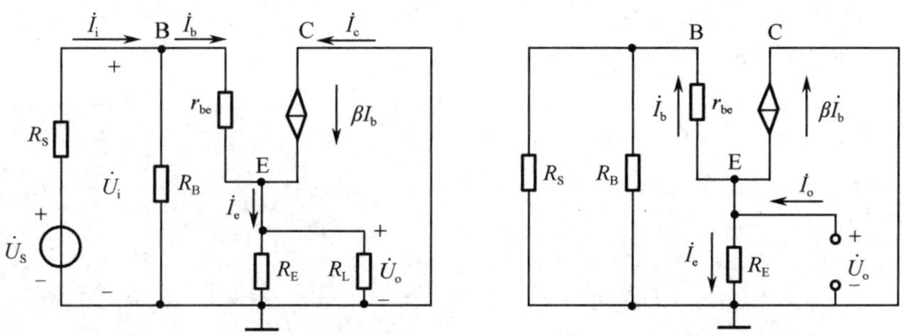

（a）微变等效电路　　（b）计算 r_o 的等效电路

图 6.12　射极输出器的等效电路

在一般情况下，$(1+\beta)R_E \gg (r_{be} + R_S')$ 且 $\beta \gg 1$，则上式可以简化为

$$r_o \approx \frac{r_{be} + R_S'}{\beta} \tag{6.18}$$

若 $R_S = 0$，则 $R_S' = 0$，则有

$$r_o \approx \frac{r_{be}}{\beta} \tag{6.19}$$

例如，当 $\beta = 50$，$r_{be} = 1\text{k}\Omega$ 时，$r_o \approx 20\Omega$。可见，射极输出器的输出电阻很小，约为几欧至几十欧。输出电阻越小，在负载变化时放大电路的输出电压就越稳定，由此可见输出电阻

具有恒压输出特性。

2．射极输出器的应用

综上所述，射极输出器的主要特点为：电压放大倍数接近 1，但略小于 1；输入电阻高，输出电阻低；输出电压 $\dot{U}_o$ 与输入电压 $\dot{U}_i$ 同相位。因此，在多级放大电路中，射极输出器常用作输入级、输出级和中间级，以提高整个放大电路的性能。在电子设备和自动控制系统中，射极输出器得到了十分广泛的应用。

1）作为输入级

射极输出器因输入电阻高，常作为多级放大电路的输入级。输入级采用射极输出器，可使信号源内阻上的压降相对比较小。因此，可以得到较高的输入电压，同时减小信号源提供的信号电流，从而减轻信号源的负担。这样不仅提高了整个放大电路的电压放大倍数，而且降低了接入放大电路对信号源的影响。电子测量仪器利用射极输出器这一特点，可以减小对被测电路的影响，提高测量精度。

2）作为输出级

射极输出器输出电阻低，常作为多级放大电路的输出级。当负载电流变化较大时，输出电压的变化较小，或者说射极输出器的带负载能力较强。

3）作为中间级

在多级放大电路中，有时将射极输出器接在两级共发射极放大电路之间。利用其输入电阻高的特点，提高前一级的电压放大倍数；利用其输出电阻低的特点，减小后一级信号源内阻，从而提高后级的电压放大倍数，隔离级间的相互影响，这是射极输出器的阻抗变换作用。这一级射极输出器被称为中间级或缓冲级。

【例 6.4】 在如图 6.13（a）所示的共集电极放大电路中，已知晶体管的 β=120，U_{BE}=0.7V，U_{CC}=12V，R_B=300kΩ，R_E=R_L=R_S=1kΩ，分别求 A_u、r_i、r_o。

【解】 微变等效电路如图 6.13（b）所示。

$$I_E=(1+\beta)I_B=(1+\beta)\frac{U_{CC}-U_{BE}}{R_B+(1+\beta)R_E}\approx 3.2\ \text{（mA）}$$

$$r_{be}=300+(1+\beta)\frac{26}{I_E}=300+(1+120)\frac{26}{3.2}\approx 1.28\ \text{（k}\Omega\text{）}$$

$$A_u=\frac{u_o}{u_i}=\frac{(1+\beta)R_L'}{r_{be}+(1+\beta)R_L'}=\frac{(1+120)\times 0.5}{1.28+(1+120)\times 0.5}\approx 0.98$$

$$r_i=\frac{u_i}{i_i}=R_B\,//\,R_i=R_B\,//\,[r_{be}+(1+\beta)R_L']=300\,//\,(1.28+121\times 0.5)\approx 51.2\ \text{（k}\Omega\text{）}$$

$$r_o=R_E\,//\left(\frac{r_{be}+R_S'}{1+\beta}\right)=1\,//\,\frac{1.28+\dfrac{300\times 1}{300+1}}{1+120}\approx 19\ \text{（k}\Omega\text{）}$$

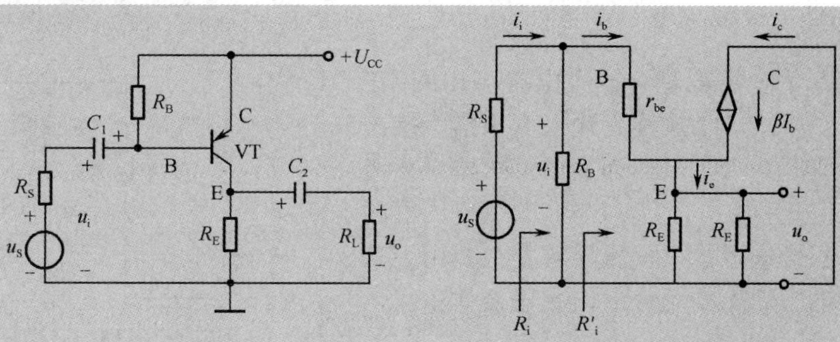

（a）原理电路　　（b）微变等效电路

图 6.13　共集电极放大电路

扫一扫看多级放大电路的耦合方式、特点及应用微课视频

6.2.2　多级放大电路的耦合方式、特点及应用

前面介绍的放大电路，是由一个晶体管组成的单级放大电路。但在电子设备中，输入信号往往非常微弱，要把这些微弱的信号放大到足够的强度，需要将两个或两个以上的单级放大电路逐级连接起来组成多级放大电路。在多级放大电路中，第一级称为输入级，最后一级称为输出级，输出级的前一级称为末前级，其余级称为中间级。级与级之间的连接称为耦合，对应电路称为耦合电路。对于耦合电路的基本要求为：首先要保证各级放大电路都有合适的静态工作点；其次要保证前级（或信号源）输出的信号尽可能无衰减地传递到后一级放大电路的输入端，而且不引起信号失真。

1．放大电路级间耦合

在多级放大电路中，前一级的输出电压（或电流）通过一定的方式有效地传递到后一级，称为级间耦合。常采用的级间耦合方式有阻容耦合、变压器耦合和直接耦合。

1）阻容耦合

所谓阻容耦合，是指把电容作为级间的连接元器件并与电阻配合而成的一种耦合方式。

图 6.14 所示为两级阻容耦合放大电路。从图 6.14 中可以看出，两级间是用电容 C_2 和第二级的输入电阻 r_{i2} 耦合起来的。耦合电容的容量较大，一般为几微法到几十微法。对交流信号而言，相当于短路，可以顺利地通过；对直流信号而言，相当于开路，可以使放大电路各级的静态工作点彼此独立，互不影响。这就给电路的分析、设计和调试带来了很大的便利。这也是阻容耦合在低频放大电路中得以广泛应用的一个显著原因。

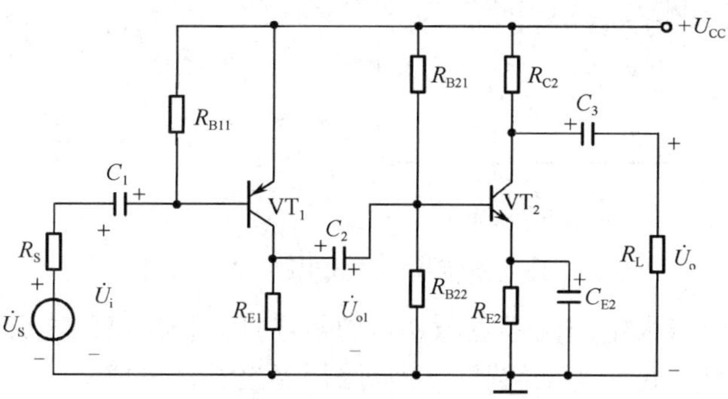

图 6.14　两级阻容耦合放大电路

2）变压器耦合

图 6.15 所示为变压器耦合放大电路，图中接在输入端的耦合变压器 T_{r1} 被称为输入变压器，接在输出端的耦合变压器 T_{r2} 被称为输出变压器。各级的静态工作点彼此独立，互不影响；改变变压器的变比，可以匹配最佳阻抗。变压器耦合主要用于功率放大或需要电压隔离的场合。但变压器体积大，易引起电磁干扰。

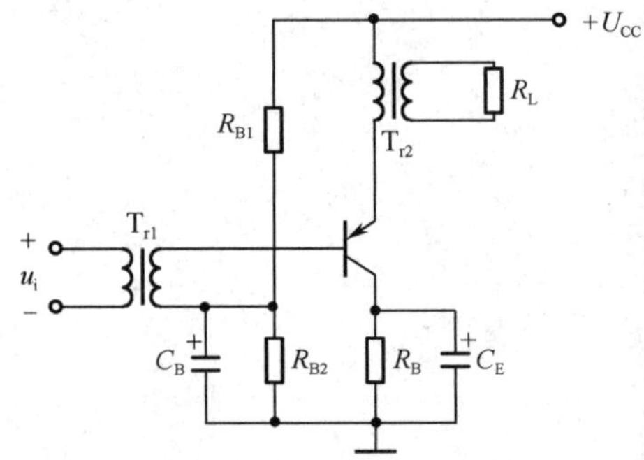

图 6.15　变压器耦合放大电路

3）直接耦合

阻容耦合和变压器耦合的不足之处在于耦合元器件上总有信号损失，并且在高、低频段的频率特性很不理想，不便于集成，因为在集成电路中制作大容量的电容或变压器是很困难的，无法放大缓慢变化的信号或直流信号。在线性集成电路中放大直流信号时，通常采用直接耦合方式。

图 6.16（a）所示为直接耦合放大电路，第一级的输出端与第二级的输入端连接在一起。由于直接耦合放大电路中，前后级之间没有隔离元器件，它们的直流路径相通，所以前后级的静态工作点相互影响、相互牵制，这给电路的设计和调试带来了一定的困难。另外，由于级间的直流路径相通，因此放大电路中任意一点直流电位的波动，都会引起输出端电位的变化。由于晶体管特性受环境温度变化、电源电压不稳定、电路元器件参数变化等影响，即使在输入信号为零（$u_i = 0$）时，放大电路的输出端电压也会出现缓慢、无规则的变动，即输出端出现一个偏离原起始点、随时间缓慢变化的电压，这种现象称为零点漂移，如图 6.16（b）所示。当放大电路有输入信号（$u_i \neq 0$）时，零点漂移伴随着输入信号共存于放大电路中，两者都在缓慢地变动，一真一假，互相纠缠在一起，难以分辨。经过逐级放大可能会出现输出信号被零点漂移“淹没”的情况，致使放大电路丧失工作能力，严重时还可能使晶体管损坏。

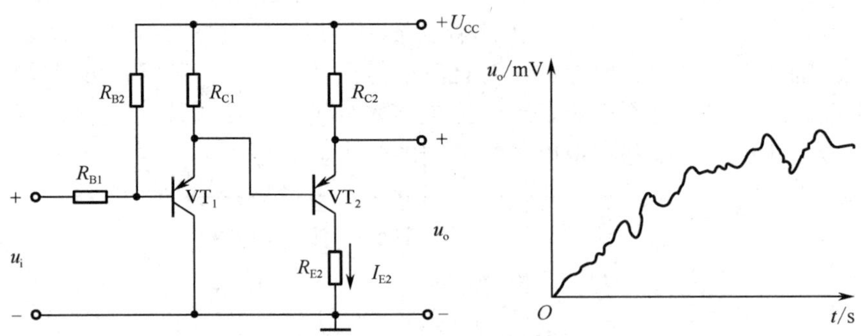

（a）直接耦合放大电路　　（b）零点漂移

图 6.16　直接耦合放大电路及零点漂移

为了减小直接耦合放大电路的零点漂移，通常选择高稳定度的电源和温度稳定性高的电路元器件。对于由温度变化引起的漂移，可以采用温度补偿电路。

2. 多级放大电路电压放大倍数

图 6.17 所示为多级放大电路方框图。

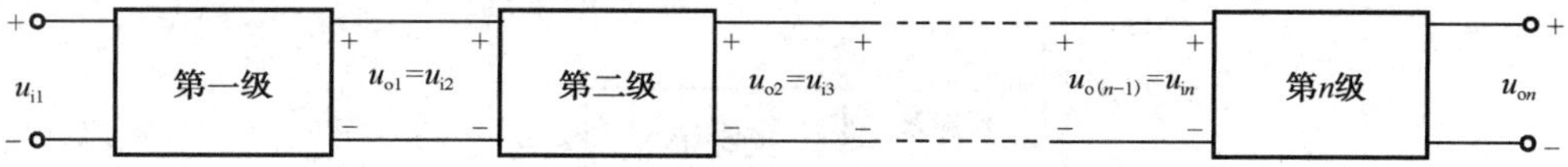

图 6.17 多级放大电路方框图

多级放大电路的总电压放大倍数为

$$A_u=\frac{u_{on}}{u_{i1}} \tag{6.20}$$

或

$$A_u=\frac{u_{o1}}{u_{i1}}\frac{u_{o2}}{u_{o1}}\cdots\frac{u_{on}}{u_{o(n-1)}} \tag{6.21}$$

因为在多级放大电路中，前级输出信号耦合到后级的输入端作为后级的输入信号，所以有

$$u_{o1}=u_{i2},\ u_{o2}=u_{i3},\cdots,\ u_{o(n-1)}=u_{in}$$

则式（6.21）也可表示为

$$A_u=\frac{u_{o1}}{u_{i1}}\frac{u_{o2}}{u_{o1}}\cdots\frac{u_{on}}{u_{o(n-1)}}=A_{u1}A_{u2}\cdots A_{un} \tag{6.22}$$

式（6.22）说明多级放大电路中的总电压放大倍数等于各级放大电路中电压放大倍数的乘积。

提示：在分析计算多级放大电路的放大倍数时，前级输出信号耦合到后级输入端作为后级的输入信号，因此可以将后级的输入电阻视为前级输出的负载电阻。

6.2.3 反馈放大电路的判别、类型及应用

扫一扫看反馈放大电路的判别、类型及应用分析微课视频

在使用放大电路时，为了改善电路的性能，需要引入不同形式的反馈。因此，需要掌握反馈的基本概念及其对放大器性能的影响。

1. 反馈的基本概念

1）什么是反馈

在放大电路中，将输出量（输出电压或电流）的一部分或全部，通过一定的电路（反馈网络）引回输入回路来影响输入量（输出电压或电流）的过程被称为反馈。具有反馈作用的放大电路被称为反馈放大电路，组成框图如图 6.18 所示。图 6.18 中的 X_i 为整个放大电路的输入量；X_o 既为放大电路的输出量，也为反馈网络的输入量；X_f 为反馈量；X_i' 为基本放大电路的净输入量。由此可知，X_i' 为输入量和反馈量叠加的结果。

2）反馈放大电路的一般关系式

由图 6.18 可得，放大电路的开环放大倍数 A 为

$$A=\frac{X_o}{X_i'} \tag{6.23}$$

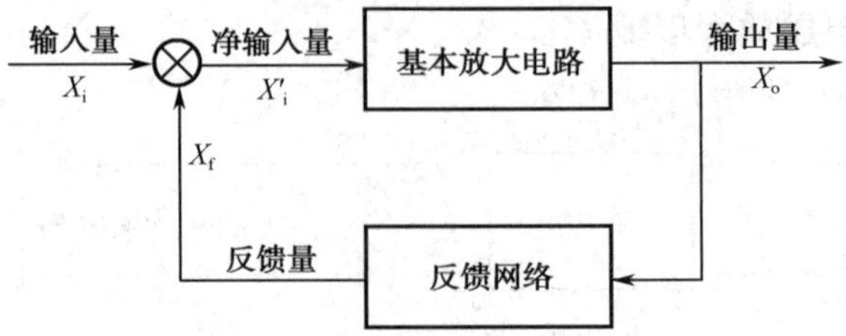

图 6.18　反馈放大电路的组成框图

反馈系数 F 为

$$F=\frac{X_f}{X_o} \tag{6.24}$$

闭环放大倍数 A_f 为

$$A_f=\frac{X_o}{X_i} \tag{6.25}$$

净输入量 X_i' 为

$$X_i'=X_i-X_f \tag{6.26}$$

由式（6.23）、式（6.24）、式（6.25）和式（6.26）可得

$$A_f=\frac{A}{1+AF} \tag{6.27}$$

式中，$1+AF$ 为反馈深度，是一个衡量反馈强弱程度的重要指标。

3）反馈类型

（1）正反馈和负反馈。正反馈是指引入反馈后基本放大电路的净输入量增大；负反馈是指引入反馈后基本放大电路的净输入量减小。

（2）直流反馈和交流反馈。反馈量为直流量的被称为直流反馈，反馈量为交流量的被称为交流反馈。

（3）电压反馈和电流反馈。以放大电路的输出电压作为反馈网络输入信号的被称为电压反馈，以放大电路的输出电流作为反馈网络输入信号的被称为电流反馈。

（4）串联反馈和并联反馈。若基本放大电路的输入端口和反馈网络的输出端口串联，即反馈量与输入量以电压的形式叠加，则称之为串联反馈；若基本放大电路的输入端口和反馈网络的输出端口并联，即反馈量与输入量以电流的形式叠加，则称之为并联反馈。

提示： 交流负反馈有四种基本组态，即电压串联负反馈、电压并联负反馈、电流串联负反馈、电流并联负反馈。

2．负反馈对放大电路性能的影响

1）提高放大电路增益的稳定性

引入负反馈后，放大电路放大倍数有所下降，由 A 变为 $A_f=A/(1+AF)$。A_f 对 A 求导，可得

$$\frac{dA_f}{dA}=\frac{1}{(1+AF)^2}，即\ dA_f=\frac{dA}{(1+AF)^2}$$

上式表明，引入负反馈后，闭环增益的相对变化量 dA_f/A_f 只是开环增益相对变化量 dA/A

的 $1/(1+AF)$。可见，反馈越深，放大器的增益就越稳定。例如，A=1000，F=0.1，dA/A=1%，则 dA_f/A_f=0.01%。即基本放大电路的放大倍数变化百分之一，负反馈放大电路的放大倍数仅变化万分之一。

2）改变放大电路的输入电阻和输出电阻

（1）串联负反馈使输入电阻增大，并联负反馈使输入电阻减小。可以证明：引入串联负反馈，放大电路的输入电阻为无反馈时输入电阻的 $1+AF$ 倍，即 $r_{if}=(1+AF)r_i$；引入并联负反馈，放大电路的输入电阻减小为无反馈时的 $1/(1+AF)$，即 $r_{if}= r_i /(1+AF)$。

（2）电压负反馈使输出电阻减小，电流负反馈使输出电阻增大。可以证明：引入电压负反馈，放大电路的输出电阻减小为无反馈时的 $1/(1+AF)$，即 $r_{of}= r_o /(1+AF)$；引入电流负反馈，放大电路的输出电流非常稳定，相当于恒流源，而恒流源的电阻很大，约为 $r_{of}=(1+AF)r_o$。

3）减小非线性失真

由于晶体管输入特性具有非线性特点，即使电路输入的是正弦波，输出也不是正弦波，而是正半周幅度大于负半周幅度的波形，即产生了波形失真，这种失真被称为非线性失真。非线性失真波形如图 6.19（a）所示。

如图 6.19（b）所示，引入负反馈后，输出的失真波形反馈到输入端，在输入端得到正半周幅度大、负半周幅度小的反馈信号，此信号与输入信号相减，使净输入信号的幅值成为正半周幅度小、负半周幅度大的波形，即引入了失真（也称预失真），经过基本放大电路放大后，输出波形趋于正弦波，减小了非线性失真。需要注意的是，对输入信号本身固有的失真，负反馈是无能为力的。

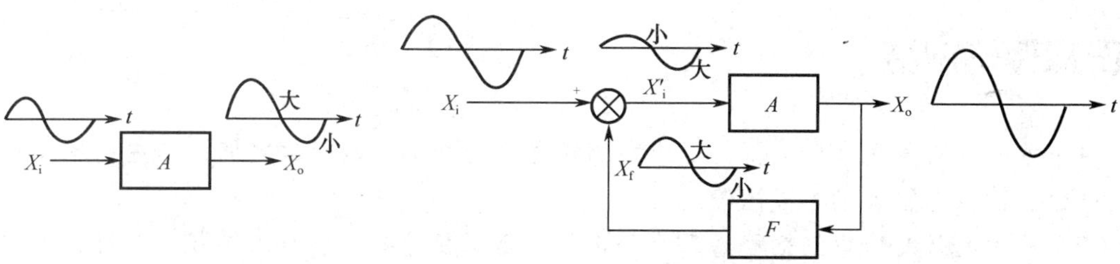

（a）非线性失真波形　　（b）引入负反馈后的波形

图 6.19　负反馈改善非线性失真

扫一扫看集成功率放大电路简介微课视频

6.2.4　集成功率放大电路简介

功率放大电路在电源电压确定的情况下，以输出尽可能大的不失真的信号功率和具有尽可能高的转换效率为组成原则。功率放大电路常常工作在极限状态。低频功率放大电路有变压器耦合乙类推挽电路、OTL（Output TransformerLess）电路（没有输出变压器的功率放大电路）、OCL（Output CapactitorLess）电路（省去输出端电容的功率放大电路）等。

互补对称功率放大电路结构简单、性能好、易于集成。随着电子工业的发展，目前已经生产出多种不同型号的可以输出不同功率的集成功率放大器。使用这种集成功率放大器时，只要在其外部接入规定数值的电阻、电容、电源及负载，就可以组成一定的放大电路。例如，国产的 D2002 型集成功率放大器的输出级为准互补对称电路，并具有推动极，电源电压可在 8～18V 的范围内选用，它只要接少量元器件，就可以组成一定功率的功率放大电路。D2002

型集成功率放大器具有失真小、噪声低、静态工作点无须调整、使用灵活的特点。

图 6.20（a）所示为 D2002 型集成功率放大器的外形，它只有 5 个引脚，在使用时应紧固在散热片上。

图 6.20（b）所示为 D2002 型集成功率放大器组成的低频功率放大电路。输入信号 u_i 经耦合电容 C_1 送到输入端 1，放大后的信号由输出端 4 经耦合电容 C_2 送到负载，负载为 4Ω 的扬声器，这种功率放大电路的不失真输出功率为 5W。引脚 5 为电源端，接电源 U_{CC}。引脚 3 接地。R_1、R_2 和 C_3 组成负反馈电路，用来提高放大电路工作的稳定性，改善放大电路的性能。C_4 和 R_3 组成高通滤波电路，用来改善放大电路的高频特性，防止可能产生的高频自激振荡。

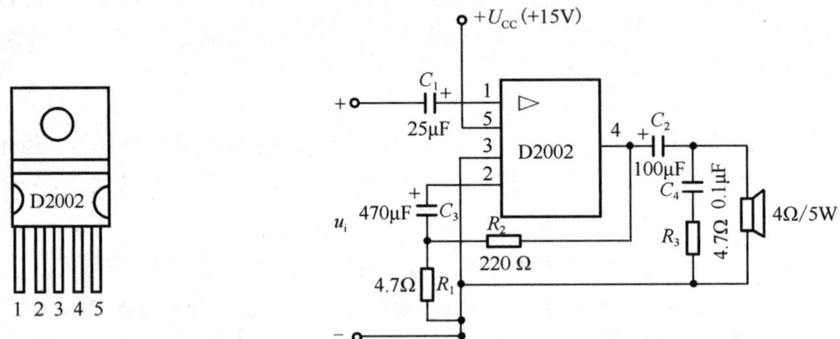

（a）D2002型集成功率放大器的外形　　（b）D2002型集成功率放大器组成的低频功率放大电路

图 6.20　D2002 型集成功率放大器的外形及 D2002 型集成功率放大器组成的低频功率放大电路

知识梳理与总结

（1）放大电路是用来对电压信号或电流信号进行控制与放大的电路，其主要性能指标有放大倍数、输入电阻、输出电阻等。

（2）放大电路的分析包括静态工作分析和动态工作分析。静态工作分析的目的是确定静态工作点是否满足晶体管的放大条件；动态工作分析的目的是确定电压放大倍数 A_u、输入电阻 r_i 和输出电阻 r_o 等动态参数，一般采用微变等效电路法。

（3）放大电路静态工作点会对信号状态产生影响，静态工作点不合适可能导致截止失真或饱和失真。

（4）晶体管放大电路有三种组态，其中共发射极放大电路的电压和电流放大倍数都较大；共集电极放大电路的输入电阻大、输出电阻小，电压放大倍数接近 1，适用于信号的跟随；共基极放大电路适用于高频信号的放大。

（5）多级放大电路有三种耦合方式：阻容耦合、变压器耦合、直接耦合。三种耦合方式各有特点。

（6）负反馈用以提高和改善放大电路的性能。有电压串联负反馈、电压并联负反馈、电流串联负反馈、电流并联负反馈四种基本形式。

（7）焊接技术是电子电路的基本技能，常用五步法和三步法实现电子电路的焊接。

（8）通过功率晶体管音频放大器的组装与调试，掌握调试与检测电路的基本方法。

单元 7 集成运算放大器与应用

教学导航

扫一扫看单元 7 教学课件

教	知识重点	1．集成运算放大器的组成及主要特征 2．集成运算放大器在电路中的应用 3．集成运算放大器的线性应用（信号运算方面） 4．集成运算放大器的非线性应用（电压比较器）
	知识难点	1．虚短、虚断的含义及应用 2．集成运算放大器的线性应用中的比例运算、加法和减法运算、积分和微分运算电路分析
	推荐教学方式	在理想运算放大器工作特性的基础上，分析电路并结合实训操作，以加深学生对理论知识的运用，加强学生的实践操作能力
	建议学时	8 学时
学	推荐学习方法	以小组讨论的学习方式为主
	必须掌握的理论知识	1．集成运算放大器的组成、性能指标、传输特性 2．虚短、虚断的含义及应用 3．集成运算放大器的应用分类 4．集成运算放大器的线性应用和非线性应用的条件和分析法
	必须掌握的技能	集成运算放大器在信号运算方面的测试

扫一扫下载技能训练 12　集成运算放大器线性应用

扫一扫下载思考与练习题 7

扫一扫下载思考与练习题 7 参考答案

前面两个单元讨论的各种电路都是由各种单个元器件（如晶体管、二极管、电阻、电容等）连接而成的电子电路，称之为分立元件电路。

20 世纪 60 年代初，出现了一种崭新的电子器件——集成电路。所谓集成电路，是指利用集成技术，在一小块半导体晶片上，利用氧化、光刻、扩散、外延生长等工艺过程，把许多晶体管、二极管、电阻、小容量的电容，以及连接导体等集中制造在一小块硅片上，组成一个不可分割的整体，最后封装在塑料或陶瓷等外壳内。集成电路打破了分立元件和分立电路的设计方法，实现了材料、元件和电路三者的统一。集成电路不仅具有体积更小、质量更轻和功耗更低等优点，而且减少了电路的焊接点，提高了电路工作可靠性。集成电路的问世，标志着电子技术进入了微电子学时代，极大地促进了各个科学技术领域先进技术的发展。

按集成度，集成电路有小规模（SSI）、中规模（MSI）、大规模（LSI）和超大规模（VLSI）之分。超大规模集成电路每块芯片上有上百万个元件，而芯片的面积只有几十平方毫米。按导电类型分，集成电路有双极型的、单极型的（场效应管）和两者兼容的。按功能，集成电路有数字集成电路和模拟集成电路。其中，模拟集成电路又包括集成运算放大器、集成功率放大器、集成稳压电源、集成数模和模数转换器等。本单元主要讨论集成运算放大器的基本问题。

扫一扫看集成电路简述微课视频

7.1 集成运算放大器的基本概念

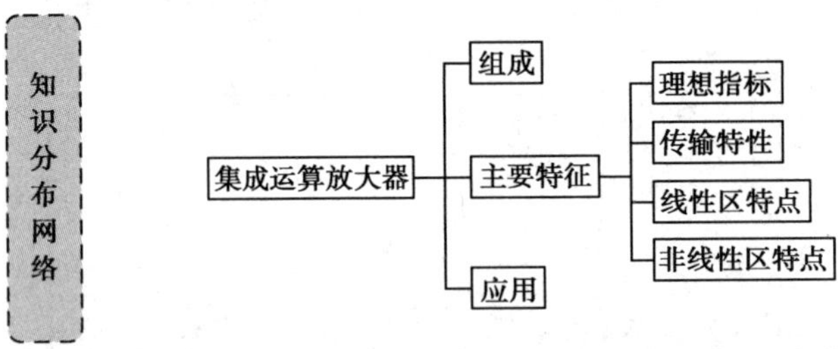

人们常把能对模拟信号进行基本运算的放大器称为运算放大器（简称运放），它是一种具有高放大倍数和深度负反馈的多级直接耦合放大电路。集成运算放大器是一种模拟集成电路，早期主要用于模拟计算机。通过改变运算放大器的外接反馈电路和输入电路的形式与参数可以完成加法、减法、乘法、除法、微分、积分，以及对数和指数等数学运算。近年来，集成技术飞速发展，各种新型的集成运算放大器不断涌现（如 CMOS 集成运算放大器），其应用已远远超出数学运算范围，它在信号变换与处理、有源滤波、自动测量、程序控制及波形产生等技术领域中作为基本元件得到了广泛应用，而且更新型的集成运算放大器正在不断研制和发展之中。

7.1.1 集成运算放大器的组成

图 7.1 所示为简单集成运算放大器的电路原理图，该集成运算放大器是一个三级直接耦合放大电路，输入级由晶体管 VT_1、VT_2 和电阻 R_1、R_2、R_3 组成，采用的是双端输入、单端输出的放大电路；中间级是由晶体管 VT_3 和电阻 R_4、R_5 组成的单管电压放大电路；输出级是由晶体管 VT_4、VT_5 和二极管 VD_1、VD_2 组成的甲乙类互补对称功率放大电路。

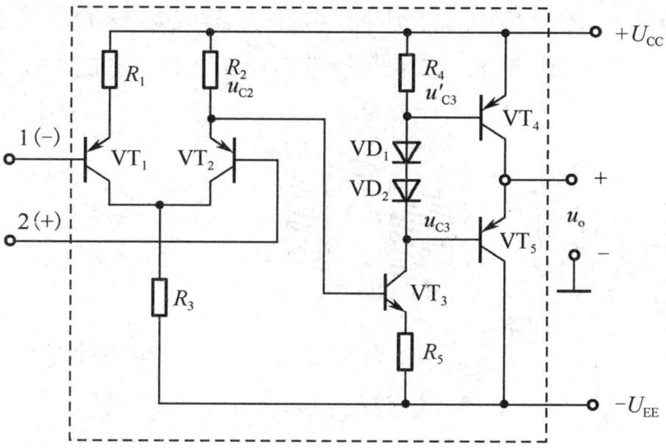

扫一扫看集成运算放大器的组成及原理微课视频

图 7.1　简单集成运算放大器的电路原理图

在静态时，由于输出级的电路是对称的，所以输出端的电位为零，即输出电压 u_o=0。

当输入信号 u_i 加在输入端 1 上，输入端 2 接地时，输入级成为单端输入、单端输出的差动放大电路。由晶体管 VT_2 的集电极引出的电压 u_{C2} 与输入信号电压 u_i 同相，再经中间级放大而反相。由于输出级实质上是两个交替工作的射极输出器，其输出电压 u_o 与输入电压 u_{C3}（或 u'_{C3}）同相。可见，这时整个放大电路的输出电压 u_o 与输入电压 u_i 反相，所以输入端 1 称为反相输入端，这种输入方式称为反相输入。若将输入信号电压 u_i 加在输入端 2 上，而输入端 1 接地，则输出电压 u_o 与输入电压 u_i 同相，输入端 2 称为同相输入端，运算放大器的这种输入方式称为同相输入。当同时在输入端 1、2 分别加输入信号电压 u_{i1}、u_{i2} 时，对于输入级的差动放大电路而言，相当于输入一个（u_{i1} 与 u_{i2} 之差）差模信号，运算放大器的这种输入方式称为差动输入。

集成运算放大器的种类繁多，不同种类的集成运算放大器的电路各不相同，但其基本组成相似，通常由输入级、中间级、输出级三部分组成，如图 7.2 所示。

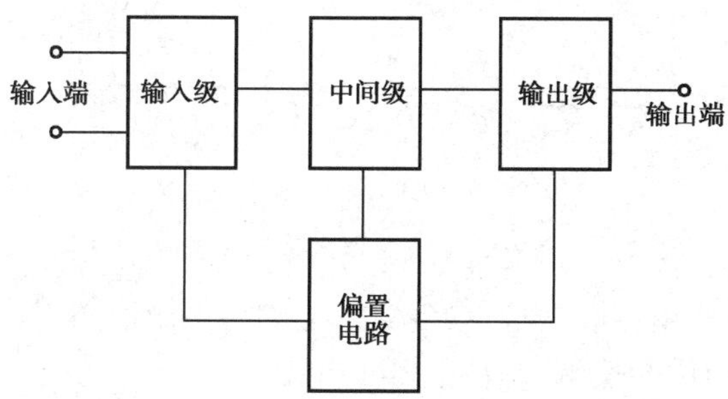

图 7.2　集成运算放大器组成的方框图

输入级是提高集成运算放大器质量的关键部分，要求其输入电阻高、能减少零点漂移、抑制共模信号。输入级采用的是差动放大电路，具有同相和反相两个输入端。

中间级主要进行电压放大，要求其有大的电压放大倍数，一般由共发射极放大电路组成。

输出级与负载相连接，要求其输出电阻低、带负载能力强、能输出足够大的电压和电流，一般由互补对称电路或射极输出器组成。

偏置电路的作用是为上述各级电路提供稳定和合适的偏置电流，保持各级的静态工作点，一般由恒流源电路组成。

在应用集成运算放大器时，应掌握各引脚的含义和性能参数，其内部电路结构一般是无关紧要的，所以这里不介绍集成运算放大器的内部电路。集成运算放大器的硅片密封在管壳内，向外引出引脚（接线端）。集成运算放大器外形通常有双列直插式、扁平式、圆筒式三种，如图 7.3 所示。

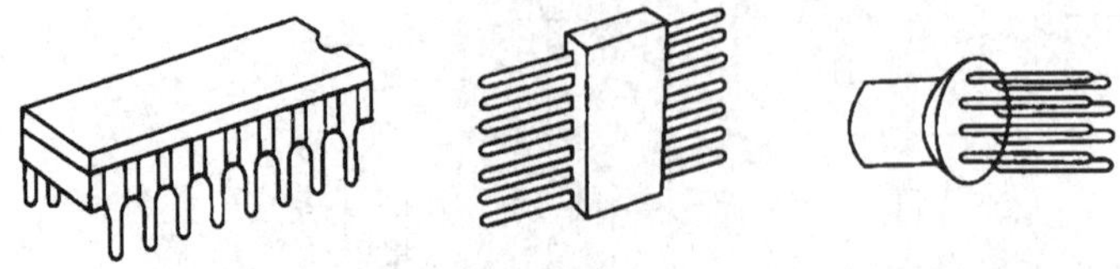

（a）双列直插式　（b）扁平式　（c）圆筒式

图 7.3　集成运算放大器外形

根据每一块硅片上集成的运算放大器数目不同，集成运算放大器可以分为单运算放大器、双运算放大器、四运算放大器。集成运算放大器的表示符号和引脚图如图 7.4 所示。

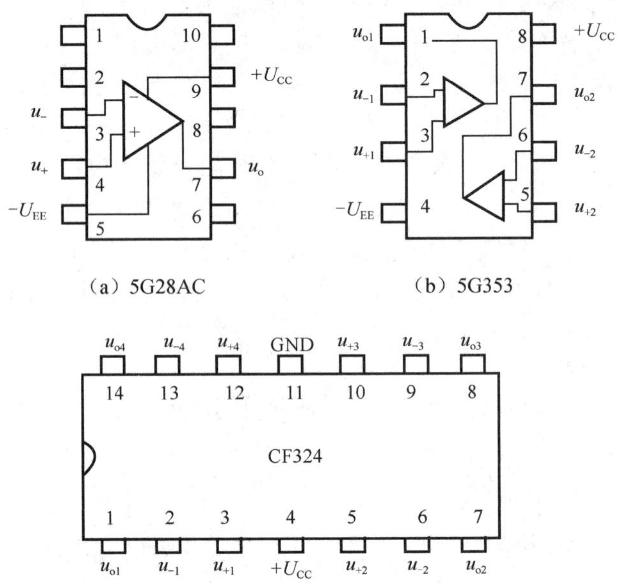

（a）5G28AC　（b）5G353

（c）CF324

图 7.4　集成运算放大器的表示符号和引脚图

图 7.4（a）所示为集成运算放大器 5G28AC，各引脚的用途如下。

引脚 1 和引脚 9 为相位补偿端，外接 30pF 电容。

引脚 2 和引脚 6 为外接调零电位端。

引脚 3 为反相输入端。

引脚 4 为同相输入端。

引脚 5 为负电源端，接−15V 稳压电源。

引脚 7 为输出端。

引脚 8 为正电源端，接+15V 稳压电源。

图 7.4（c）所示为集成运算放大器 CF324，是四通用单电源运算放大器，即在同一块硅片上制作 4 个完全相同的运算放大器，它可与国外的 LM324、μA324 等互换，各引脚的用途如下。

引脚 1、引脚 7、引脚 8、引脚 14 分别为 4 个运算放大器的输出端。

引脚 2、引脚 6、引脚 9、引脚 13 分别为每个运算放大器的反相输入端。

引脚 3、引脚 5、引脚 10、引脚 12 分别为每个运算放大器的同相输入端。

引脚 4 为正电源端。

引脚 11 为接地端。

不同型号的集成运算放大器各引脚含义和用途不同。

7.1.2　集成运算放大器的主要特征

扫一扫看集成运算放大器的主要特征微课视频

1．理想指标

在分析由集成运算放大器组成的各种电路时，可将实际运算放大器看作理想运算放大器来处理。这样做不仅可以简化电路，而且所得结果与实际情况非常接近。前面讨论的运算放大器的几个重要指标的理想化情况可进行如下概括。

（1）开环差模电压放大倍数：$A_{ud}\to\infty$。

（2）差模输入电阻：$r_{id}\to\infty$。

（3）输出电阻：$r_o\to 0$。

（4）共模抑制比：K_{CMR}①$\to\infty$。

（5）失调电压、失调电流及它们的零点漂移均为零。

扫一扫看集成运算放大器的传输特性微课视频

2．集成运算放大器的传输特性

如图 7.5 所示，u_P 与 u_N 的差值是输入信号，u_o 是输出信号，将输入、输出呈比例关系的区域定义为线性区，将输出与输入基本无关的水平部分定义为非线性区。

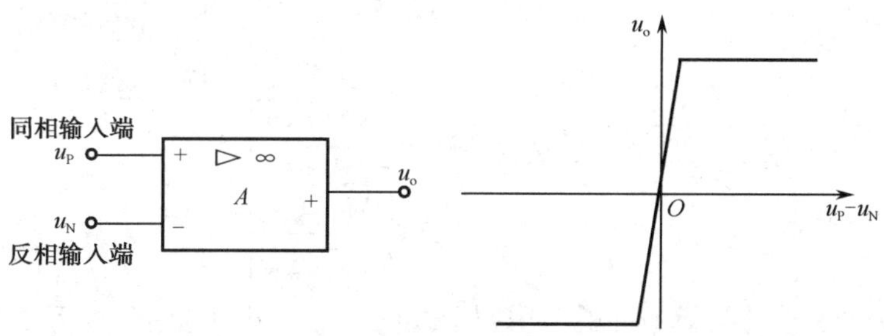

（a）集成运算放大器的符号　（b）集成运算放大器的传输特性

图 7.5　集成运算放大器的符号及传输特性

扫一扫看集成运算放大器的虚短与虚断微课视频

3．线性区特点

由于 A_{ud} 很大，为使集成运算放大器工作在线性区，并稳定工作，输入信号变化范围应很小。为了扩展集成运算放大器的线性工作范围，必须通过元器件引入负反馈。基于理想运算放大器的 $A_{ud}\to\infty$，$r_{id}\to\infty$，可以得到集成运算放大器工作在线性区的两条重要结论。

（1）虚短：反相输入端与同相输入端近似等电位：

$$u_i = u_+ - u_- = u_o / A_{ud} \to 0，即 u_+ \approx u_- \tag{7.1}$$

① 共模抑制比 K_{CMR} 是运算放大器的差模电压放大倍数 A_d 与共模电压放大倍数 A_c 之比的绝对值。K_{CMR} 越大，说明集成运算放大器的共模抑制性能越好。

（2）虚断：理想运算放大器的输入电流为零：

$$i_+ = i_- = u_i / r_{id} \to 0，即 i \approx 0 \quad （7.2）$$

4．非线性区特点

集成运算放大器在工作在开环状态或接入正反馈时，处于非线性状态。输入端加微小的电压变化量就会使输出电压超出线性放大范围，达到正向饱和电压$+U_{om}$或负向饱和电压$-U_{om}$，其值接近正、负电源电压。集成运算放大器在非线性状态下有如下两条重要结论。

（1）虚短不成立，输出电压有两种可能取值：

当$u_+ > u_-$时，$u_o = +U_{om}$；当$u_+ < u_-$时，$u_o = -U_{om}$。

（2）虚断依然成立：

$$i_+ = i_- = 0，即 i \approx 0$$

根据以上讨论可知，在分析集成运算放大器时，应先判断它工作在什么区域，然后才能利用上述有关结论进行分析。

7.1.3 集成运算放大器在电路中的应用

集成运算放大器的应用始于模拟量的运算，随着集成电路技术的迅速发展，集成运算放大器的性能得到了很大程度的改进和提高，这使得集成运算放大器的应用日益广泛。集成运算放大器的应用分为线性应用和非线性应用。

7.2 集成运算放大器在信号运算方面的应用

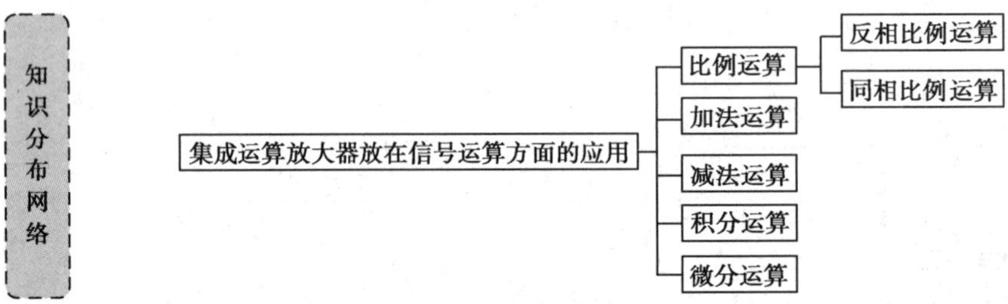

集成运算放大器在信号运算方面的应用属于线性应用，下面介绍几种运算电路。

7.2.1 比例运算电路的电路构成及输入/输出关系

扫一扫看反相比例运算电路微课视频

输出量与输入量成比例的运算放大电路被称为比例运算电路。

1．反相比例运算电路

反相比例运算电路如图 7.6 所示，利用集成运算放大器工作在线性区的两个结论可得

$$u_+ = u_- = 0 时，i_1 = i_f$$

根据上述关系进一步可得

$$i_1 = \frac{u_i - u_-}{R_1} = \frac{u_i}{R_1} = i_f = \frac{u_- - u_o}{R_f} = -\frac{u_o}{R_f}$$

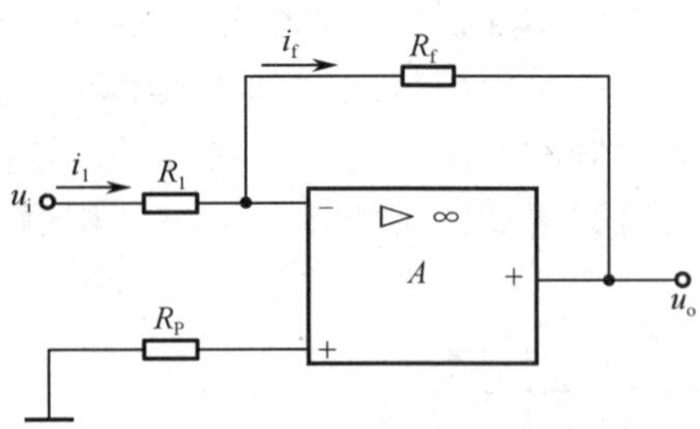

图 7.6　反相比例运算电路

即

$$u_o = -\frac{R_f}{R_1}u_i \tag{7.3}$$

由式（7.3）可知，该电路的输出电压与输入电压成比例且相位相反，实现了信号的反相比例运算。其比值仅与 R_f/R_1 有关，与集成运算放大器的参数无关，只要 R_1 和 R_f 的精度稳定，便可得到精确的比例运算关系。当 $R_f=R_1$ 时，$u_o=-u_i$，该电路成为一个反相器。

反相比例运算电路的反馈类型是电压并联负反馈。R_p 是平衡电阻，用来提高输入级的对称性，一般取 $R_p=R_1//R_f$。

2．同相比例运算电路

同相比例运算电路如图 7.7 所示。

$$u_+=u_-=u_i，\ i_+=i_-=0$$

$$u_- = u_+ = u_i = \frac{R_1}{R_1+R_f}u_o$$

扫一扫看同相比例运算电路与电压跟随器微课视频

所以有

$$u_o = \left(1+\frac{R_f}{R_1}\right)u_- = \left(1+\frac{R_f}{R_1}\right)u_i \tag{7.4}$$

式（7.4）表明，输出电压与输入电压成同相比例关系，比例系数 $\left(1+\frac{R_f}{R_1}\right) \geqslant 1$，并且仅与 R_1 和 R_f 有关。当 $R_f=0$ 或 $R_1\to\infty$ 时，$u_o=u_i$，该电路构成了电压跟随器，如图 7.8 所示。电压跟随器的作用类似于射极输出器，基于输入电阻高、输出电阻低的特点可做缓冲和隔离电路。

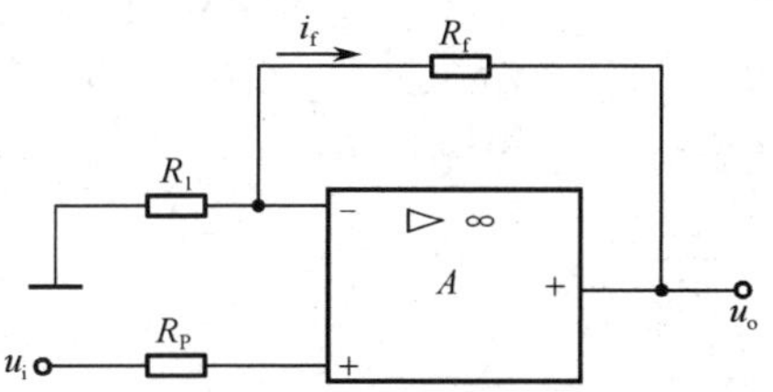

图 7.7　同相比例运算电路

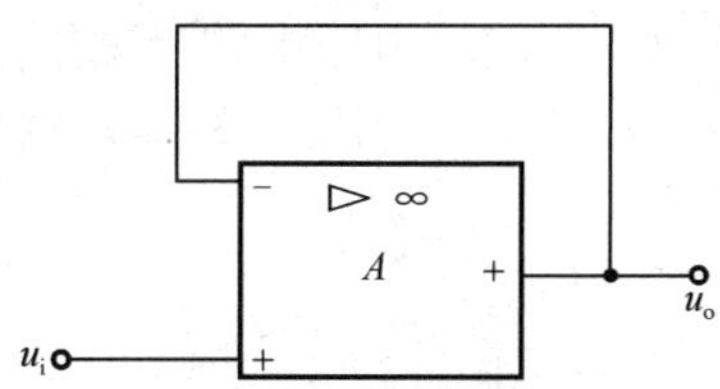

图 7.8　电压跟随器

同相比例运算电路引入的是电压串联负反馈，所以输入电阻很高，输出电阻很低。

7.2.2　加法和减法运算电路的电路构成及输入/输出关系

扫一扫看运算放大器的加法运算电路微课视频

1．加法运算电路

加法运算电路如图 7.9 所示，图中画出了 3 个输入端，实际上可以根据需要增加输入端的数目，其中平衡电阻 R_p 取值为 $R_p=R_1//R_2//R_3//R_f$。

由理想运算放大器的条件可知，运算放大器的输入电流 $i=0$，所以有

$$i_f = i_1+i_2+i_3，\ 即 -\frac{u_o}{R_f} = \frac{u_{i1}}{R_1}+\frac{u_{i2}}{R_2}+\frac{u_{i3}}{R_3}$$

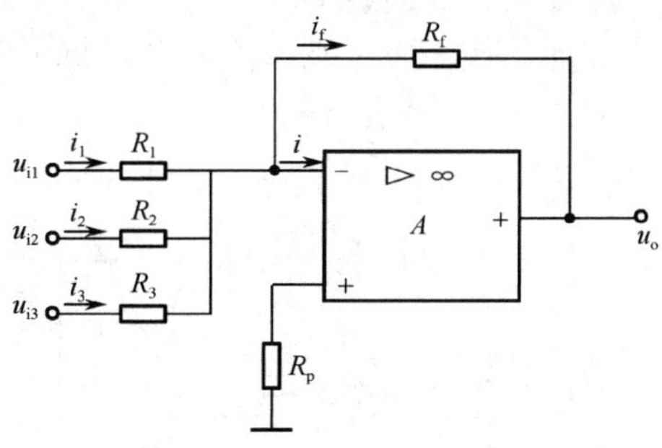

图 7.9　加法运算电路

得

$$u_o = -\left(\frac{R_f}{R_1}u_{i1} + \frac{R_f}{R_2}u_{i2} + \frac{R_f}{R_3}u_{i3}\right) \tag{7.5}$$

式（7.5）表明，输出电压等于各个输入电压按比例相加，其中负号表示反相。若 $R_1=R_2=R_3=R_f$，则输出电压 $u_o=-(u_{i1}+u_{i2}+u_{i3})$。

扫一扫看运算放大器的减法运算电路微课视频

2．减法运算电路

减法运算电路如图 7.10 所示。若取 $R_1=R_2$，$R_f=R_3$，则有

$$u_- = \frac{R_f}{R_1+R_f}u_{i1} + \frac{R_1}{R_1+R_f}u_o$$

$$u_+ = \frac{R_3}{R_2+R_3}u_{i2} = \frac{R_f}{R_1+R_f}u_{i2}$$

由于 $u_-=u_+$，所以有

$$u_o = \frac{R_f}{R_1}(u_{i2}-u_{i1}) \tag{7.6}$$

若再取 $R_f=R_1$，则减法运算电路的表达式变为 $u_o=u_{i2}-u_{i1}$。

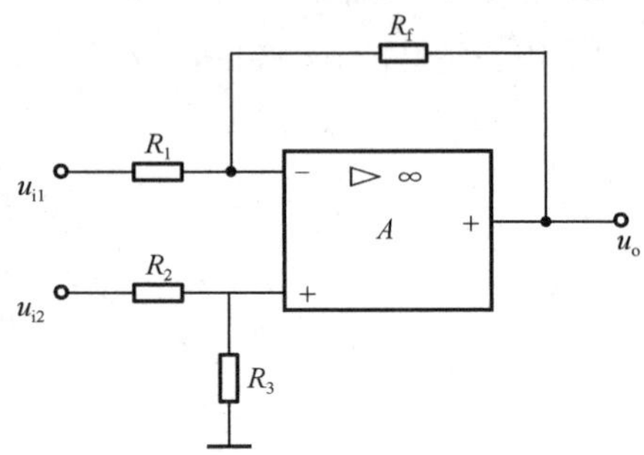

图 7.10　减法运算电路

7.2.3　积分和微分运算电路的电路构成及输入/输出关系

扫一扫看运算放大器的积分运算电路微课视频

1．积分运算电路

把反相比例运算电路中的反馈电阻 R_f 用电容 C 代替，就构成了一个基本的积分运算电路，如图 7.11 所示。利用反相输入端是“虚地”的概念，由电路可得 $i_C=i_R$，而 $i_R=u_i/R$。

$$i_C = C\frac{du_C}{dt} = -C\frac{du_o}{dt}$$

所以有

$$u_o = -\frac{1}{C}\int i_C dt = -\frac{1}{RC}\int u_i dt \tag{7.7}$$

由式（7.7）可知，输出电压与输入电压的积分成正比并反相，所以该电路为反相积分器。

扫一扫看运算放大器的微分运算电路微课视频

2．微分运算电路

微分是积分的逆运算，将基本积分运算电路中的电阻 R 与电容 C 互换位置，就构成了基本的微分运算电路，如图 7.12 所示。

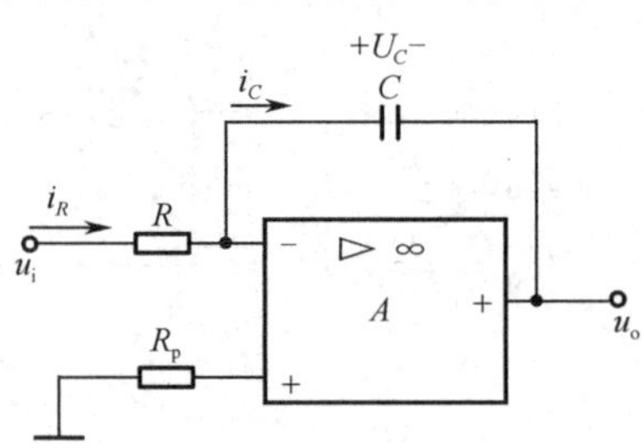

图 7.11　积分运算电路

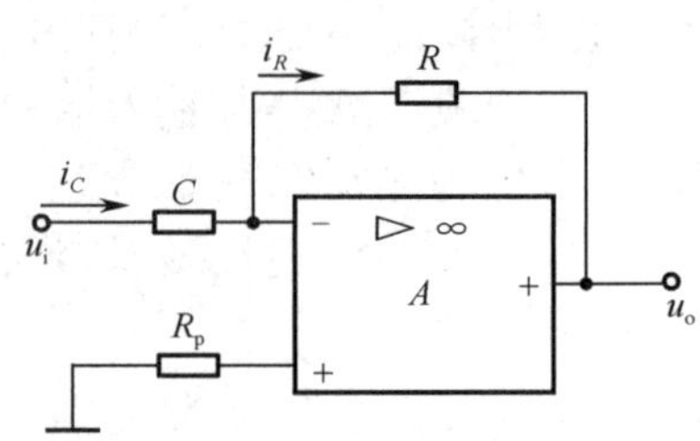

图 7.12　微分运算电路

根据“虚地”概念，由如图 7.12 所示的电路可得 $i_C=i_R$，而 $i_C = C\frac{\mathrm{d}u_C}{\mathrm{d}t} = C\frac{\mathrm{d}u_i}{\mathrm{d}t}$，可得输出电压为

$$u_o = -i_R R = -i_C R = -RC\frac{\mathrm{d}u_i}{\mathrm{d}t} \tag{7.8}$$

显然，如图 7.12 所示的电路可以实现微分运算。

提示： 上面的基本微分运算电路存在两个问题。一个问题是，由于输出对输入信号中的快速变化分量敏感，所以高频噪声和干扰产生的影响比较严重；另一个问题是，当输入电压发生突变时，输出电压可能超过最大值，影响微分运算电路的正常工作。因此，实际微分运算电路都是在基本微分运算电路的基础上改进而来的。

7.3　集成运算放大器的非线性应用

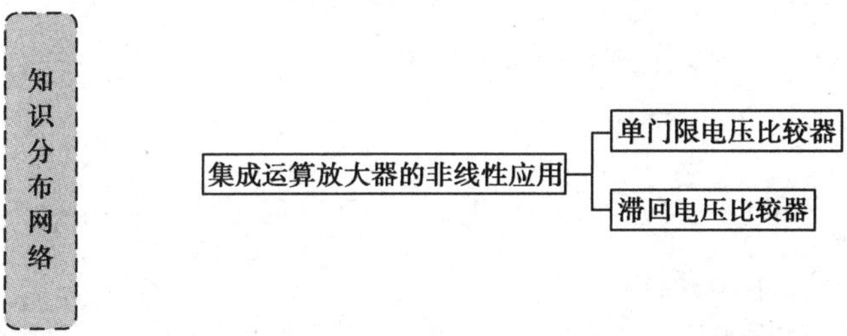

电压比较器中的集成运算放大器处于正反馈状态或开环状态，工作在非线性区，满足如下关系：

$$\begin{cases} u_+ > u_-，\ u_o = +U_{om} \\ u_+ < u_-，\ u_o = -U_{om} \end{cases}$$

扫一扫看单门限电压比较器微课视频

7.3.1　单门限电压比较器的工作过程及应用

如图 7.13（a）所示，单门限电压比较器电路的输入信号是从反相端输入的，传输特性如图 7.13（b）所示。图 7.13 中的稳压二极管的作用是保护输出。

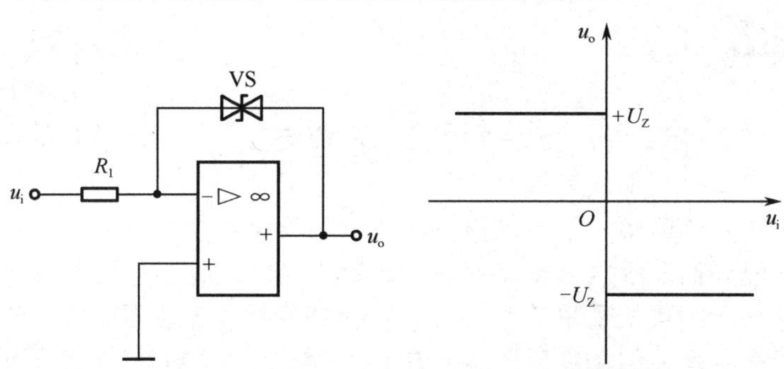

（a）单门限电压比较器电路　　（b）传输特性

图 7.13　单门限电压比较器

单门限电压比较器非常灵敏，但抗干扰能力较差，当输入电压在参考电压附近时，输出

电压会在正向饱和电压、负向饱和电压间跳跃，易造成误动作。

扫一扫看滞回电压比较器微课视频

7.3.2 滞回电压比较器的工作过程及应用

滞回电压比较器在电路中引入了正反馈，因此克服了单门限电压比较器抗干扰能力差的缺点，如图 7.14 所示。滞回电压比较电路是从反相端输入的电压比较器，输出电压是正、负极限值。

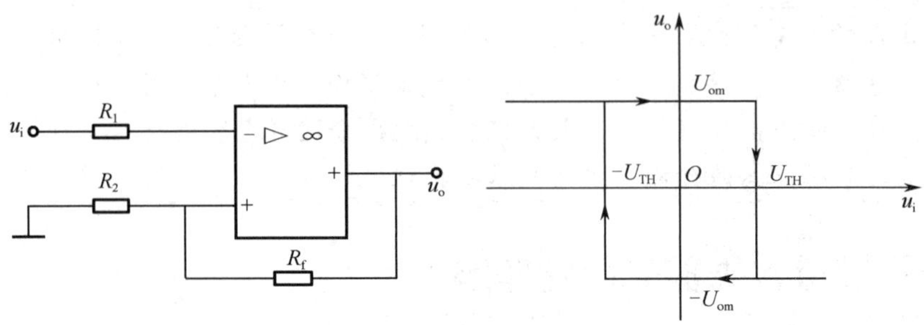

（a）滞回电压比较器电路　　（b）传输特性

图 7.14　滞回电压比较器

由集成运算放大器工作在非线性区的特点可知：

当 $u_o=+U_{om}$ 时，$u_+=\dfrac{R_2}{R_2+R_f}=+U_{TH}$；当 $u_o=-U_{om}$ 时，$u_+=-\dfrac{R_2}{R_2+R_f}=-U_{TH}$。

式中，$+U_{TH}$ 为上限阈值电压；$-U_{TH}$ 为下限阈值电压。

假设 u_i 是无穷小量，则反相端电位低于相端电位，因此输出电压是正极限值，同相端电位是 $+U_{TH}$。在输入电压继续增大的过程中，只要其小于 $+U_{TH}$，输出电压就是正极限值。当 u_i 接近 $+U_{TH}$ 时，增大一个无穷小量，使反相端电位高于同相端电位，继而输出电压变为负极限值，随之，同相端电位变为 $-U_{TH}$，继续增大信号，该规律不再变化，该过程的工作原理如图 7.14（b）中的右行箭头所示。

假设 u_i 从大于 $+U_{TH}$ 的某值开始减小，则该过程的工作曲线如图 7.14（b）中的左行箭头所示。进一步分析可得，滞回电压比较器的抗干扰性决定于 $+U_{TH}$ 和 $-U_{TH}$ 的差值，二者的差值称为回差电压，用 ΔU_{TH} 表示。

知识梳理与总结

（1）集成运算放大器是利用集成电路工艺制成的高放大倍数的直接耦合放大器，一般由输入级、中间级、输出级和偏置电路组成。

（2）集成运算放大器的输入级是提高运算质量的关键。中间级主要用于提高放大倍数，常用的是有源负载的共发射极放大电路或共基极放大电路。输出级的作用是向负载提供足够大的输出电压和电流，一般采用甲乙类放大的互补对称射极输出器。

（3）集成运算放大器工作在线性区时，满足“虚断”和“虚短”；工作在非线性区时，只满足“虚断”，不满足“虚短”。

（4）集成运算放大器非线性应用是运算放大器工作在“开关”状态，即在正向饱和电压与反向饱和电压之间交替转换，如单门限电压比较器、滞回电压比较器等。

单元 8

门电路与组合逻辑电路基础

扫一扫看单元 8 教学课件

教学导航

教	知识重点	1．模拟信号和数字信号的特点　2．数字电路数制转换及码制 3．逻辑门电路的分析　4．组合逻辑电路的分析与综合运用 5．数字集成组合逻辑电路应用
	知识难点	1．逻辑函数的化简　2．组合逻辑电路的分析与综合运用 3．加法器、译码器的应用
	推荐教学方式	注重数字电路基本逻辑门相关知识的讲授，通过讲解实际电路并结合实训操作加深学生对理论知识的运用，加强学生的实践操作能力
	建议学时	16 学时
学	推荐学习方法	以小组讨论的学习方式为主
	必须掌握的理论知识	1．模拟信号和数字信号的特点　2．常用数制及其相互转换方法 3．常用码制的编码规则 4．与门、或门、非门、与或门、与非门的表示符号；逻辑关系；逻辑表达式；真值表 5．逻辑函数的公式化简法和卡诺图化简法 6．组合逻辑电路的分析与综合运用 7．加法器、译码器的工作原理
	必须掌握的技能	数字电路的设计、组装与调试

扫一扫下载技能训练 13　四路智力竞赛抢答器的组装与调试

扫一扫下载思考与练习题 8

扫一扫下载思考与练习题 8 参考答案

电子技术中用于传递和处理信号的电子电路一般可分为两大类，即模拟电子电路（简称模拟电路）和数字电子电路（简称数字电路）。模拟电路的工作信号在大小和时间上是连续变化的，简称模拟信号。数字电路的工作信号在大小和时间上是离散的、不连续的脉冲信号，简称数字信号。前面几个单元研究的是模拟电路，从本单元开始主要介绍数字电路。

数字电路已被广泛应用于人们生产、生活中的各个领域，数字仪器仪表、机床及数字控制装置、工业逻辑系统等技术都是以数字电路为基础的，数字电路和模拟电路一样重要。因此，工程技术人员需要掌握数字技术基本理论和实用知识。

本单元主要介绍数字电路的基本知识、门电路和常用组合逻辑电路的工作原理等。

8.1 数字电路概述

扫一扫看数字电路概述微课视频

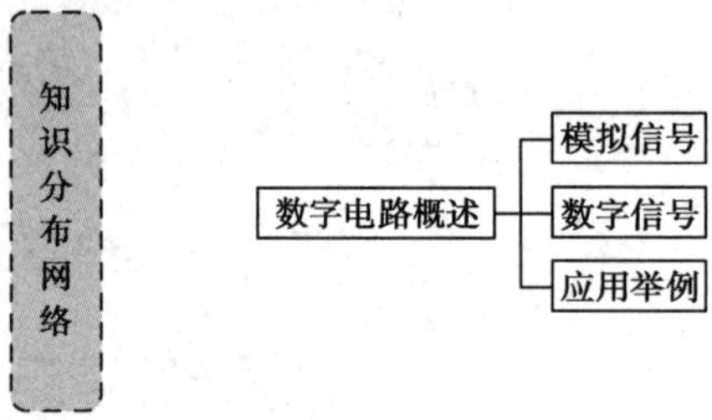

8.1.1 模拟信号和数字信号的特点

人们在工作和生活中遇到的物理量分为模拟量和数字量两种。

1. 模拟量

模拟量具有连续变化的特点，可以在一定范围内取任意实数值，如温度、压力、速度等。为了能用电信号的方法测量、传递、处理模拟量，可以通过传感器将模拟量转换成与之成比例的电压或电流信号。这些与模拟量成比例的电压或电流信号被称为模拟信号。处理模拟信号的电路被称为模拟电路。

2. 数字量

数字量在时间上和数值上都是离散的，即它们只出现在一系列离散时刻，同时其数值的大小和每次增减变化都是某一数量单位的整数倍，小于这个数量单位的数值将没有任何意义。例如，某种产品的个数是个数字量，当有一个产品通过检测记录装置时，计数装置就加1。这些与数字量对应的电信号被称为数字信号。处理数字信号的电路被称为数字电路。

8.1.2 数字电路的应用举例

由于数字电路的信号与模拟电路的信号不同，因此数字电路的组成、工作特点及分析方法也与模拟电路有很大区别。

图 8.1 所示为数字测速系统原理框图，该数字测速系统用来测量旋转物体的转速。各被测物体的转轴上装有一个圆盘，圆盘上有一个小孔。光线透过小孔可照射到光电接收装置上，在有光照时，光电接收装置的输出电压增大。因此，被测物体每转动一周，光电接收装置就输出一个电信号。这个信号具有短暂和突发的特点，被称为脉冲信号。

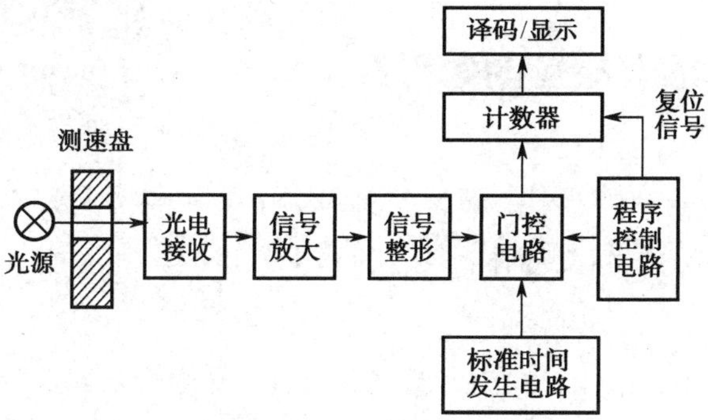

图 8.1 数字测速系统原理框图

由光电接收装置输出的脉冲信号的幅度与形状是不规则的，需要进行放大。放大后的脉冲信号还要进行幅度与宽度的整齐划一，这种工作被称为整形。门控电路过一段时间打开一次，每次开通一定时间，如 1s 或 0.1s。只有门控电路打开时，整形后的脉冲信号才能通过该电路进入计数器。因此，进入计数器的脉冲信号数与被测物体的转速有关。计数器计数后，通过译码电路和显示电路以十进制方式将测量值显示出来。

数字测速系统的工作由程序控制电路控制，当读数显示一定时间之后，控制电路发出命令，将计数器内的数据清除，使显示器读数归零。然后将门控电路打开，再次输入脉冲信号，测量出该时段的脉冲数，主显示装置重新显示新测量的数据。数字测速系统不断地进行计数、显示、清除，从而将被测物体不同时段的转速值测量出来。

通过上述数字测速系统原理可以看出，数字电路与模拟电路的工作方式有以下不同之处。

（1）数字电路中的信号是脉冲信号，模拟电路中的信号是随时间连续变化的信号。因这两种电路中传输的信号不同，故工作在这两种电路内的晶体管的工作状态不同。模拟电路中的晶体管通常工作在线性放大区，数字电路中的晶体管经常工作在饱和区和截止区。

（2）数字电路是一个逻辑控制电路，这种电路主要研究电路输入信号与输出信号间的逻辑关系。例如，在图 8.1 中讨论的是该电路在什么条件下应该将哪一条通道打开，打开多长时间，完成什么任务，等等。模拟电路的工作是研究电路输入信号、输出信号间的大小、相位、保真等问题。因此，数字电路的基本单元及分析方法与模拟电路有许多不同。

8.2 数字电路数制转换及码制

扫一扫看数字电路数制转换及码制微课视频

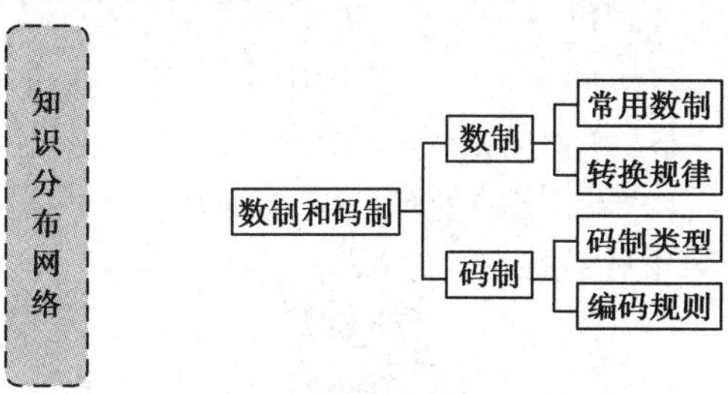

8.2.1　常用数制及其相互转换规律

1．常用数制

数制就是计数方法。在日常生活中人们习惯采用的计数方法为十进制，在数字电路和计算机中广泛使用的计数方法为二进制、八进制和十六进制。

扫一扫看十进制微课视频

1）十进制

十进制数采用的是 0、1、2、3、4、5、6、7、8、9 十个数码，计数规则是“逢十进一”，十进制数的基数是 10。在十进制数中，数码所处位置不同，代表的数值就不同，如

$$(345.25)_{10}=3\times10^2+4\times10^1+5\times10^0+2\times10^{-1}+5\times10^{-2}$$

等号右边的表示形式被称为十进制数的多项式表示法，又称按权展开式。对于任意一个十进制数，都可以按权展开为

$$\begin{aligned}(N)_{10} &= a_{n-1}\times10^{n-1}+a_{n-2}\times10^{n-2}+\cdots+a_1\times10^1+a_0\times10^0\\ &\quad+a_{-1}\times10^{-1}+a_{-2}\times10^{-2}+\cdots+a_{-m}\times10^{-m}\\ &=\sum_{i=-m}^{n-1}a_i\times10^i\end{aligned}$$

式中，m 为小数位数；n 为整数位数；a_i 为十进制数的任意一个数码；10^i 为十进制数的位权值。

根据十进制数的特点，可以归纳出数制包含两个基本要素：基数和位权。

扫一扫看二进制微课视频

2）二进制

二进制数的基数是 2，只有 0 和 1 两个数码，计数规则是“逢二进一”。各位的权为 2^0、2^1、2^2……。任何一个二进制数都可以表示成以基数 2 为底的幂的求和式，即按权展开式。例如，二进制数 1101.01 可表示为

$$(1101.01)_2=1\times2^3+1\times2^2+0\times2^1+1\times2^0+0\times2^{-1}+1\times2^{-2}$$

扫一扫看八进制微课视频

3）八进制

八进制数的基数是 8，采用的是 0、1、2、3、4、5、6、7 八个数码，计数规则是“逢八进一”。各位的权为 8^0、8^1、8^2……。

扫一扫看十六进制微课视频

4）十六进制

十六进制数的基数是 16，采用的是 0、1、2、3、4、5、6、7、8、9、A、B、C、D、E、F 十六个数码。其中，A～F 表示 10～15，计数规则是“逢十六进一”。各位的权为 16 的幂，十六进制数也可以表示为以基数 16 为底的幂的求和式。

在计算机应用系统中，二进制数主要用于机器内部数据的处理，八进制数和十六进制数主要用于书写程序，十进制数主要用于最终运算结果的输出。

扫一扫看二进制数、八进制数、十六进制数转换为十进制数微课视频

2．常用数制的相互转换

1）将二进制数、八进制数、十六进制数转换为十进制数

在将二进制数、八进制数、十六进制数转换为十进制数时，只要将它们按权展开，求出相加的和，便可得到相应进制数对应的十进制数。

【例 8.1】　将下列数据转换为十进制数。

（1）$(11001.11)_2=1\times2^4+1\times2^3+0\times2^2+0\times2^1+1\times2^0+1\times2^{-1}+1\times2^{-2}=(25.75)_{10}$

（2）$(265.34)_8=2\times8^2+6\times8^1+5\times8^0+3\times8^{-1}+4\times8^{-2}=(181.4375)_{10}$

（3）$(AC.8)_{16}=A\times16^1+C\times16^0+8\times16^{-1}=(172.5)_{10}$

2）将十进制数转换为二进制数、八进制数、十六进制数

扫一扫看十进制数转换为二进制数、八进制数、十六进制数微课视频

在将十进制数转换为其他进制数时，需要先将十进制数分成整数部分和小数部分分别进行转换，整数部分采用“除基数取余”法，小数部分采用“乘基数取整”法；最后将整数部分和小数部分组合到一起，就可以得到该十进制数转换的完整结果。

【例 8.2】　将$(25.375)_{10}$转换为二进制数。

【解】　整数部分 25 用“除 2 取余”法，小数部分 0.375 用“乘 2 取整”法。

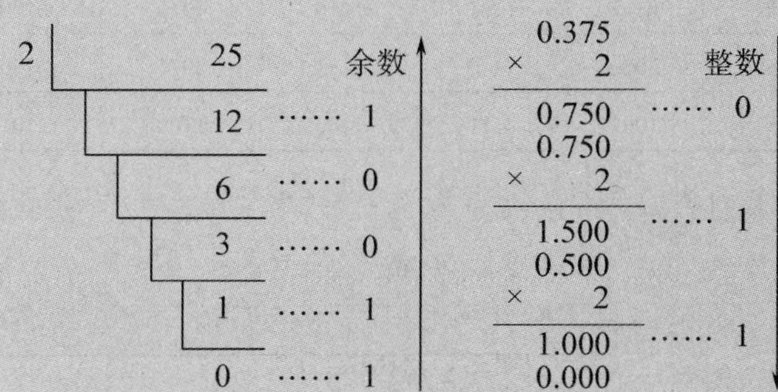

$(25.375)_{10}=(11001.011)_2$

将十进制数转换为八进制数、十六进制数的方法与例 8.2 中使用的方法类似，请读者自行分析。

扫一扫看二进制数与八进制数、十六进制数的相互转换微课视频

3）二进制数与八进制数、十六进制数的相互转换

由于二进制数和八进制数、十六进制数恰好满足 2^3、2^4 的关系，因此在转换时，将数据每三位或四位分为一组（二进制数的整数部分从最低位开始，小数部分从最高位开始），按组将二进制数转换为相应的八进制数或十六进制数。

【例 8.3】　将二进制数 1110011010.0110101 分别转换成八进制数和十六进制数。

【解】

$$(001/110/011/010.011/010/100)_2=(1632.324)_8$$

$$(0011/1001/1010.0110/1010)_2=(39A.6A)_{16}$$

8.2.2　码制的类型及编码规则

扫一扫看码制的类型及编码规则微课视频

在数字系统中，常用某一码制规定的代码来表示有特定意义的信息（如文字、数字、符号及指令等）。下面介绍一些常用的码制。

二—十进制码是用 4 位二进制数来表示 1 位十进制数中的 0～9 十个数码，简称 BCD 码。4 位二进制数有 16 种不同的组合方式，即 16 种代码。根据不同的规则从其中选择 10 种来表示十进制数的 10 个数码，编码方式有很多，常用的 BCD 码可分为有权码和无权码。表 8.1 所示为几种常用的 BCD 码。

表 8.1　几种常用的 BCD 码

十进制	有权码			无权码	
	8421 码	2421 码	5421 码	余 3 码	格雷码
0	0000	0000	0000	0011	0000
1	0001	0001	0001	0100	0001
2	0010	0010	0010	0101	0011
3	0011	0011	0011	0110	0010
4	0100	0100	0100	0111	0110
5	0101	1011	1000	1000	0111
6	0110	1100	1001	1001	0101
7	0111	1101	1010	1010	0100
8	1000	1110	1011	1011	1100
9	1001	1111	1100	1100	1101

【例 8.4】　完成下列数码之间的转换：

$$(932.56)_{10}=(?)_{8421码}$$

$$(10000110.0111)_{8421码}=(?)_{10}$$

【解】

$$(932.56)_{10}=(100100110010.01010110)_{8421码}$$

$$(10000110.0111)_{8421码}=(86.7)_{10}$$

8.3　逻辑门电路的分析

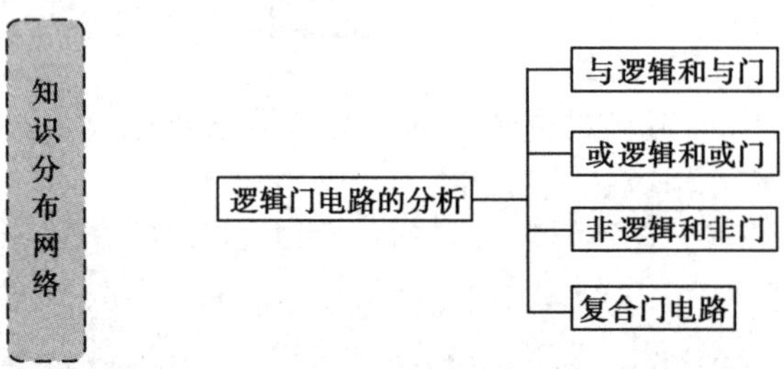

逻辑是指事物前因和后果之间的关系，也被称为逻辑关系。在事物只有“真”与“伪”、“是”与“否”、“有”与“无”等两种对立可能性的情况下，最基本的逻辑关系有三种：与逻辑、或逻辑、非逻辑。若用电路的输入表示条件、输出反映结果来实现一定的逻辑关系，则将这种电路称为逻辑电路。基本逻辑电路有三种：与门电路、或门电路、非门电路。

1．与逻辑和与门

扫一扫看与逻辑和与门微课视频

与逻辑又称逻辑乘。用如图 8.2 所示的串联开关电路来说明与逻辑的规则。图 8.2 中有两个串联的开关 A、B 及一个电灯 F，显然，只有开关 A、B 全部闭合，电灯 F 才会亮，开关 A、B 中有一个不闭合，电灯 F 就不亮。开关 A、B 的闭合（条件）和电灯 F 亮（结果）之间就是与逻辑，可用下式表示为：

$$F=A\cdot B$$

为了分析上式的全部含义，假定开关闭合为 1，断开为 0，电灯亮为 1，电灯灭为 0，前面两句话可用如下 4 个式子表述：

$$\left.\begin{matrix}0\cdot 0\\0\cdot 1\\1\cdot 0\\1\cdot 1\end{matrix}\right\}\rightarrow F=A\cdot B$$

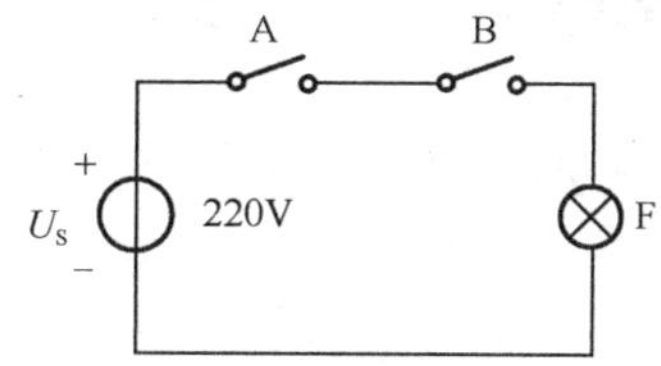

图 8.2　串联开关电路

也可用表 8.2 来表示。表 8.2 表示出了条件和结果的各种可能性，被称为逻辑状态表。

表 8.2　与逻辑状态表

输　入		输　出
A	*B*	*F*
0	0	0
0	1	0
1	0	0
1	1	1

在实际电路中，可以用如图 8.3（a）所示的电路实现与逻辑，称为与门电路。图 8.3（b）所示为与门逻辑符号。

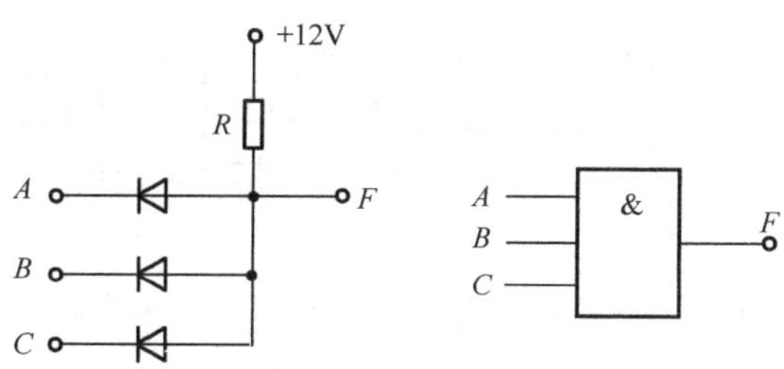

（a）二极管与门电路　（b）与门逻辑符号

图 8.3　与门电路

电路在工作时，二极管要导通。当 A 端、B 端、C 端均为高电位（输入均为 1）时，F 端自然具有高电位，输出为 1；当 A 端、B 端、C 端中有一个（或一个以上）为低电位（输入为 0）时，该端所接二极管使 F 端被钳制于低电位（F 端电位只比输入端低电位高出一个二极管的管压降，仍为低电位），输出也为 0，用下式表示输入/输出的与逻辑关系：

$$F=A\cdot B\cdot C$$

读者可以自己列出与逻辑状态表。

提示：与门的逻辑功能可以概括为：全 1 出 1，有 0 出 0。

2．或逻辑和或门

扫一扫看或逻辑和或门微课视频

或逻辑又称逻辑加。用如图 8.4 所示的并联开关电路来说明或逻辑的规则。两个开关 A、B 并联，只要有一个开关闭合，电灯 F 就会亮，只有开关A、B都不闭合，电灯F才不亮。开关A、B的闭合与电灯F亮之间的关系就是或逻辑，可用下式表示：

$$F=A+B$$

或逻辑状态表如表8.3所示。

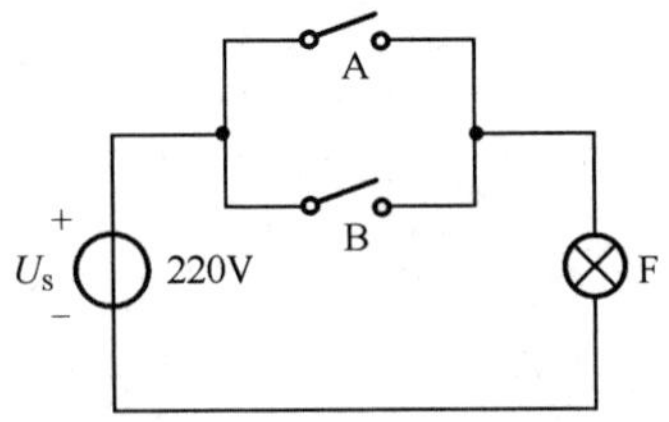

图8.4　并联开关电路

表8.3　或逻辑状态表

输　入		输　出
A	B	F
0	0	0
0	1	1
1	0	1
1	1	1

图8.5（a）所示为二极管或门电路。图8.5（b）所示为或门逻辑符号。当输入端A、B、C有一个（或一个以上）为高电位（输入为1）时，该端所接二极管导通，F端为高电位，输出为1，其他加低电位的输入端因所接二极管承受反向电压而处于截止状态，不会影响输出端的电位；当输入端A、B、C均为低电位（输入均为0）时，三个二极管均导通，F端为低电位，输出为0。

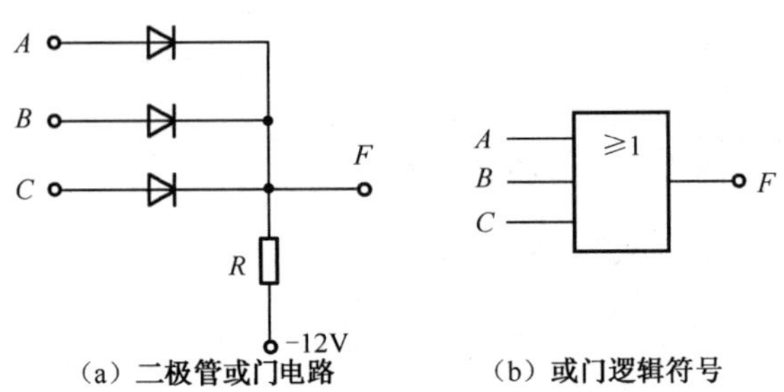

（a）二极管或门电路　　（b）或门逻辑符号

图8.5　或门电路

提示：或门的逻辑功能可以概括为：有1出1，全0出0。

3．非逻辑和非门

扫一扫看非逻辑和非门微课视频

非逻辑又称逻辑否定，在如图8.6所示的开关电路中，当开关A断开（0）时，电灯F亮（1）；当开关A闭合（1）时，电灯F灭（0），这就是非逻辑，表达式为

$$F=\overline{A}$$

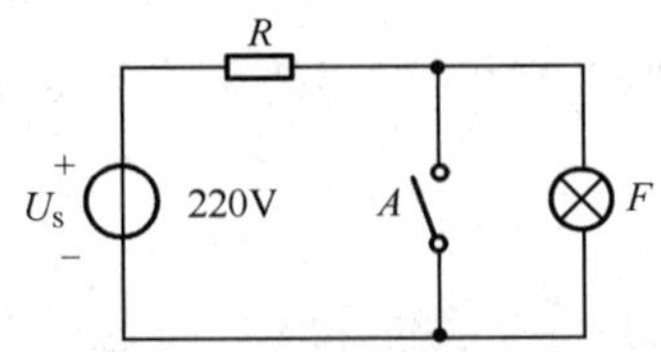

图8.6　非逻辑开关电路

非逻辑状态表如表 8.4 所示。

表 8.4　非逻辑状态表

输　入	输　出
A	F
0	1
1	0

晶体管非门电路如图 8.7（a）所示，当 A 端为高电位（输入为 1）时，晶体管饱和导通，F 端为低电位（输出为 0）；当 A 端为低电位（输入为 0）时，晶体管截止，F 端为高电位（输出为 1）。图 8.7（b）所示为非门逻辑符号。

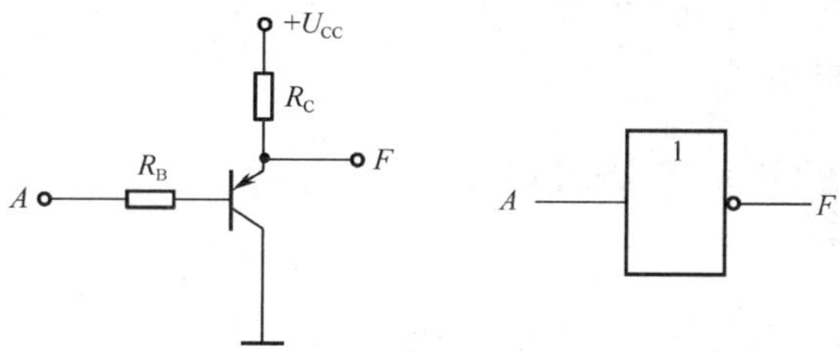

（a）晶体管非门电路　　（b）非门逻辑符号

图 8.7　非门电路

提示： 非门的逻辑功能可以概括为：入 1 出 0，入 0 出 1。

4．复合门电路

扫一扫看复合门电路微课视频

在实际应用中，经常把三种基本逻辑门电路组合成复合门电路，以丰富逻辑电路的功能。

把与门和非门串联起来就组成了与非门，如图 8.8 所示，可以用下式表示：

$$F = \overline{A \cdot B \cdot C}$$

提示： 与非门的逻辑功能可以概括为：全 1 出 0，全 0 出 1。

把或门和非门串联起来就组成了或非门，如图 8.9 所示，逻辑表达式为

$$F = \overline{A + B + C}$$

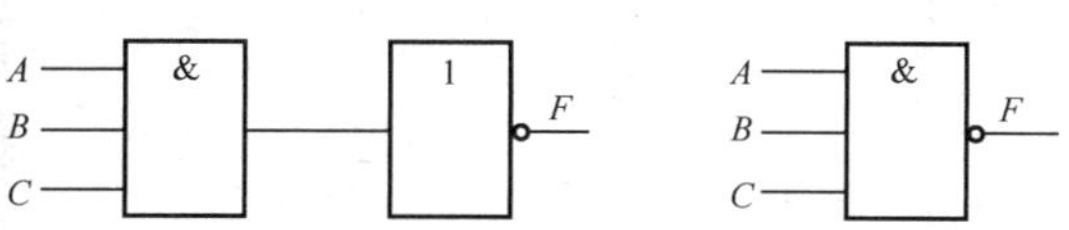

（a）与非门的组成　　（b）逻辑符号

图 8.8　与非门

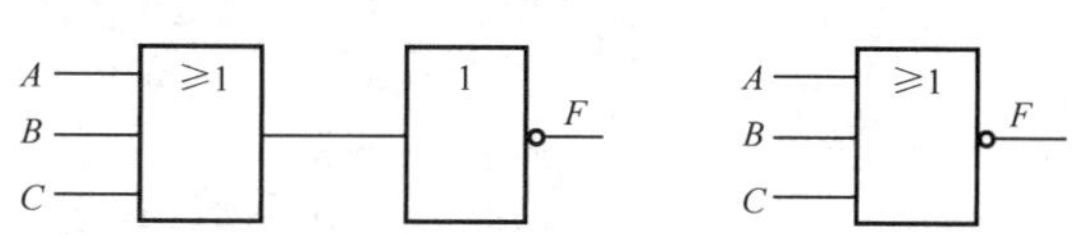

（a）或非门的组成　　（b）逻辑符号

图 8.9　或非门

提示： 或非门的逻辑功能可以概括为：有 1 出 0，全 0 出 1。

除以上两种复合门以外，常用的还有与或非门、异或门、同或门等，具体实现方法可查阅相关资料获得。

8.4 组合逻辑电路的分析与综合运用

知识分布网络

- 组合逻辑电路的分析与综合运用
  - 逻辑关系的表示方法
  - 逻辑运算法则
  - 逻辑函数的化简
    - 公式化简法
    - 卡诺图化简法
  - 逻辑门电路的组合应用
    - 组合逻辑电路的分析
    - 组合逻辑电路的设计

用几种基本门电路可以实现基本逻辑关系，可以将这些逻辑门电路组合起来构成组合逻辑电路，以实现各种逻辑功能。

扫一扫看逻辑关系的表示方法及逻辑运算法则微课视频

8.4.1 逻辑关系的表示方法及逻辑运算法则

逻辑代数又称布尔代数，是研究二值逻辑问题的主要数学工具，也是分析和设计各种逻辑电路的主要数学工具。与普通代数一样，逻辑代数也用字母（A、B、C 等）表示变量，但逻辑代数的变量的取值只有 0 和 1 两种。

提示： 这里 0 和 1 不表示数值的大小，表示逻辑上对立的两个方面。

逻辑运算的基本运算法则和定律如下：

定律名称	逻辑与	逻辑或
0-1 律	$0\cdot A=0$	$0+A=A$
	$1\cdot A=A$	$1+A=1$
交换律	$A\cdot B=B\cdot A$	$A+B=B+A$
结合律	$(A\cdot B)\cdot C=(A\cdot C)\cdot B=(B\cdot C)\cdot A$	$(A+B)+C=(A+C)+B=(B+C)+A$
分配律	$A+(B\cdot C)=A\cdot B+A\cdot C$	$A+B\cdot C=(A+B)\cdot(A+C)$
互补律	$A\cdot\overline{A}=0$	$A+\overline{A}=1$
重叠律	$A\cdot A=A$	$A+A=A$
还原律	$\overline{\overline{A}}=A$	—
反演律（德·摩根定律）	$\overline{A\cdot B\cdot C\cdot\cdots}=\overline{A}+\overline{B}+\overline{C}+\cdots$	$\overline{A+B+C+\cdots}=\overline{A}\cdot\overline{B}\cdot\overline{C}\cdot\cdots$
吸收律	$A\cdot(A+B)=A$	$A+AB=A$
	$(A+B)(A+\overline{B})=A$	$AB+A\overline{B}=A$
	$A(\overline{A}+B)=AB$	$A+\overline{A}B=A+B$
隐含律	$(\overline{A}+B)(A+C)(B+C)=(\overline{A}+B)(A+C)$	$AB+\overline{A}C+BC=AB+\overline{A}C$
	$(\overline{A}+B)(A+C)(B+C+D)=(\overline{A}+B)(A+C)$	$AB+\overline{A}C+BCD=AB+\overline{A}C$

8.4.2　逻辑函数的化简

一个逻辑式可以由不同的表达式表达，相应地，可以画出不同逻辑符号表示的逻辑图。逻辑表达式越简单，相应的逻辑图越简单，因此为了使设计的逻辑电路元器件少、电路合理、工作可靠，必须对逻辑函数式进行化简，以得到最简化的逻辑表达式。

逻辑函数式的化简方法包括公式化简法和卡诺图化简法等。

扫一扫看公式化简法微课视频

1. 公式化简法

应用逻辑代数的基本运算法则和定理，可以对任何一个逻辑函数进行化简，化简过程就是消去函数中的多余字母和多余项的过程。通过如下例题介绍公式化简法。

【例 8.5】　化简下列逻辑函数：

（1）$Y_1 = AB + \overline{A}C + \overline{B}C$。

（2）$Y_2 = A\overline{B} + B\overline{C} + \overline{B}C + \overline{A}B$。

【解】　（1）$Y_1 = AB + \overline{A}C + \overline{B}C$

$= AB + (\overline{A} + \overline{B})C$

$= AB + \overline{AB}C$（反演律）

$= AB + C$（吸收律）

（2）$Y_2 = A\overline{B} + B\overline{C} + \overline{B}C + \overline{A}B$

$= A\overline{B} + B\overline{C} + \overline{B}C(A + \overline{A}) + \overline{A}B(C + \overline{C})$

$= A\overline{B} + A\overline{B}C + B\overline{C} + \overline{A}B\overline{C} + \overline{A}\,\overline{B}C + \overline{A}BC$（分配律）

$= A\overline{B}(1 + C) + B\overline{C}(1 + \overline{A}) + \overline{A}C(\overline{B} + B)$

$= A\overline{B} + B\overline{C} + \overline{A}C$

2. 卡诺图化简法

扫一扫看卡诺图化简法（最小项）微课视频

1）最小项

为了介绍卡诺图化简法，先介绍最小项的概念。

最小项是指所有输入变量各种组合的乘积（与项），这里的输入变量包括原变量和反变量。

例如，对于变量 A、B 来说，最小项有 $\overline{A}\,\overline{B}$、$\overline{A}B$、$A\overline{B}$、$AB$ 四项；对于变量 A、B、C 来说，最小项有 $\overline{A}\,\overline{B}\,\overline{C}$、$\overline{A}\,\overline{B}C$、$\overline{A}B\overline{C}$、$\overline{A}BC$、$A\overline{B}\,\overline{C}$、$A\overline{B}C$、$AB\overline{C}$、$ABC$ 八项。一般来说，对于 n 个逻辑变量，共有 2^n 个最小项。

任何逻辑函数都可以用若干个最小项的逻辑或来表示，即用其最小项表达式表示，这个表达式是唯一的。

【例 8.6】　已知逻辑表达式 $F_1 = \overline{A}B + A\overline{C}$，$F_2 = \overline{(AB + \overline{A}\,\overline{B} + \overline{C})\overline{\overline{A}B}}$，写出它们的最小项表达式。

【解】

$F_1 = \overline{A}B + A\overline{C}$

$= \overline{A}B(C + \overline{C}) + A\overline{C}(B + \overline{B})$

$= \overline{A}BC + \overline{A}B\overline{C} + AB\overline{C} + A\overline{B}\,\overline{C}$

$$
\begin{aligned}
F_2 &= \overline{(AB+\overline{A}\,\overline{B}+\overline{C})\overline{\overline{\overline{A}B}}} \\
&= \overline{AB+\overline{A}\,\overline{B}+\overline{\overline{C}}}+\overline{A}B \\
&= \overline{AB}\cdot\overline{\overline{A}\,\overline{B}}\cdot C+\overline{A}B \\
&= (\overline{A}+\overline{B})(A+B)C+\overline{A}B \\
&= \overline{A}BC+A\overline{B}C+\overline{A}B(C+\overline{C}) \\
&= \overline{A}BC+A\overline{B}C+\overline{A}B\overline{C}
\end{aligned}
$$

【例 8.7】 逻辑状态表如表 8.5 所示，求最小项表达式。

【解】 将逻辑状态表中 F=1 的各项输入变量组合进行逻辑或，得

$$F=\overline{A}\,\overline{B}\,\overline{C}+\overline{A}BC+A\overline{B}\,\overline{C}+ABC$$

表 8.5 逻辑状态表

输　入			输　出
A	B	C	F
0	0	0	1
0	0	1	0
0	1	0	0
0	1	1	1
1	0	0	1
1	0	1	0
1	1	0	0
1	1	1	1

2）卡诺图

卡诺图是在逻辑状态表的基础上，把输入变量的各种组合及对应的输出值按一定规则画出的阵列图。卡诺图构图规则如下。

（1）卡诺图是方格图，图中每个小方块仅与一个确定的最小项相对应，既不重复，又不遗漏。因此，n 个变量的卡诺图的小方块总数等于最小项总数，即 2^n 个。

（2）任何“相邻”小方块对应的最小项的变量组合只允许有一个变量的取值不同。

1～4 个变量的卡诺图构成如图 8.10 所示。

为方便起见，可以对卡诺图中的小方块进行编号。其方法是，将每一个小方块代表的输入变量组合的二进制数对应的十进制数作为该方块的编号。如图 8.10（c）所示，3 个变量的卡诺图中的小方块的编号如图 8.11 所示。

（3）逻辑函数在卡诺图上的表示。若已知逻辑函数表达式，则必须先将逻辑函数表达式转换成最小项表达式后，再读入卡诺图。例 8.6 中的函数的卡诺图如图 8.12 所示。读入卡诺图的方法是将逻辑函数式中的各最小项对应的方块填入 1，其他方块填入 0。

若已知逻辑状态表，则将逻辑状态表中的最小项对应的 F 值读入卡诺图。例 8.7 中的逻辑状态表的卡诺图如图 8.13 所示。

0	1
$\bar{A}$	A

（a）

$A \backslash B$	0	1
0	$\bar{A}\bar{B}$	$\bar{A}B$
1	$A\bar{B}$	AB

（b）

$A \backslash BC$	00	01	11	10
0	$\bar{A}\bar{B}\bar{C}$	$\bar{A}\bar{B}C$	$\bar{A}BC$	$\bar{A}B\bar{C}$
1	$A\bar{B}\bar{C}$	$A\bar{B}C$	ABC	$AB\bar{C}$

（c）

$AB \backslash CD$	00	01	11	10
00	$\bar{A}\bar{B}\bar{C}\bar{D}$	$\bar{A}\bar{B}\bar{C}D$	$\bar{A}\bar{B}CD$	$\bar{A}\bar{B}C\bar{D}$
01	$\bar{A}B\bar{C}\bar{D}$	$\bar{A}B\bar{C}D$	$\bar{A}BCD$	$\bar{A}BC\bar{D}$
11	$AB\bar{C}\bar{D}$	$AB\bar{C}D$	$ABCD$	$ABC\bar{D}$
10	$A\bar{B}\bar{C}\bar{D}$	$A\bar{B}\bar{C}D$	$A\bar{B}CD$	$A\bar{B}C\bar{D}$

（d）

扫一扫看卡诺图化简法（最小项）微课视频

扫一扫看卡诺图的构成及逻辑函数在卡诺图上的表示微课视频

扫一扫看卡诺图化简法（卡诺图的化简）微课视频

图 8.10　1～4 个变量的卡诺图构成

$A \backslash BC$	00	01	11	10
0	(000) 0	(001) 1	(011) 3	(010) 2
1	(100) 4	(101) 5	(111) 7	(110) 6

图 8.11　3 个变量的卡诺图编号

$A \backslash BC$	00	01	11	10
0	0_{0}	0_{1}	1_{3}	1_{2}
1	1_{4}	0_{5}	0_{7}	1_{6}

（a）F_1

$A \backslash BC$	00	01	11	10
0	0_{0}	0_{1}	1_{3}	1_{2}
1	0_{4}	1_{5}	0_{7}	0_{6}

（b）F_2

图 8.12　例 8.6 中的函数的卡诺图

$A \backslash BC$	00	01	11	10
0	1_{0}	0_{1}	1_{3}	0_{2}
1	1_{4}	0_{5}	1_{7}	0_{6}

图 8.13　例 8.7 中的逻辑状态表的卡诺图

（4）用卡诺图化简逻辑函数。卡诺图中代表一个最小项的小方块通常被称为 0 维块，任意两个相邻的 0 维块组成一个 1 维块，两个相邻的 1 维块又组成一个 2 维块，以此类推。当相邻维块合并时，由于存在相邻性（存在同名但相反的变量），合并的结果将因 $A+\overline{A}=1$ 而减少一个变量，维数越高的维块，其中变量数越少，从而达到化简的目的。

【例 8.8】 用卡诺图化简例 8.6 中的 F_1。

【解】 画出 F_1 的卡诺图，如图 8.14 所示，从图中可以看出，0 维块方格 2 和方格 3 相邻，组成一个 1 维块（用虚方框框出），可消去变量 C，得到与项 $\overline{A}B$；方格 4 和方格 6 同样相邻（只有变量 B 不同），消去变量 B（用虚方框框出），得到与项 $A\overline{C}$。全部能合并的 0 维块已合并，将各个虚方框框出的与项相或，得到最简与或式为

$$F_1=\overline{A}B+A\overline{C}$$

【例 8.9】 化简函数 $F=ABC\overline{D}+A\overline{B}\overline{C}\overline{D}+A\overline{C}D+A\overline{B}\overline{D}+\overline{A}\overline{B}\overline{D}$。

【解】 将 F 表示为最小项表达式

$$F=AB\overline{C}\overline{D}+A\overline{B}\overline{C}\overline{D}+AB\overline{C}D+A\overline{B}\overline{C}D+A\overline{B}C\overline{D}+\overline{A}\overline{B}C\overline{D}+\overline{A}\overline{B}\overline{C}\overline{D}$$

画出如图 8.15 所示卡诺图。从图 8.15 中可以看出，方格 8、9、12、13 相邻，组成一个 2 维块，可消去变量 B、D；方格 0、2、8、10 相邻，可消去变量 C、A，得到最简与或式为

$$F=A\overline{C}+\overline{B}\overline{D}$$

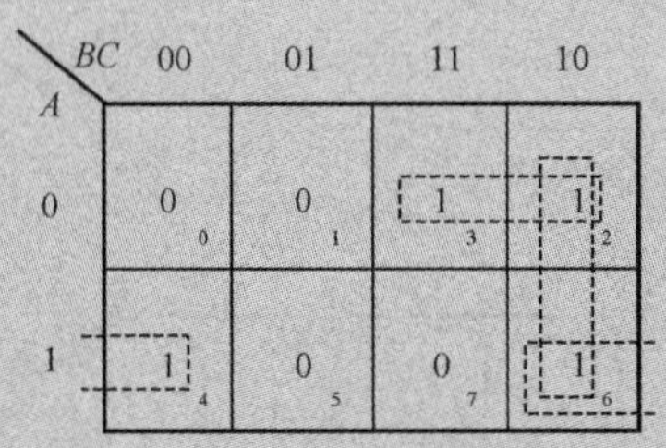

图 8.14 例 8.8 的卡诺图

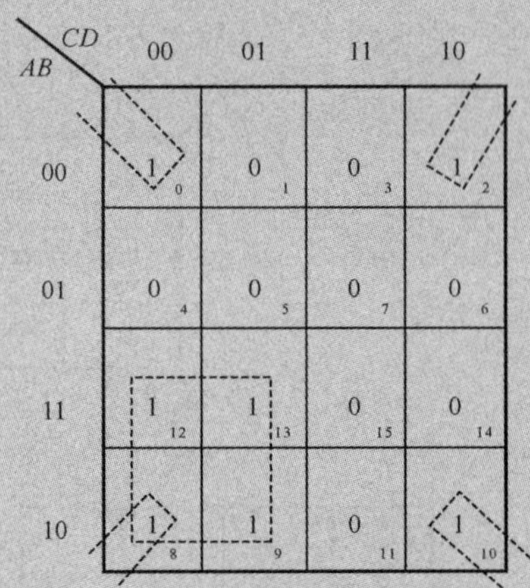

图 8.15 例 8.9 的卡诺图

用卡诺图表示逻辑函数较为直观，在函数化简中也比较方便。但对于多于 5 个变量的逻辑函数，用卡诺图化简便显得较复杂。

8.4.3 逻辑门电路的组合应用

提示：逻辑门电路的共同点是电路某一时刻的输出状态只取决于该时刻的输入信号，与该时刻之前的输入信号无关。

1．组合逻辑电路的分析

扫一扫看组合逻辑电路的分析方法微课视频

逻辑电路的分析是指先根据已知逻辑电路列出逻辑表达式；再用逻辑运算的方法，明确电路的逻辑功能。

【例 8.10】　分析如图 8.16 所示的逻辑图的逻辑功能。

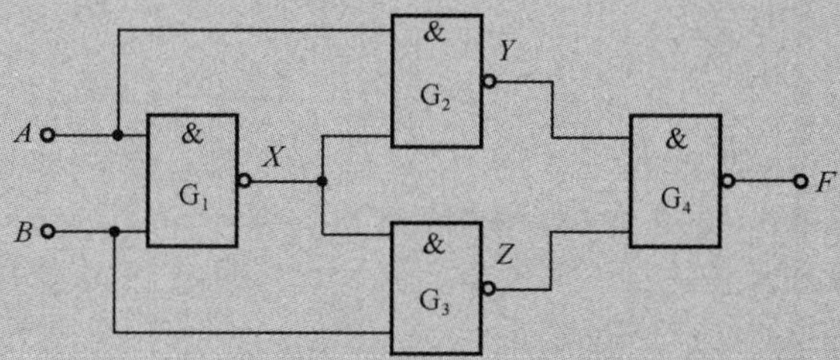

图 8.16　例 8.10 逻辑图

【解】　根据逻辑图可得

$$F = \overline{\overline{A \cdot \overline{AB}} \cdot \overline{B \cdot \overline{AB}}}$$

进一步化简：

$$\begin{aligned} F &= A \cdot \overline{AB} + B \cdot \overline{AB} \\ &= (A+B)(\overline{AB}) \\ &= (A+B)(\overline{A}+\overline{B}) \\ &= \overline{A}B + A\overline{B} \end{aligned}$$

由 $F = \overline{A}B + A\overline{B}$ 可知，只有当两个变量相异（A=0、B=1，或者 A=1、B=0）时，F 才为 1，这种电路被称为异或门电路，可简写为 $F = A \oplus B$，其中 $\oplus$ 为异或运算。异或门的逻辑符号如图 8.17 所示。

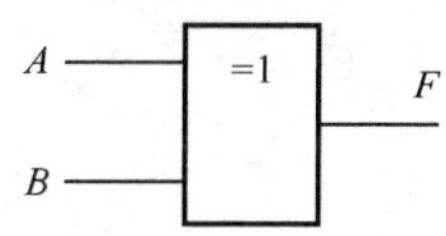

图 8.17　异或门的逻辑符号

2．组合逻辑电路的设计

根据给定的逻辑功能要求，设计简化的逻辑图，称为逻辑电路的设计。在一般情况下，会有多个设计方案，但最佳设计方案往往要经过反复、全面考虑才能确定。下面通过简单的例子，来说明组合逻辑电路的设计步骤和方法。

扫一扫看组合逻辑电路的设计微课视频

【例 8.11】　设计一个三人（A、B、C）进行表决使用的电路，当多人赞成（输入为 1）时，表决结果（F）有效（输出为 1）。

【解】　（1）根据要求列出逻辑状态表，如表 8.6 所示。

表 8.6　例 8.11 的逻辑状态表

输　入			输　出
A	B	C	F
0	0	0	0
0	0	1	0
0	1	0	0
0	1	1	1
1	0	0	0
1	0	1	1
1	1	0	1
1	1	1	1

（2）由逻辑状态表写出逻辑表达式，取 F=1，列逻辑式。从表 8.6 的第 4 行可以写出最小项 $F=\overline{A}BC$，这个与项表明 $A=0$（$\overline{A}=1$）、B=1、C=1 时，F=1。同样，根据表 8.6 的第 6、7、8 行也可以写出对应的最小项。表 8.6 表明，只要出现 $\overline{A}BC$、$A\overline{B}C$、$AB\overline{C}$、ABC 中的任意一行变量组合，F 均为 1，这是“或”逻辑。因此有

$$F=\overline{A}BC+A\overline{B}C+AB\overline{C}+ABC$$

（3）用卡诺图对上式进行简化，如图 8.18 所示。经化简，可得逻辑函数为

$$F=AB+BC+AC=\overline{\overline{AB}\ \overline{BC}\ \overline{AC}}$$

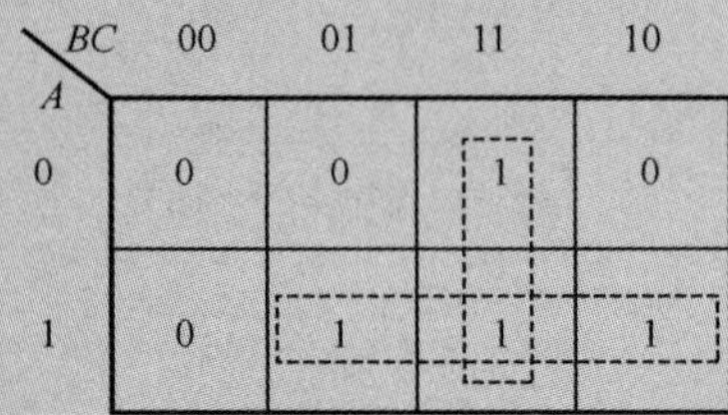

图 8.18　例 8.11 的卡诺图

（4）画出与非门实现的逻辑图，如图 8.19 所示。

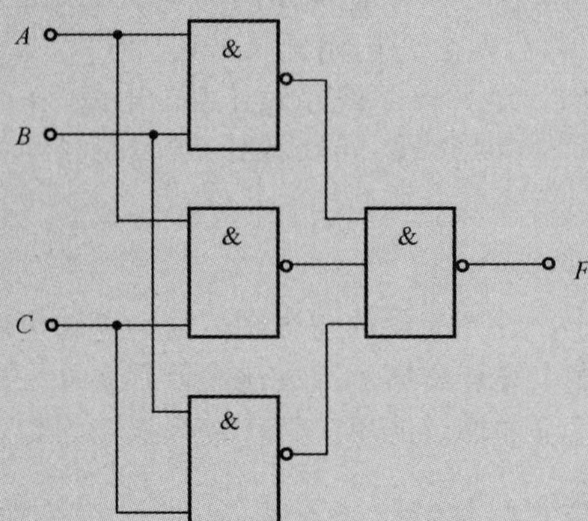

图 8.19　例 8.11 的逻辑图

8.5　数字集成组合逻辑电路应用

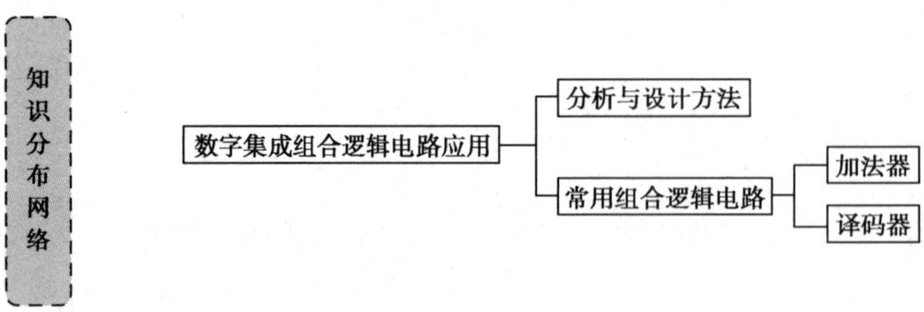

扫一扫看组合逻辑电路的分析与设计方法微课视频

8.5.1　组合逻辑电路的分析与设计方法

分析组合逻辑电路的目的是确定已知电路的逻辑功能。分析步骤：写出各输出端的逻辑

函数表达式，化简和变换逻辑函数表达式，列出真值表，确定逻辑功能。

设计组合逻辑电路的目的是根据提出的实际问题，设计逻辑电路。设计步骤：明确逻辑功能，列出真值表，写出逻辑函数表达式，化简和变换逻辑函数表达式，画出逻辑图。

8.5.2　常用组合逻辑电路的功能分析

数字组合逻辑电路是数字集成电路中的一种，常用的中小规模组合逻辑集成电路有加法器、译码器等。

对于数字集成电路，学习时应重点了解它们的逻辑符号、集成电路的功能表、特殊引出端的控制作用等，以为将来使用集成电路做准备。

1．加法器

加法器是计算机中最基本的运算单元电路。任何复杂加法器电路的最基本单元都是半加器和全加器。

1）半加器

半加器只能对一位二进制数做算术加法运算，可向高位进位，但不能输入低位的进位值。

按照两数相加的概念，可得出半加器的逻辑状态表，如表 8.7 所示。

表 8.7　半加器的逻辑状态表

A	B	S	C
0	0	0	0
0	1	1	0
1	0	1	0
1	1	0	1

扫一扫看半加器微课视频

根据表 8.7 可写出半加器的和（S）及向高位进位（C）的逻辑表达式。

$$S = \overline{A}B + A\overline{B} = A \oplus B$$

$$C = AB$$

图 8.20（a）所示为用异或门和与门构成的半加器逻辑状态图，图 8.20（b）所示为半加器逻辑符号。

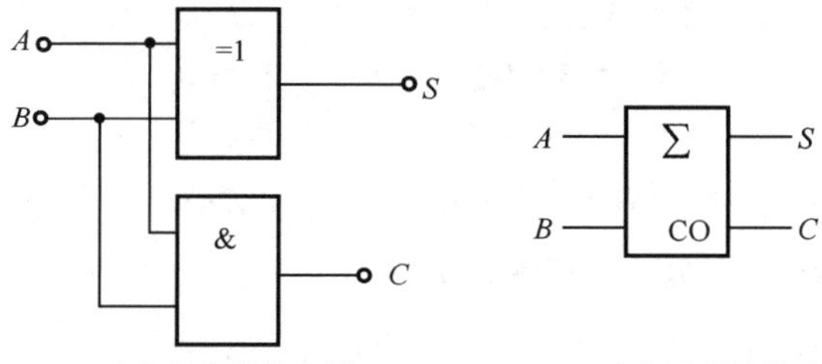

（a）半加器逻辑状态图　　（b）半加器逻辑符号

图 8.20　半加器

扫一扫看全加器微课视频

2）全加器

全加器是能输入低位进位值的 1 位二进制数加法运算逻辑电路。表 8.8 所示为全加器的逻辑状态表，A_i、B_i 为本位的加数和被加数；C_{i-1} 表示从低位输入的进位数；S_i 为本位的和数；

C_i 为本位输出到高位的进位数。

表 8.8　全加器的逻辑状态表

A_i	B_i	C_{i-1}	S_i	C_i
0	0	0	0	0
0	0	1	1	0
0	1	0	1	0
0	1	1	0	1
1	0	0	1	0
1	0	1	0	1
1	1	0	0	1
1	1	1	1	1

根据表 8.8 可画出全加器的卡诺图，如图 8.21 所示，并可由此求出与或式。

A_i \ B_iC_{i-1}	00	01	11	10
0	0	1	0	1
1	1	0	1	0

（a）

A_i \ B_iC_{i-1}	00	01	11	10
0	0	0	1	0
1	0	1	1	1

（b）

图 8.21　全加器的卡诺图

S_i 可进一步推导化简：

$$\begin{aligned}S_i &= \overline{A}_i\overline{B}_iC_{i-1} + \overline{A}_iB_i\overline{C}_{i-1} + A_i\overline{B}_i\overline{C}_{i-1} + A_iB_iC_{i-1}\\ &= C_{i-1}(\overline{A}_i\overline{B} + A_iB_i) + \overline{C}_{i-1}(\overline{A}_iB_i + A_i\overline{B}_i)\\ &= C_{i-1}\overline{(A_i \oplus B_i)} + \overline{C}_{i-1}(A_i \oplus B_i)\\ &= A_i \oplus B_i \oplus C_{i-1}\end{aligned}$$

$$C_i = A_iB_i + B_iC_{i-1} + A_iC_{i-1}$$

为了利用输出 S_i，将 C_i 适当变换为

$$\begin{aligned}C_i &= \overline{A}_iB_iC_{i-1} + A_i\overline{B}_iC_{i-1} + A_iB_i\\ &= (A_i \oplus B_i)C_{i-1} + A_iB_i\end{aligned}$$

令 $S_i' = A_i \oplus B_i$，则 S_i' 是 A_i 和 B_i 的半加和，而 S_i 又是 S_i' 与 C_{i-1} 的半加和，因此一个全加器可以通过两个半加器和一个或门来实现，如图 8.22（a）所示。图 8.22（b）所示为全加器的逻辑符号。

2．译码器与数码显示

译码是将输入的每个二进制代码的含义“翻译”过来，给出相应的输出信号。译码器就是完成译码功能的逻辑部件。它是多输入、多输出的组合逻辑电路。在数字电路中，译码器的输入常为二进制数或 BCD 代码。

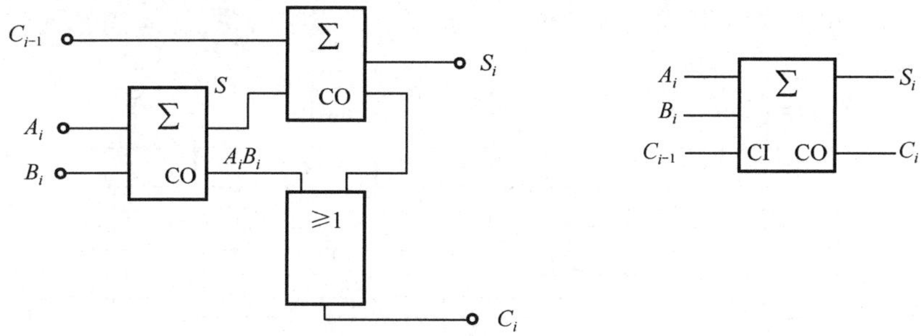

（a）　　　　　　　　（b）

图 8.22　全加器

扫一扫看二进制译码器微课视频

1）二进制译码器

设输入代码是三位二进制数。若输出为 1，相当于接通一个用户，则输出为 F_0～F_7，如表 8.9 所示。对于任意输入代码组合，输出中有且仅有一位为 1，其他位输出均为 0。可见，译码器实质上是一种可以输出全部最小项的电路。

表 8.9　三位二进制译码器的状态表

输　入			输　出							
A_2	A_1	A_0	F_7	F_6	F_5	F_4	F_3	F_2	F_1	F_0
0	0	0	0	0	0	0	0	0	0	1
0	0	1	0	0	0	0	0	0	1	0
0	1	0	0	0	0	0	0	1	0	0
0	1	1	0	0	0	0	1	0	0	0
1	0	0	0	0	0	1	0	0	0	0
1	0	1	0	0	1	0	0	0	0	0
1	1	0	0	1	0	0	0	0	0	0
1	1	1	1	0	0	0	0	0	0	0

根据表 8.9，写出如下逻辑式：

$$F_0 = \overline{A}_2\overline{A}_1\overline{A}_0 \qquad F_1 = \overline{A}_2\overline{A}_1A_0$$
$$F_2 = \overline{A}_2A_1\overline{A}_0 \qquad F_3 = \overline{A}_2A_1A_0$$
$$F_4 = A_2\overline{A}_1\overline{A}_0 \qquad F_5 = A_2\overline{A}_1A_0$$
$$F_6 = A_2A_1\overline{A}_0 \qquad F_7 = A_2A_1A_0$$

由逻辑式可画出如图 8.23 所示的逻辑图。

2）二—十进制译码器

一位 BCD 代码共有 4 位二进制数。BCD 代码的译码器为 4 输入 10 输出电路。4 位二进制数共有 16（2^4）种组合，BCD 代码只使用 10 种组合，剩余 6 种组合被称为伪码。8421BCD 译码器的状态表如表 8.10 所示，当出现伪码时（1010～1111 六种情况），输出可全为 0［拒绝伪码（拒伪）译码器］；也可不全为 0，出现不仅一个输出端为 1 的情况（非拒伪码译码器）。

使用哪种译码器，可视具体要求而定。两种译码器的卡诺图如图 8.24 所示（仅以 F_0 为例）。

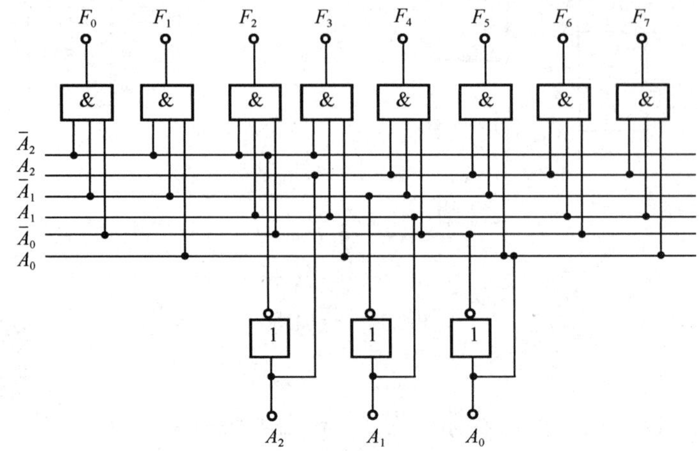

图 8.23　三位二进制译码编码器逻辑图

表 8.10　8421BCD 码译码器的状态表

输　入			输　出										
A_3	A_2	A_1	A_0	F_9	F_8	F_7	F_6	F_5	F_4	F_3	F_2	F_1	F_0
0	0	0	0	0	0	0	0	0	0	0	0	0	1
0	0	0	1	0	0	0	0	0	0	0	0	1	0
0	0	1	0	0	0	0	0	0	0	0	1	0	0
0	0	1	1	0	0	0	0	0	0	1	0	0	0
0	1	0	0	0	0	0	0	0	1	0	0	0	0
0	1	0	1	0	0	0	0	1	0	0	0	0	0
0	1	1	0	0	0	0	1	0	0	0	0	0	0
0	1	1	1	0	0	1	0	0	0	0	0	0	0
1	0	0	0	0	1	0	0	0	0	0	0	0	0
1	0	0	1	1	0	0	0	0	0	0	0	0	0

A_3A_2 \ A_1A_0	00	01	11	10
00	1	0	0	0
01	0	0	0	0
11	0	0	0	0
10	0	0	0	0

（a）拒伪码译码器

A_3A_2 \ A_1A_0	00	01	11	10
00	1	0	0	0
01	0	0	0	0
11	×	×	×	×
10	0	0	×	×

（b）非拒伪码译码器

图 8.24　两种译码器的卡诺图（F_0）

扫一扫看二一十进制译码器微课视频

3）译码器在数字显示方面的应用

（1）辉光数码管数字显示。辉光数码管的结构示意图如图 8.25 所示。管内共有 10 个阴极（k_0～k_9）和 1 个阳极 A。10 个阴极分别为数码 0～9 的开关。在电路中，阳极 A 通过限流电阻 R_A 接高压（+180V 左右）。若某个阴极接地，则该阴极因产生辉光放电而发光，显示出该阴极的字形。此时其他阴极若对地处于断开状态，则不会发光。

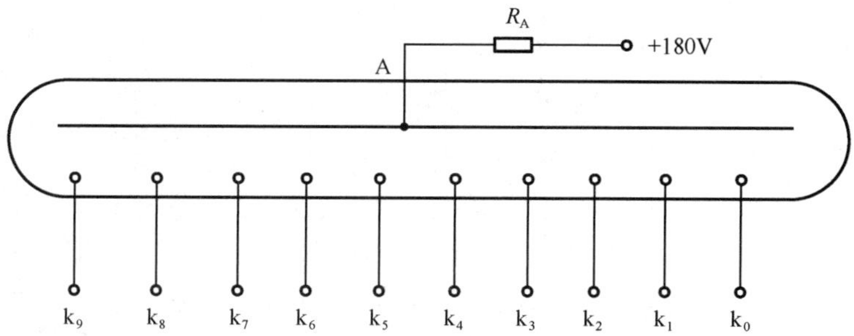

图 8.25　辉光数码管的结构示意图

将 BCD 代码代表的十进制数显示出来，可接二—十进制译码器和耐高压电子开关（晶体管），辉光数码管显示电路如图 8.26 所示。输入代码确定后，译码器有一个输出端为 1，其他输出端均为 0。相应地，在 VT_0～VT_9 中只有一个管子饱和导通，相应的阴极接地发光，其他阴极均处于对地断开状态。

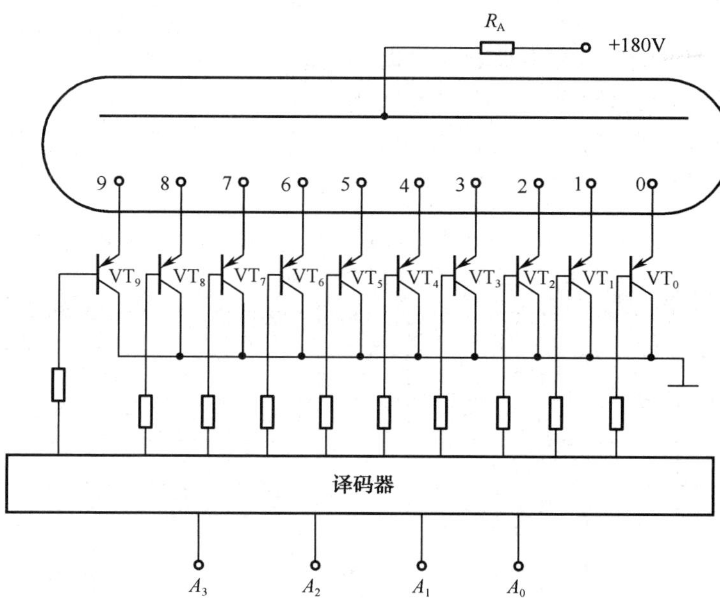

图 8.26　辉光数码管显示电路

辉光数码管的优点是字形清晰、美观、亮度高；缺点是需要高压及高压电子开关。

（2）半导体数码管显示。半导体数码管的结构示意图如图 8.27 所示。由 a～g 七个条形 LED 组成，h 为小数点。a～h 中某一段 LED 在加正向电压，产生一定电流后，便会发光，因此可以显示多种图形。这种显示器常用来显示 0～9 十个数码。

LED 有共阴极和共阳极两种接法，如图 8.28 所示。当 LED 采用共阴极接法时接高电平的 LED 发光；当 LED 采用共阳极接法时，接低电平的 LED 发光。

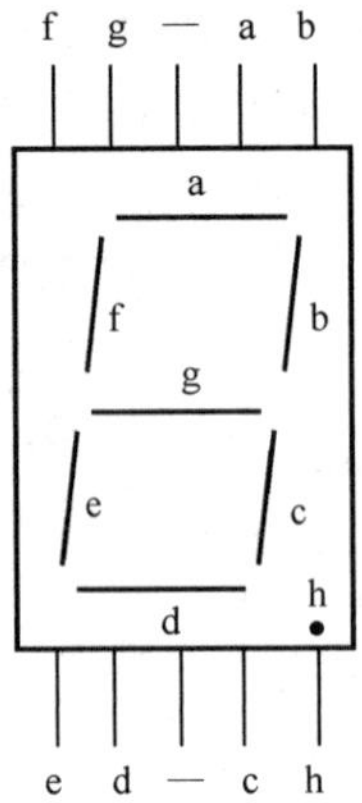

图 8.27　半导体数码管的结构示意图

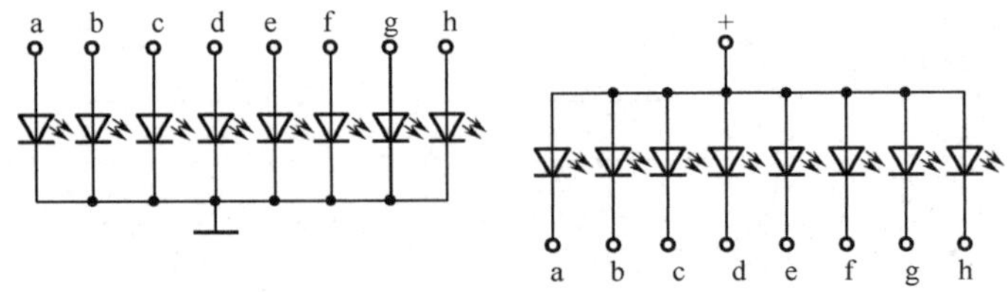

（a）共阴极　　（b）共阳极

图 8.28　半导体数码管的两种接法

由于二极管导通只需要小于 1V 的电压，所以可由能输出一定电流的 TTL 集成电路直接驱动。为使对应的 BCD 代码显示正确，需要使用专门的七段显示译码器。图 8.29 所示为七段显示译码器 T337 的引脚排列图。图 8.29 中的 $\bar{I}_B$ 端为熄灭端，当 $\bar{I}_B$ 端输入为 0 时，输出均为 0，数码管熄灭。在正常工作时，$\bar{I}_B$ 端接高电平。

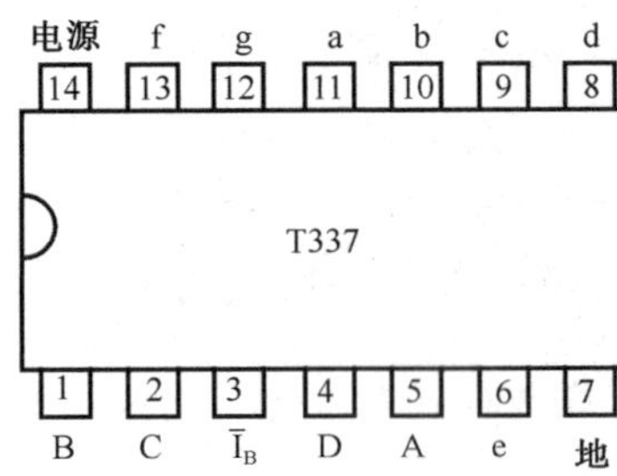

图 8.29　七段显示译码器 T337 的引脚排列图

表 8.11 所示为数码管采用共阴极接法时七段显示译码器的状态表。图 8.30 所示为 T337 和共阴极半导体数码管的连接示意图。改变电阻 R 的阻值可以调节数码管的工作电流和显示亮度。

表 8.11　数码管采用共阴极接法时七段显示译码器的状态表

输入				输出							数码显示
A_3	A_2	A_1	A_0	a	b	c	d	e	f	g	
0	0	0	0	1	1	1	1	1	1	0	0
0	0	0	1	0	1	1	0	0	0	0	1
0	0	1	0	1	1	0	1	1	0	1	2
0	0	1	1	1	1	1	1	0	0	1	3
0	1	0	0	0	1	1	0	0	1	1	4
0	1	0	1	1	0	1	1	0	1	1	5
0	1	1	0	1	0	1	1	1	1	1	6
0	1	1	1	1	1	1	0	0	0	0	7
1	0	0	0	1	1	1	1	1	1	1	8
1	0	0	1	1	1	1	1	0	1	1	9

译码器还有其他应用：可用作函数发生器，在存储电路中可用来寻找存储地址，在控制

设备中可用来输出控制信号或作为节拍脉冲发生器等。

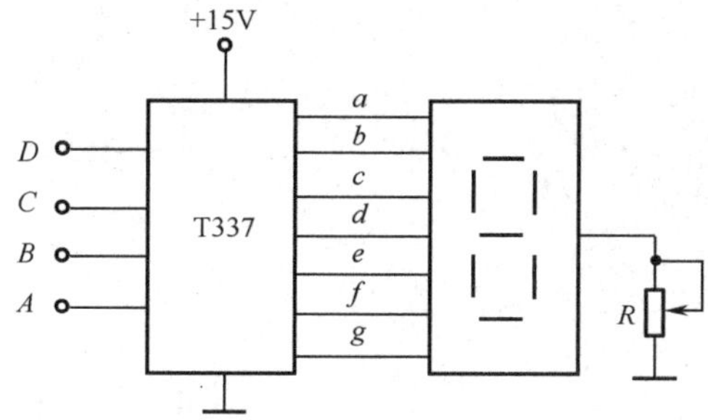

图 8.30　T337 和共阴极半导体数码管连接示意图

知识梳理与总结

（1）数字电路是传递和处理脉冲信号的电路，工作信号是一种突变的离散信号。电路中的晶体管工作在开关状态。

（2）数字电路中主要采用的是二进制数。二进制数不仅可以表示数值大小，还可以表示文字和符号。

（3）逻辑函数通常有 4 种表示方式，即真值表、逻辑函数表达式、卡诺图、逻辑图，其中任何一种形式都能被转换为其他形式。

（4）逻辑函数的化简方法有公式化简法和卡诺图化简法。公式化简法适用于任何复杂的逻辑函数，卡诺图化简法在化简时比较直观、简便。

（5）逻辑门是组成数字电路的基本单元。与门、或门和非门分别用于实现与逻辑、或逻辑和非逻辑。

（6）组合逻辑电路的特点：电路任一时刻的输出状态只取决于同一时刻的输入状态，与电路的原状态无关。它由逻辑门电路组成，电路中没有记忆单元。

（7）分析组合逻辑电路的目的是确定已知电路的逻辑功能。分析步骤：写出各输出端的逻辑函数表达式，化简和变换逻辑函数表达式，列出真值表，确定逻辑功能。

（8）设计组合逻辑电路的目的是根据提出的实际问题，设计逻辑电路。设计步骤：明确逻辑功能，列出真值表，写出逻辑函数表达式，逻辑化简和变换，画出逻辑图。

（9）加法器、译码器等都是被广泛应用的组合逻辑电路，学习时应重点掌握它们的功能，以便熟练使用。

单元9

触发器与时序逻辑电路基础

扫一扫看单元9教学课件

教学导航

教	知识重点	1．RS触发器、JK触发器、D触发器、T触发器、T′触发器的功能及其相互转换 2．数码寄存器和移位寄存器的功能及组成 3．二进制计数器和十进制计数器的逻辑功能 4．555定时器的电路结构及功能　5．555定时器的应用
	知识难点	1．各触发器的状态分析　2．数码寄存器和移位寄存器的工作原理 3．二进制计数器和十进制计数器的计数原理　4．555定时器的应用
	推荐教学方法	注重触发器功能的讲解，讲解实际电路并结合实训操作加深学生对理论知识的运用，加强学生的实践操作能力
	建议学时	12学时
学	推荐学习方法	以小组讨论的学习方式为主
	必须掌握的理论知识	1．触发器的分类　2. 各种触发器的逻辑符号、状态表及功能 3．寄存器的功能及数码寄存器和移位寄存数码的工作原理 4．555定时器的电路结构及功能
	必须掌握的技能	1．主要触发器的逻辑功能测试方法 2．计数译码显示电路的组装与调试方法

扫一扫下载技能训练14　主要触发器的逻辑功能测试

扫一扫下载技能训练15　六十进制计数译码显示电路的组装与调试

扫一扫下载思考与练习题9

扫一扫下载思考与练习题9参考答案

数字电路按逻辑功能的不同可分为两大类：一类是单元 8 讲述的组合逻辑电路，简称组合电路。组合电路的特点是，任一时刻的输出信号只取决于同一时刻的输入信号，与电路原来所处的状态无关。另一类是时序逻辑电路，简称时序电路。在时序电路中，任一时刻的输出信号不仅与同一时刻的输入信号有关，还与电路原来的状态有关。也就是说，时序电路能够保留原始输入信号对其造成的影响，即具有记忆功能。

本单元先介绍几种由集成与非门构成的双稳态触发器，再介绍由双稳态触发器组成的各种寄存器、计数器，然后介绍单稳态触发器、多谐振荡器和 555 定时器，最后列举几个时序电路的应用实例。

提示： 门电路是组合电路的基本单元，而触发器是时序电路的基本单元。

9.1　触发器的分类与功能

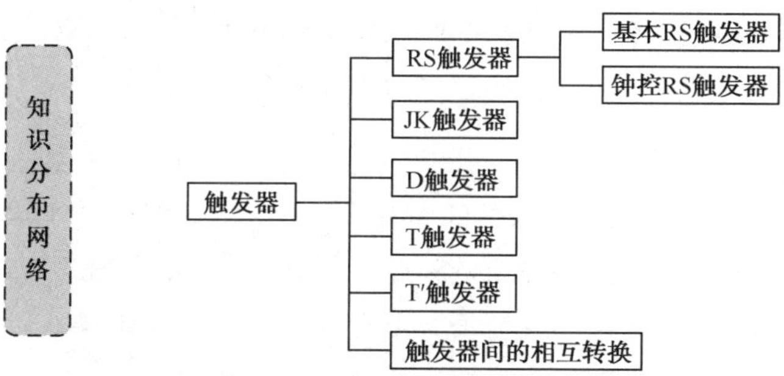

触发器按其稳定工作状态可分为双稳态触发器、单稳态触发器和无稳态触发器（多谐振荡器）等。双稳态触发器又可分为 RS 触发器、JK 触发器、D 触发器等。

9.1.1　RS 触发器逻辑功能的描述方法

扫一扫看基本 RS 触发器微课视频

1．基本 RS 触发器

基本 RS 触发器是由两个与非门交叉连接而成的，逻辑图如图 9.1（a）所示。输入端 $\overline{R}_D$ 被称为直接复位端或直接置 0 端，输入端 $\overline{S}_D$ 被称为直接置位端或直接置 1 端。触发器有两个互补的输出信号 Q 和 $\overline{Q}$。若 Q=1，$\overline{Q}$=0，则称触发器处于 1 态或置位状态；若 Q=0，$\overline{Q}$=1，则称触发器处于 0 态或复位状态。可见，触发器的状态用其 Q 端的状态来表示。

下面分析基本 RS 触发器输出与输入的逻辑关系。根据输入信号的不同取值，可分为以下 4 种情况。

1）$\overline{S}_D$=1，$\overline{R}_D$=0

$\overline{S}_D$=1，就是将 $\overline{S}_D$ 端接高电平；$\overline{R}_D$=0，就是在 $\overline{R}_D$ 端加负脉冲或将其接低电平。设触发器的初始状态为 1 态，即 Q=1，$\overline{Q}$=0。这时与非门 G_B 有一个输入端为 0，其输出端 $\overline{Q}$ 变为 1；而与非门 G_A 的两个输入端全为 1，其输出端 Q 变为 0。因此，在 $\overline{R}_D$ 端加负脉冲后，触发器将由 1 态翻转（触发器状态的变化被称为翻转）为 0 态。如果它的初始状态为 0 态，那么触发器将不会翻转，仍保持 0 态。

2）$\overline{S}_D$=0，$\overline{R}_D$=1

设触发器的初始状态为0态，即Q=0，$\overline{Q}$=1。此时与非门G_A有一个输入端为0，其输出端Q变为1；与非门G_B的两个输入端全为1，其输出端$\overline{Q}$变为0。因此，在$\overline{S}_D$端加负脉冲后，触发器由0态翻转为1态。若触发器的初始状态为1态，则触发器仍保持1态。

3）$\overline{S}_D$=1，$\overline{R}_D$=1

当$\overline{S}_D$=1，$\overline{R}_D$=0时，若$\overline{R}_D$由0变为1（除去负脉冲），则两个输入信号$\overline{S}_D$和$\overline{R}_D$都变为1。由于在$\overline{R}_D$=0时触发器为0态，即Q=0，$\overline{Q}$=1，与非门G_B的两个输入端全为0，其输出端$\overline{Q}$=1。$\overline{Q}$端的1反馈到与非门G_A的输入端，使它的两个输入端都为1，从而保证了在$\overline{R}_D$=0时，与非门G_A的输出端Q为0。当输入端$\overline{R}_D$由0变为1时，与非门G_B的另一个输入端仍为0，所以触发器仍保持原来的0态。

同理，当$\overline{S}_D$=0，$\overline{R}_D$=1时，若$\overline{S}_D$由0变为1，不难得出结论：触发器将仍保持其原来的1态。

总之，不论触发器原来是1态还是0态，当除去$\overline{S}_D$端或$\overline{R}_D$端的负脉冲后，$\overline{S}_D=\overline{R}_D$=1。此时，触发器将保持其原来的状态不变，这就是其具有的记忆或存储功能。

4）$\overline{S}_D$=0，$\overline{R}_D$=0

若$\overline{S}_D$和$\overline{R}_D$都为0，即$\overline{S}_D$端和$\overline{R}_D$端同时加负脉冲，两个与非门输出端都为1，不满足Q端和$\overline{Q}$端状态应该相反的逻辑要求。当$\overline{S}_D$端和$\overline{R}_D$端的负脉冲过去后（$\overline{S}_D$和$\overline{R}_D$都变为1），Q端和$\overline{Q}$端都变成0。但由于门的延时不完全相同或由于两个负脉冲除去的时刻稍有差异，因此总有一个门的输出端先变成0，这使得输出状态不能确定，这种现象称为竞争。一般来讲，不允许出现这种输入状态。若在使用中无法避免这种输入状态，则应改用其他类型的触发器。

以上分析表明，基本RS触发器有两个稳定状态，如果在直接置位端加负脉冲就可使它置位；在直接复位端加负脉冲就可使它复位。负脉冲过去后，两个输入端都处于1态（平时固定接高电平），此时触发器保持原状态不变，实现记忆或存储功能。但是，禁止同时将负脉冲加在直接置位端或直接复位端。

图9.1（b）所示为基本RS触发器的逻辑符号，图中输入端引线上靠近方框的小圆圈表示触发器用负脉冲（低电平）来置位或复位。基本RS触发器的状态表如图9.1（c）所示。

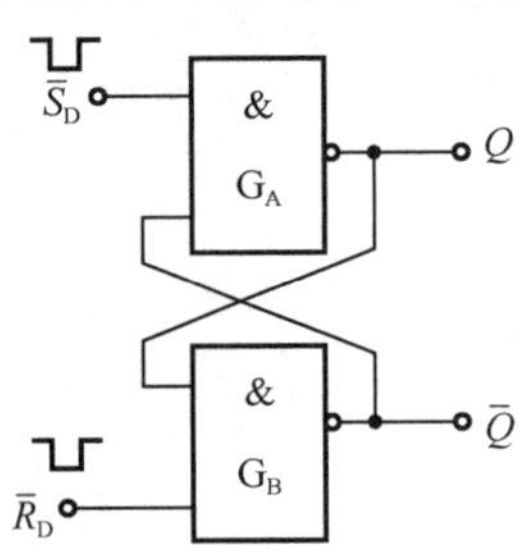

（a）逻辑图

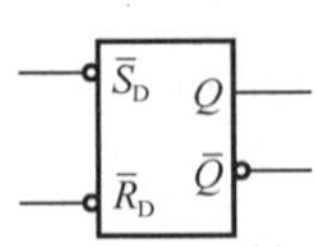

（b）逻辑符号

$\overline{S}_D$	$\overline{R}_D$	Q
1	0	0
0	1	1
1	1	不变
0	0	不定

（c）状态表

图9.1　基本RS触发器

2. 钟控 RS 触发器

扫一扫看钟控 RS 触发器微课视频

基本 RS 触发器的输出状态直接受触发信号 $\bar{R}_D$ 和 $\bar{S}_D$ 的控制，输入端的直接置位或直接复位信号一出现，相应的输出状态就随之产生。在实际应用中，往往还需要给触发器增设一个控制端，该端上所加的控制脉冲被称为时钟脉冲，用英文缩写 CP 表示，可简写为 C。该端用于控制触发器的翻转时刻，只有当时钟脉冲上升到高电平，即 C=1 时，触发器输入信号的值才会影响输出状态。也就是说，触发器的翻转与时钟脉冲同步。这种用时钟脉冲控制的触发器被称为钟控 RS 触发器，也被称为同步 RS 触发器或可控 RS 触发器。

钟控 RS 触发器的逻辑图如图 9.2（a）所示。它在基本 RS 触发器的基础上增加了与非门 G_C 和与非门 G_D，并用正脉冲 C 控制与非门 G_C 和与非门 G_D 的开关。时钟脉冲来到之前，即在 C=0 时，无论输入端 R 和输入端 S 的电平如何，与非门 G_C 和与非门 G_D 的输出均为 1，触发器状态不变。只有当 C=1，即时钟脉冲来到之后，触发器的输出状态才随输入端 R 和输入端 S 的状态而变。在时钟脉冲过去后，输出状态不再变化。

$\bar{R}_D$ 端和 $\bar{S}_D$ 端是直接复位端和直接置位端，不经过时钟脉冲 C 的控制，直接将触发器复位和置位的输入端。直接复位端和直接置位端一般在工作之初使用，预先使触发器处于某种给定状态，在工作过程中处于高电平，不使用。

钟控 RS 触发器的逻辑符号如图 9.2（b）所示。图 9.2（c）所示为钟控 RS 触发器的状态表，表中 Q_n 与 Q_{n+1} 分别代表时钟脉冲作用前 Q 端的状态和时钟脉冲作用后触发器 Q 端的状态。

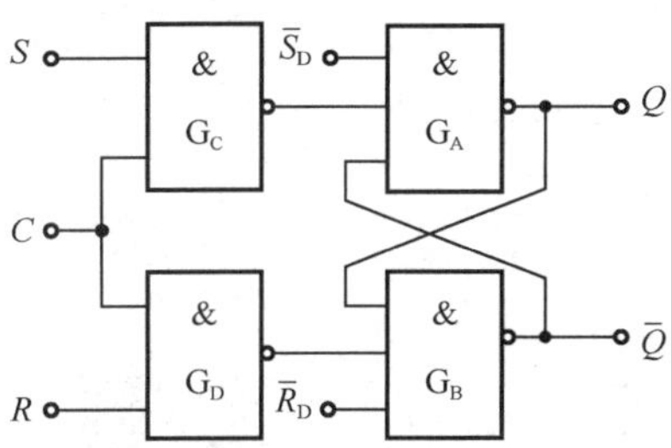

（a）逻辑图

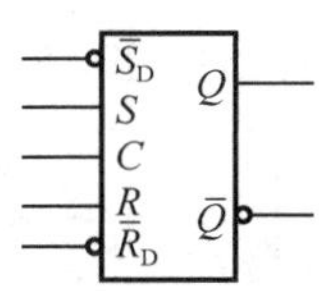

（b）逻辑符号

S	R	Q_{n+1}
0	0	Q_n
0	1	0
1	0	1
1	1	不定

（c）状态表

图 9.2　钟控 RS 触发器

设触发器的初始状态为 Q=0，$\bar{Q}$=1，输入端 R 和输入端 S 的波形如图 9.3 所示。依据时钟脉冲的节拍可以画出触发器输出端的波形，如图 9.3 所示。例如，当第一个时钟脉冲到来时，由于 S=1，R=0，Q 由 0 变为 1，$\bar{Q}$ 由 1 变为 0，即触发器由 0 态翻转为 1 态。当第二个时钟脉冲作用时，由于 R 和 S 未变，触发器保持 1 态不变。当第三个时钟脉冲到来时，由于 R=1，S=0，因此触发器又由 1 态翻转为 0 态。其他情况读者可自行分析。

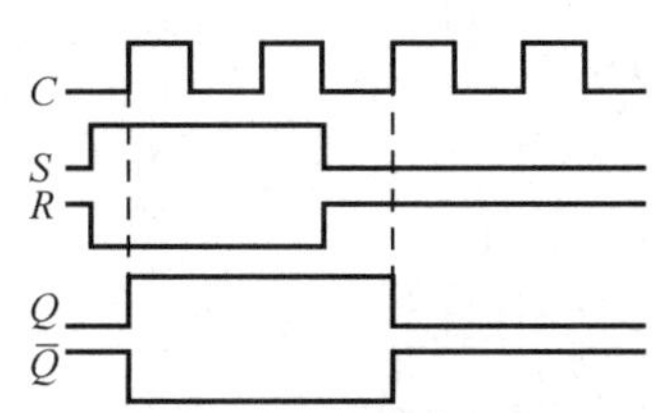

图 9.3　钟控 RS 触发器的波形

由以上分析可知，钟控 RS 触发器是当 C=1，即时钟脉冲到来时，才会翻转，翻转后的状态取决于输入信号 R 和 S 的状态。当 C=0，即时钟脉冲未到来时，原状态保存在触发器之中。

【例 9.1】 钟控 RS 触发器输入信号 R 与 S 的波形如图 9.4 所示。画出在时钟脉冲 C 作用下触发器输出端 Q 的波形（设 Q 的初始状态为 0 态）。

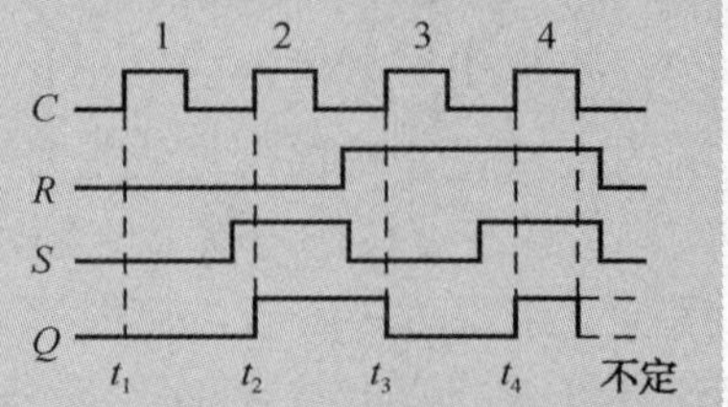

图 9.4 例 9.1 波形图

【解】 在 t_1 时刻，C 从 0 变为 1，此时因 R=0，S=0，触发器保持原状态不变，即 Q 仍为 0。在 t_2 时刻，C 从 0 变为 1，此时 S=1，R=0，于是 Q 由 0 变为 1。在 t_3 时刻，S=0，R=1，所以 Q 又从 1 变为 0。在 t_4 时刻，C 又从 0 变为 1，此时 R=S=1，在 C=1 期间，触发器的两个输出端 Q 和 $\overline{\mathrm{Q}}$ 都被强制置为高电平。当 C 从 1 变为 0 后，触发器的输出状态无法事先确定，即 Q 端和 $\overline{\mathrm{Q}}$ 端的值都可能是低电平，也可能是 1，$\overline{\mathrm{Q}}$ 端的值也同样无法事先确定。

由以上分析可得出输出端 Q 的波形如图 9.4 所示。

钟控 RS 触发器的功能尚不够强，特别是 R 和 S 同时为 1 的输入状态不允许出现，因此在实际应用中普遍采用的是 JK 触发器和 D 触发器。

9.1.2 JK 触发器逻辑功能的描述方法

JK 触发器的逻辑图如图 9.5 所示，它由两个钟控 RS 触发器组成。F_1 被称为主触发器，F_2 被称为从触发器，组合起来被称为主从触发器，另外还附加两个与门和一个非门。J 端和 K 端是整个主从触发器的输入端。JK 触发器利用 Q 和 $\overline{Q}$ 不可能同时为 1 的特点，将输出状态反馈到两个与门的输入端。当 C=1 时，两个与门的输出不可能同时为 1，从而避免了输出状态不定的情况。JK 触发器工作原理分析如下。

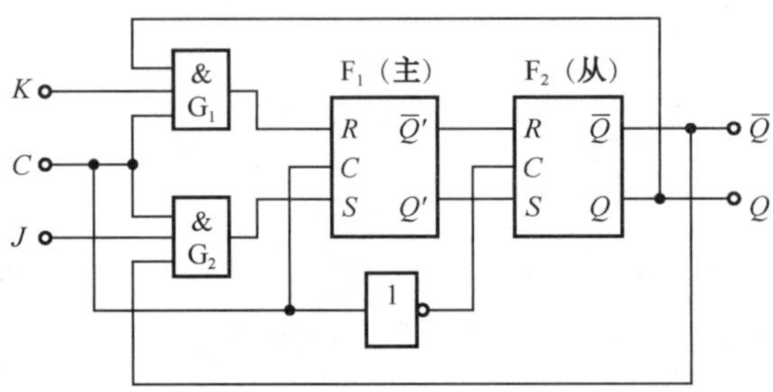

扫一扫看边沿 JK 触发器微课视频

图 9.5 JK 触发器的逻辑图

1）J=1，K=1

当 C=1 时，主触发器的状态由触发器的反馈信号 Q 和 $\overline{Q}$ 决定。若触发器的初始状态为 Q=0，$\overline{Q}$=1，则与门 G_1 被封锁，主触发器的输入端 R=0；而与门 G_2 被打开，S=1，Q'=1，$\overline{Q}'=0$。但由于从触发器被封锁（因为它的 C 端为 0），输出状态不变。当 C 由 1 下跳到 0 时，主触发器被封锁，从触发器打开，输出状态由 F_1 的输出端 Q′ 的状态决定，即 Q 由 0 变为 1，$\overline{Q}$ 由 1 变为 0。

初始状态为 Q=1，$\overline{Q}$=0 的分析方法同上，但分析结果与上述情况相反，即 Q 由 1 变为 0，$\overline{Q}$ 由 0 变为 1。因此，在 J 和 K 都为 1 的情况下，当时钟脉冲下降沿到来时，触发器必定要翻转一次，转换到与原始状态相反的状态，即 $Q_{n+1}=\overline{Q}_n$。

2）J=1，K=0

设触发器的初始状态为 Q=0，$\bar{Q}$=1，当 C=1 时，与门 G_1 输出为 0，与门 G_2 输出为 1。当 C 由 1 下跳到 0 时，主触发器的信号被送到从触发器中，Q 由 0 变为 1，$\bar{Q}$ 由 1 变为 0。如果触发器原来为 1 态，由于 $\bar{Q}$=0，封锁了与门 G_2，而 K=0，封锁了与门 G_1，则无论 C 为 1 还是 0，主触发器和从触发器均保持原有的 1 态不变。这说明只要 J=1，K=0，无论初始状态如何，触发器均为 1 态。

3）J=0，K=1

分析方法同上。结论：无论触发器初始状态如何，当 J=0，K=1 时，在 C 由 1 下跳到 0 后，触发器必然为 0 态。

4）J=0，K=0

在这种情况下，由于主触发器被封锁，电路输出端保持原来状态不变。

综上所述，JK 触发器的状态表如图 9.6（a）所示。

由以上分析可知，这种 JK 触发器分两步工作：第一步，在 C=1，即高电平期间，输入信号（J 端、K 端的状态）被保存在主触发器中，从触发器由于被封锁，因此维持原状态不变；第二步，当 C=0，即下降沿到来时，主触发器的输出控制从触发器翻转后的状态，而主触发器被封锁，输出状态稳定，免受输入信号的影响。

值得注意的是，这种主从结构的 JK 触发器，在 C=1 期间，主触发器需要保持输入端 C 上升沿作用后的状态不变。因此，在 C=1 期间，J 与 K 的状态必须保持不变。此外，主从型触发器具有在 C 从 1 下跳到 0 时翻转的特点，也就是具有时钟脉冲下降沿触发的特点。这一特点反映在如图 9.6（b）所示的逻辑符号中，即在输入端 C 靠近方框处有一个小圆圈。

JK 触发器的波形如图 9.6（c）所示。由于 JK 触发器逻辑功能强，工作可靠，所以被广泛使用。为了扩大使用范围，JK 触发器常常做成多输入结构，如图 9.6（d）所示，各输入端之间是与逻辑关系，即 $J=J_1J_2J_3$，$K=K_1K_2K_3$。

J	K	Q_{n+1}
1	1	$\bar{Q}_n$
1	0	1
0	1	0
0	0	Q_n

（a）状态表

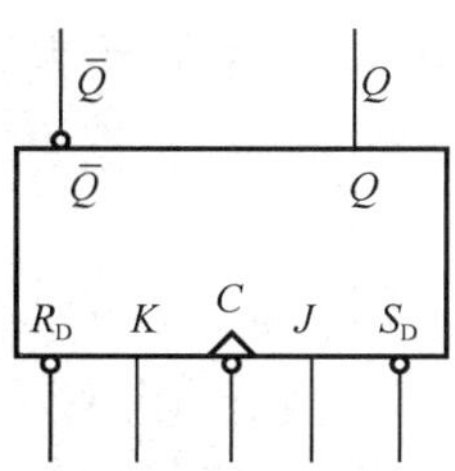

（b）逻辑符号

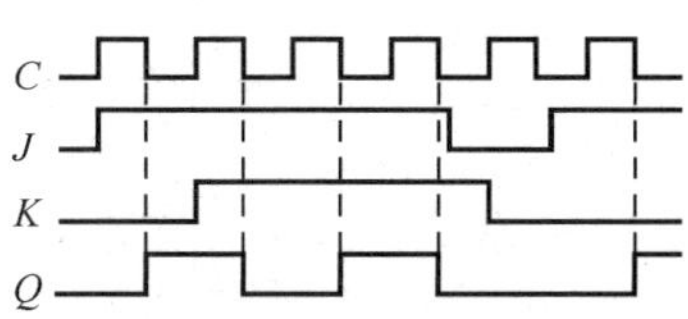

（c）波形

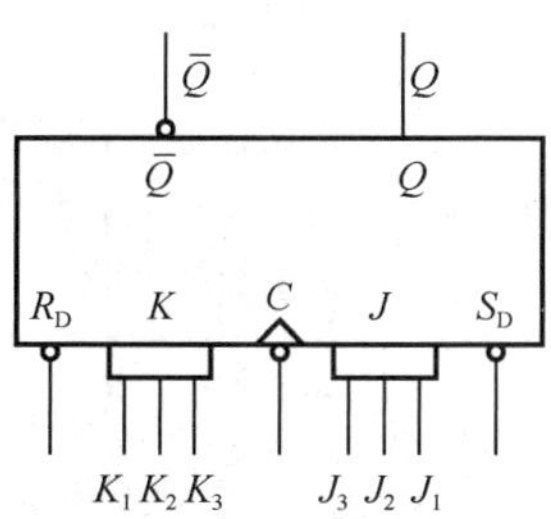

（d）多输入JK触发器

图 9.6　JK 触发器

【例 9.2】 主从型 JK 触发器输入波形如图 9.7 所示，设触发器初始状态为 0 态，试画出输出端 Q 的波形。

【解】 根据 JK 触发器的状态表，在 t_1 时刻（第一个时钟脉冲的下降沿），J=1，K=0，触发器翻转为 1 态。在 t_2 时刻，J=K=1，触发器翻转为 0 态。以此类推，即可得出 Q 端波形，如图 9.7 所示。

常用的集成 JK 触发器产品为 74LS73，如图 9.8 所示。它把两个 JK 触发器制作在同一块芯片中，所以又被称为双 JK 触发器。

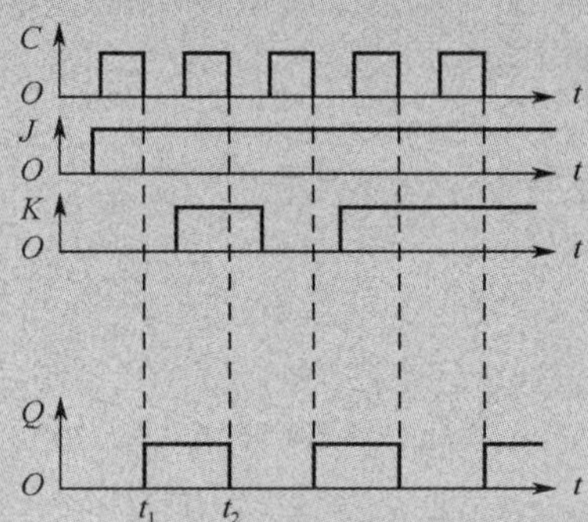

图 9.7 例 9.2 波形

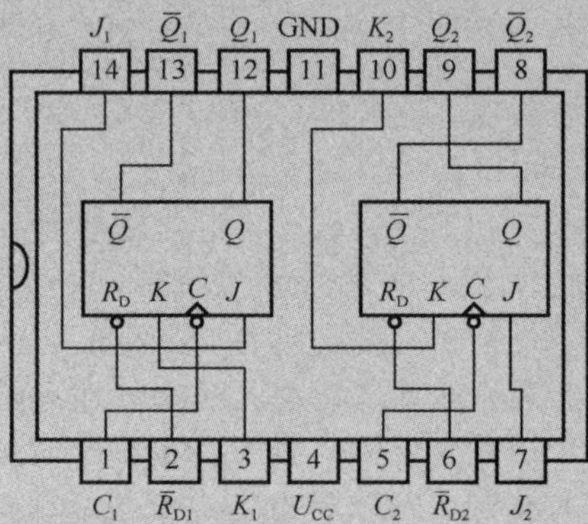

图 9.8 74LS73 触发器的引脚排列图

9.1.3 D 触发器逻辑功能的描述方法

JK 触发器有 J 端、K 端两个数据输入端。在实际应用中，有时只需要一个输入端。这时可将 JK 触发器 J 端的输入信号经非门接到 K 端，并将 J 端改为 D 端，JK 触发器被转换为 D 触发器，如图 9.9（a）所示。

D 触发器是一种常用的集成触发器，其逻辑功能可由 JK 触发器的工作原理推出。

当 D=1（J=1，K=0）时，根据 JK 触发器的逻辑功能，在 C 端下降沿的作用下，JK 触发器置 1。

当 D=0（J=0，K=1）时，在 C 端下降沿的作用下，JK 触发器置 0。

可见，在 C 端下降沿的作用下，触发器的输出状态完全取决于时钟脉冲作用前 D 端的状态。因此，D 触发器的逻辑关系最简单。图 9.9（b）所示为 D 触发器的状态表，其中 D_n 表示时钟脉冲作用前 D 端的状态。

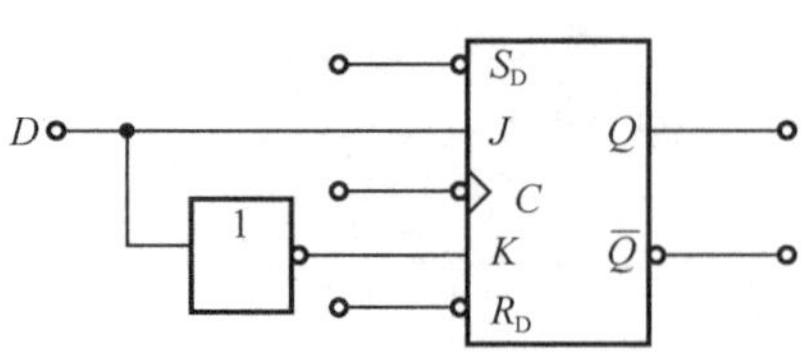

（a）逻辑图

D_n	Q_{n+1}
0	0
1	1

（b）状态表

图 9.9 用 JK 触发器构成的 D 触发器

D 触发器不仅可以用上述主从型触发器构成，还可以由维持阻塞型触发器构成。图 9.10 所示为维持阻塞型 D 触发器逻辑图，其工作原理分析如下。

扫一扫看维持阻塞型 D 触发器微课视频

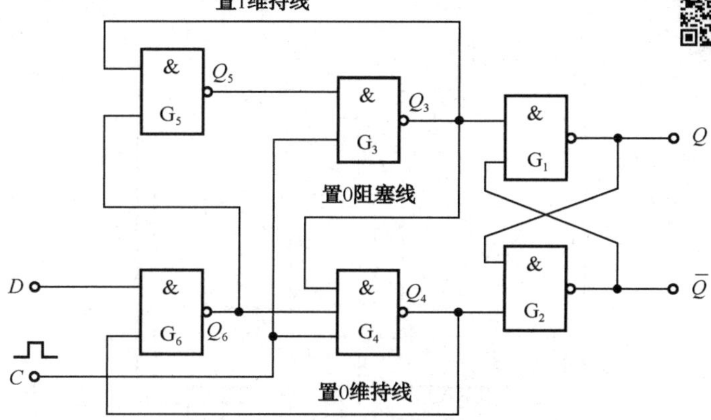

图 9.10 维持阻塞型 D 触发器逻辑图

当 C=0 时，Q_3=Q_4=1，触发器输出维持原状态不变。输入信号 D 经 G_6、G_5 传输到 G_4、G_3，触发器处于翻转等待状态。一旦 C=1，触发器将根据 Q_3 端、Q_4 端的状态翻转。

设 D =0，则 Q_6=1。当 C=0 时，由于 Q_3=1，则 Q_5=0。当 C=1 时，G_4 的输入全为 1，则 Q_4=0，触发器置 0。同时，因 Q_4=0，G_6 被封锁，从而保证了触发器在 C 作用期间，即使 D 端状态发生变化，仍维持 0 态，因此从 G_4 输出端反馈到 G_6 输入端的连线被称为置 0 维持线。同理，为了维持触发器为 1 态，对应的有从 G_3 输出端反馈到 G_5 输入端的连线，该连线被称为置 1 维持线。

设 D=1，当 C=0 时，因 Q_4=1，Q_3=1，所以 Q_6=0，Q_5=1。当 C=1 时，由于 Q_6=0，Q_4 仍为 1。G_3 的输入全为 1，Q_3=0，因此触发器置 1。Q_3 为 0 态，因此 G_5 被封锁，触发器输出的 1 态不因 D 端状态的变化而改变；同时 Q_3 的 0 态经置 0 阻塞线（G_3 输出端与 G_4 输入端的连线）阻止触发器置 0。

由以上的分析可知，在维持阻塞型 D 触发器中，输出状态的变化发生在 C 由 0 变为 1 时刻，为上升沿触发翻转，这是与主从型触发器（下降沿触发）不同的地方。图 9.11 列出了这两种触发器的逻辑符号。其中维持阻塞型 D 触发器的逻辑符号中 C 端靠近方框处未加小圆圈，表示 C 端为上升沿触发。与 JK 触发器一样，D 触发器也可以有多个输入端，其逻辑符号如图 9.11（c）所示。当 C 端受触发时，只有 D_1 与 D_2 同时为 1，才能使 Q=1，即 $Q_{n+1}=D_{1n}D_{2n}$。

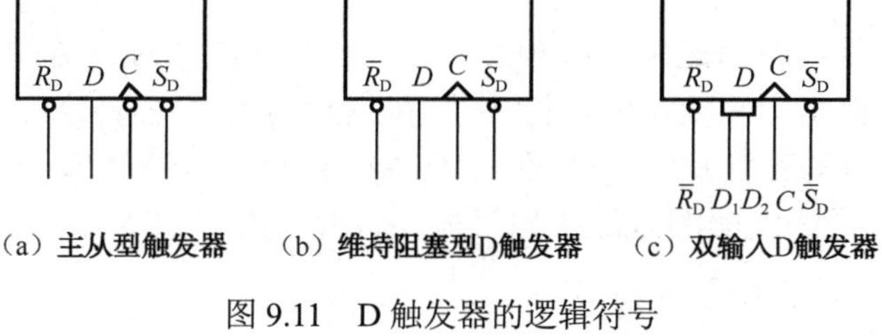

（a）主从型触发器　（b）维持阻塞型D触发器　（c）双输入D触发器

图 9.11 D 触发器的逻辑符号

由于维持阻塞型 D 触发器避免了在 C=1 期间，触发器状态随输入信号而变化，因此触发器的工作更可靠。在集成电路产品中 D 触发器大多采用维持阻塞型，常用型号为 74LS74 双 D 触发器，其引脚排列图如图 9.12 所示。

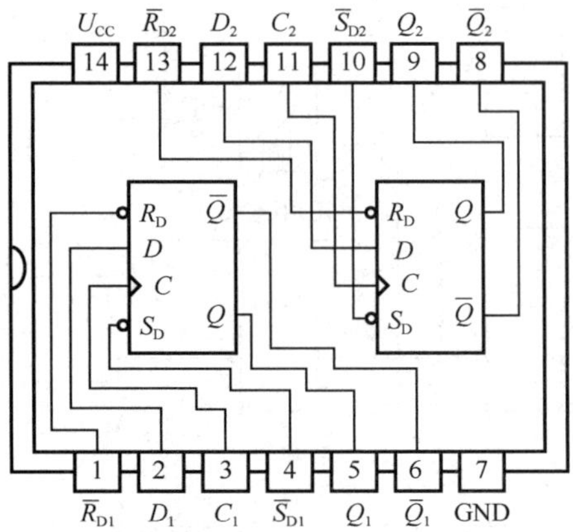

图 9.12　74LS74 双 D 触发器的引脚线排列图

9.1.4　T 触发器和 T′ 触发器逻辑功能的描述方法

如果将 JK 触发器的 J 端和 K 端直接连接在一起，输入端符号改用 T 表示，就构成了 T 触发器，逻辑图如图 9.13（a）所示。T 触发器中 T=0 的情况相当于 JK 触发器 J=K=0 的情况，时钟脉冲到来后触发器状态保持不变；T 触发器中 T=1 的情况相当于 JK 触发器 J=K=1 的情况，每来一个时钟脉冲触发器就翻转一次，T 触发器的状态表如图 9.13（b）所示。在逻辑电路中，触发器也可用如图 9.13（c）所示的逻辑符号表示。

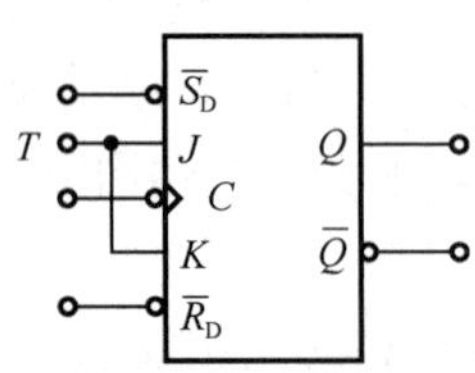

（a）逻辑图

T	Q_{n+1}
0	Q_n
1	$\overline{Q}_n$

（b）状态表

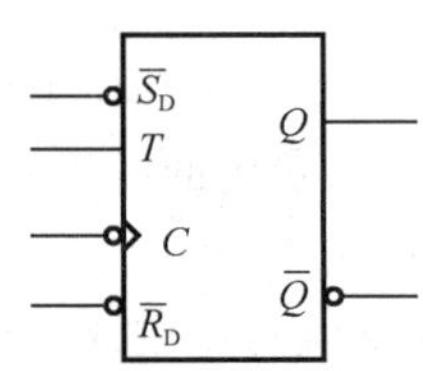

（c）逻辑符号

图 9.13　T 触发器

如果把 T 触发器的 T 端固定接高电平，使 T 恒等于 1，就成为T′ 触发器，其逻辑功能是每来一个时钟脉冲就翻转一次，即 $Q_{n+1}=\overline{Q}_n$，具有计数功能，所以 T′ 触发器又被称为计数触发器。

9.1.5　触发器间的相互转换

本节共介绍了 5 种逻辑功能不同的触发器，在各种功能的触发器中，最常见的是 JK 触发器和 D 触发器。根据实际需要，可以将某种逻辑功能的触发器，经改接外部引线或附加一些逻辑门电路转换为另一种触发器。前面介绍了将 JK 触发器转换为 D 触发器和将 JK 触发器转换为 T 触发器或 T′ 触发器的方法。如果需要将 D 触发器转换成 T′ 触发器，可将其 $\overline{\text{Q}}$ 端反馈回来与 D 端相连接，如图 9.14 所示。

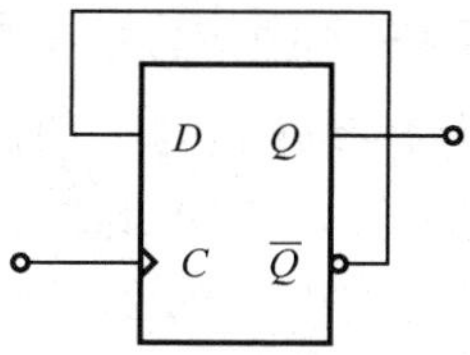

图 9.14　D 触发器转换成 T′ 触发器

.2　常用寄存器及功能

知识分布网络

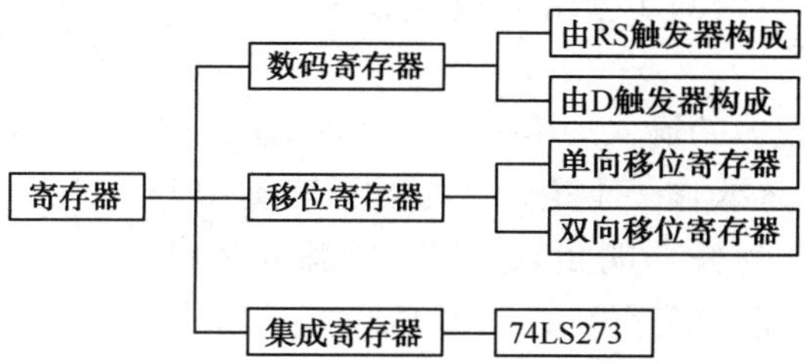

数字系统通常是由一些基本的逻辑部件组成的。这些部件一般包括：数码寄存器、移位存器、计数器、译码器、显示器等。寄存器具有记忆功能，用来暂存参与运算的数据。寄器的基本组成单元是双稳态触发器（通常简称为触发器）。因为触发器有 0 和 1 两个稳定态，所以一个触发器可以寄存一位二进制数。也就是说，一个触发器就是一个一位寄存器。么，*N* 位二进制数的寄存器可由 *N* 个触发器构成。通常寄存器的位数和触发器的个数是相的。寄存器又可分为数码寄存器和移位寄存器，其中移位寄存器不仅有寄存数码的功能，有使数码移位（左移或右移）的功能。

扫一扫看数码寄存器微课视频

9.2.1　数码寄存器逻辑功能的描述方法

数码寄存器除了用触发器作为主要部件，为了控制数码的输入和输出，还需要在触发器基础上附加一些逻辑门。

1. 由 RS 触发器构成的数码寄存器

图 9.15 所示为双拍四位数码寄存器的逻辑图，它由基本 RS 触发器和 4 个与非门构成，工作过程如下。

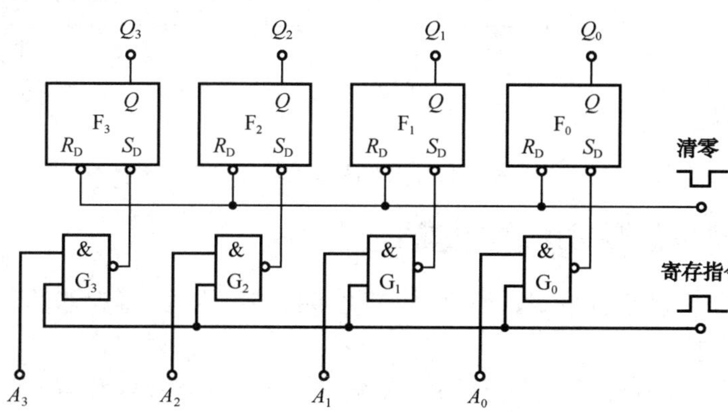

图 9.15　双拍四位数码寄存器

寄存器在接收数码前，先在每个触发器的复位端（$\overline{R}_D$）加一个负脉冲，使每个触发器者处于 0 态，称为清零。假设输入数码 $A_3A_2A_1A_0$ 为“1011”，它加在寄存器的数码输入端。当寄存器收到寄存指令（正脉冲信号）时，由于 A_0、A_1、A_3 为 1，因此与非门 G_0、G_1、G有负脉冲输出，触发器 F_0、F_1、F_3 置 1。因 A_2 为 0，所以与非门 G_2 输出 1，触发器 F_2 保持 0 态。从而将输入数码存入寄存器。

值得注意的是，这种寄存器的结构虽然简单，但操作过程必须分两步进行。接收数码前的清零操作必不可少，否则接收会出现错误。这种需要分两步才能完成存数过程的寄存器被称为双拍寄存器。

若在每一位对应的触发器的输入端再增加一个控制门，如图 9.16 所示，则可省去清零操作。不论输入端数码 A 是 0 还是 1，当收到寄存指令后，触发器的状态始终反映输入数码，这种一步就能完成存数过程的寄存器被称为单拍寄存器。

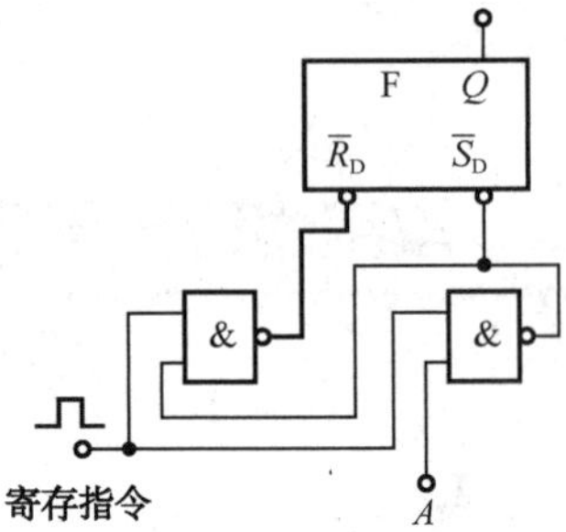

图 9.16　单拍码寄存器

2. 由 D 触发器构成的数码寄存器

如前所述，D 触发器的输入端除了时钟脉冲端，还有一个信号输入端。当时钟脉冲有效时，触发器的输出状态 Q 就能反映输入状态 D。因此，用 D 触发器来组成数码寄存器是十分简单的，而且只需一步就能完成存数过程。

图 9.17 所示为由 D 触发器构成的四位数码寄存器的逻辑图，该触发器由 4 个维持阻塞型 D 触发器组成。寄存指令从每个触发器的时钟脉冲端加入。每个触发器的复位端 $\overline{R}_D$ 并在一起，以便在需要时将寄存器清零。

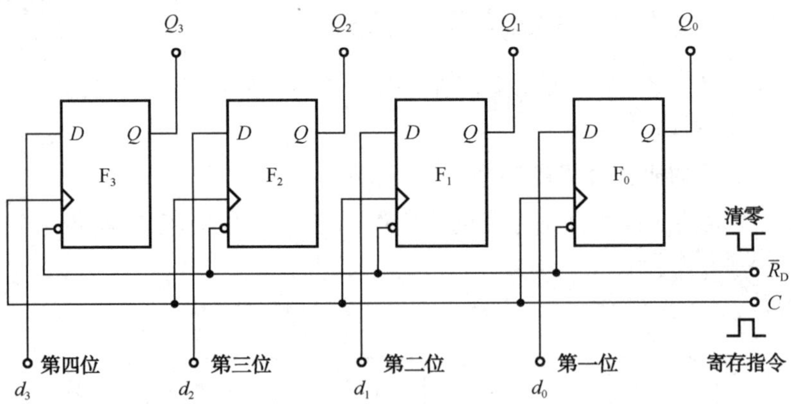

图 9.17　由 D 触发器构成的四位数码寄存器的逻辑图

9.2.2　移位寄存器逻辑功能的描述方法

移位寄存器不仅可以存放数据，而且在时钟脉冲的控制下，寄存器的全部数码还可以移动一位。

移位寄存器按移位功能不同，可分为两大类：单向移位寄存器和双向移位寄存器。

1. 单向移位寄存器

单向移位寄存器是指具有右移（数码由高位移向低位）或左移（数码由低位移向高位）功能的寄存器。图 9.18 是由 D 触发器组成的四位单向右移位寄存器，其中每个触发器的输出端接到相邻右边触发器的 D 输入端。数据 *A* 从最左边的触发器的 D 端依次串行输入，移位脉冲并接于各 D 触发器的 C 端。其工作过程如下。

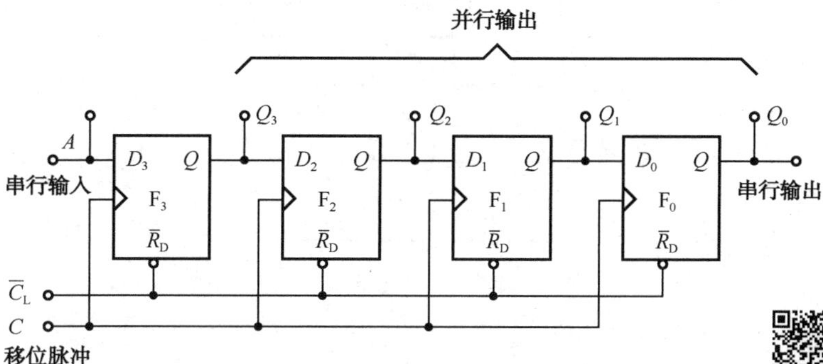

扫一扫看单向移位寄存器微课视频

图 9.18 四位单向右移位寄存器

（1）清零：在 $\overline{R}_D$ 端加一负脉冲，将各触发器的输出端 Q_3、Q_2、Q_1、Q_0 置 0。

（2）将数码移位输入：将数码 *A*（如 0101）从低位开始依次串行从 D_3 端输入，此时各位触发器的输入状态为 $D_3D_2D_1D_0$=1000。

在第一个 *C* 脉冲作用下，各触发器翻转成 $Q_3Q_2Q_1Q_0$=1000，最低位数码 1 移入 F_3，次低位的数码 0 送到 D_3 端，这时各位触发器的输入状态为 $D_3D_2D_1D_0$=0100。

第二个 *C* 脉冲作用后，各触发器的输出状态为 $Q_3Q_2Q_1Q_0$=0100。这时，倒数第三位数码送到 D_3 端。

依次类推，每来一个 *C* 脉冲，数码就右移一位，经过 4 个 *C* 脉冲作用后，0101 全部移入寄存器，其右移波形如图 9.19 所示，右移过程列于表 9.1 中。

表 9.1 移位寄存器中数码右移的过程

串行输入数码	移位寄存器中的数码				移位脉冲
$A=D_3$	Q_3	Q_2	Q_1	Q_0	C
1	0	0	0	0	0
0	1	0	0	0	1
1	0	1	0	0	2
0	1	0	1	0	3
0	0	1	0	1	4

（3）输出：移位寄存器中已经串行存放的数码可以采用两种方式输出。从四位触发器的 Q_3 端、Q_2 端、Q_1 端、Q_0 端同时将四位数码 0101 输出（称为并行数码输出）；也可以从最右边的触发器的输出端 Q_0 串行输出，即来一个 *C* 脉冲，就输出一位数码，在四个移位脉冲作用后，四位数码 0、1、0、1 从低位依次由 Q_0 端串行移出。

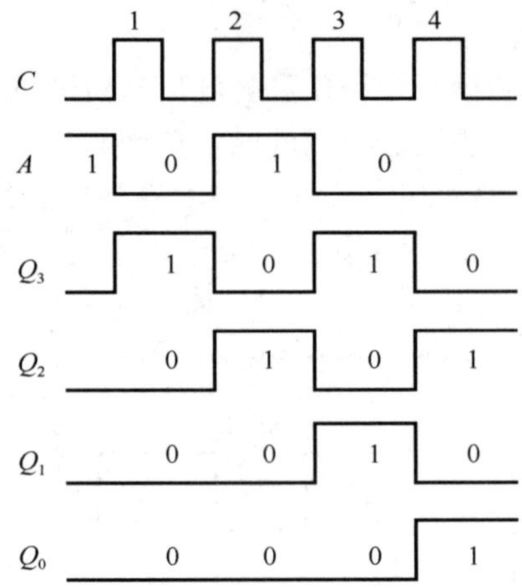

图 9.19　如图 9.18 所示的寄存器的波形

总之，这是一个串行输入、串行或并行输出的单向右移位寄存器。

串行单向左移寄存器和串行单向右移寄存器的工作原理相同，只是连接顺序颠倒。四位串行单向左移寄存器逻辑图如图 9.20 所示，该电路还可由 D_3' 端、D_2' 端、D_1' 端、D_0' 端并行输入数据。

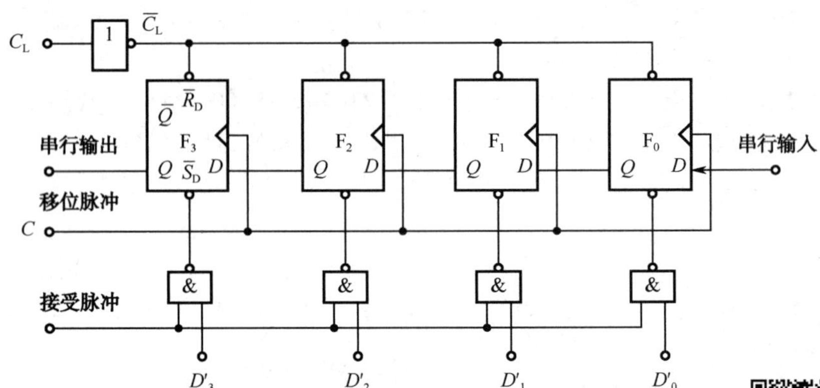

图 9.20　四位串行单向左移寄存器逻辑图

扫一扫看双向移位寄存器

2．双向移位寄存器

图 9.21 所示为双向移位寄存器的逻辑图，它由四个 D 触发器和若干个起控制作用的逻辑门组成。其中，触发器用来实现数码寄存，逻辑门用来控制信号输入和移位。图 9.21 中的 B 为左、右移位控制信号。

当 B=1 时，与门 G_1、G_3、G_5、G_7 被打开，高位触发器的输出端 $\overline{Q}$ 的信号经相应与门及或非门反相后，送入低位触发器的输入端 D。而最高位触发器 F_3 从右移输入端 SR 接收新的输入信号，F_3 中原来存储的数码移入 F_2，而 F_2 中存储的数码移入 F_1，F_1 中存储的数码移入 F_0，从而实现右移位。

当 B=0 时，与门 G_2、G_4、G_6、G_8 被打开，低位触发器输出端 $\overline{Q}$ 的信号经相应与门及或非门反相后，送入高位触发器的输入端 D。而最低位触发器 F_0 从左移输入端 SL 接收新的输入信号，F_0 中原来存储的数码移入 F_1，F_1 中存储的数码移入 F_2，F_2 中存储的数码移入 F_3，从而实现左移位。这说明该电路具有双向移位功能。这种寄存器还具有多种输出方式：从 Q_3～Q_0 端并行输出、从 Q_0 端右移串行输出、从 Q_3 端左移串行输出等。

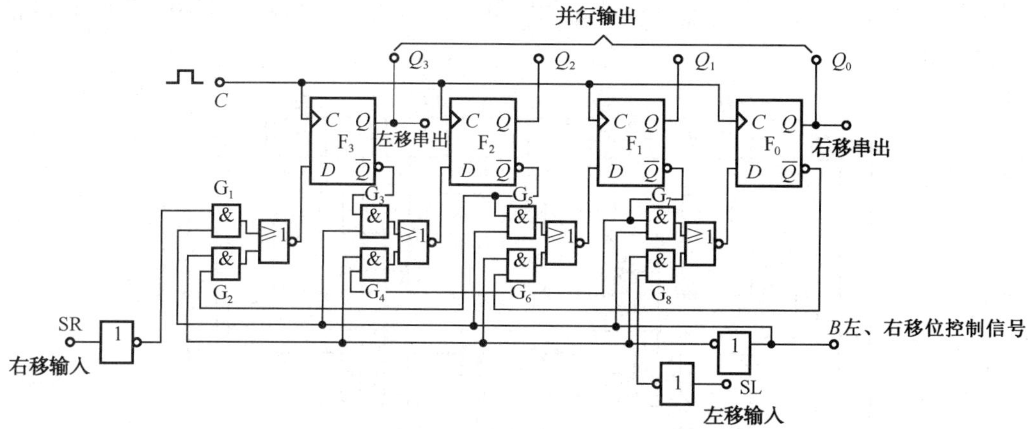

图 9.21 双向移位寄存器的逻辑图

【例 9.3】 某移位寄存器的逻辑图如图 9.22 所示。试分析该寄存器的工作原理，并说明是左移位还是右移位？

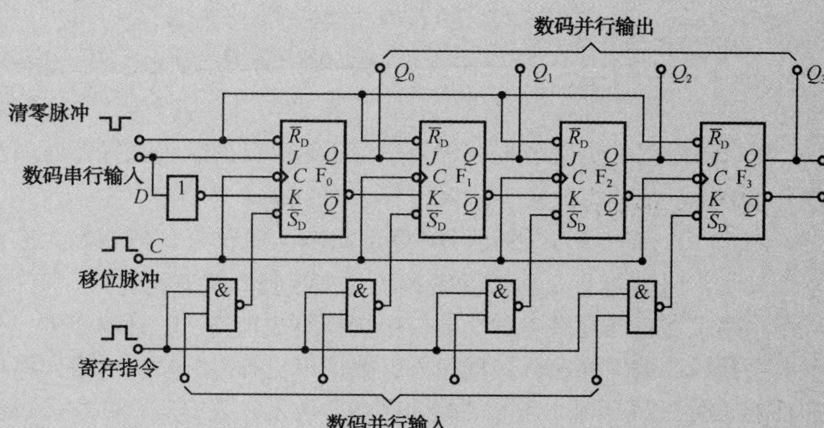

图 9.22 例 9.3 的逻辑图

【解】 该寄存器由四位 JK 触发器组成，待寄存数码可以并行输入，也可以串行输入。当寄存器清零后，寄存指令（正脉冲）一旦到达，即可将并行输入的数码经四个与非门从每位触发器的 $\overline{S}_D$ 端送到 Q_0～Q_3 端。以后，每来一个移位脉冲，各位数码就会同时从低位触发器向高位触发器移动一位，所以该寄存器是左移位寄存器。寄存的数码可从最高位 Q_3 端串行输出，也可同时从 Q_0～Q_3 端并行输出。

如果待寄存的数码从 F_0 的 J 端（D）串行输入，那么在移位脉冲的作用下，数码将从低位触发器向高位触发器逐位移动，同样可以串行输出或并行输出。

9.2.3 集成寄存器逻辑功能的描述方法

通常在实际应用中不必用单个触发器和逻辑门做成寄存器电路，可直接选用具有各种功能的集成电路寄存器芯片。图 9.23 所示的 74LS273 就是常用的 8 位数码寄存器，该寄存器由 8 个 D 触发器组成。1D～8D 端分别为 8 个 D 触发器的输入信号端；1Q～8Q 端分别为相应的输出信号端；$\overline{C}_L$ 端为清零信号端；C 端为时钟脉冲输入信号端，用于输入存数控制信号，其工作过程如下。

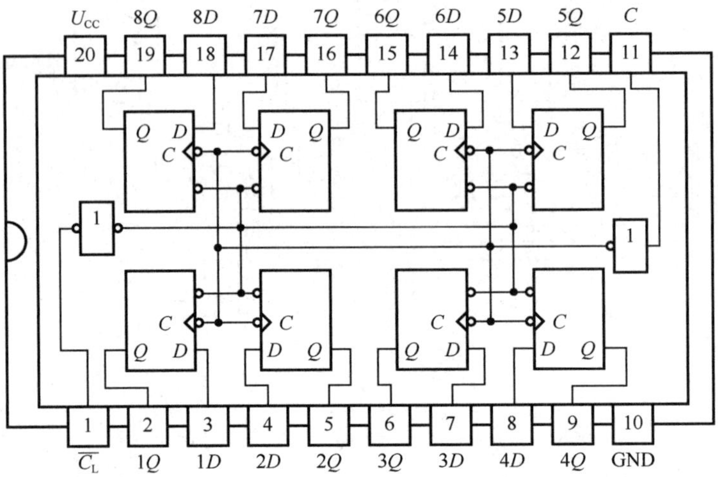

图 9.23　74LS273 引脚排列图

（1）清零：无论触发器处于何种状态，只要清零信号 $\overline{C}_L$ 为低电平，输出信号 $1Q$～$8Q$ 就会全为 0。

（2）存数：当 $\overline{C}_L$ =1，C 上升为 1 时，输入信号 $1D$～$8D$ 的数码被并行送入相应的 8 个触发器。输出信号 $1Q$～$8Q$ 的状态取决于输入信号 D 的状态。

（3）保持：当 $\overline{C}_L$ =1，C=0 时，各输出端 Q 的状态与输入端 D 的状态无关。各触发器保持原先的状态。显然，用 D 触发器组成的寄存器具有很强的抗干扰能力。

在实际应用中要求寄存器具有多种功能，中规模集成电路 74LS194 就是一种具有左移、右移、清零、数据并入、数据并出、数据串入、数据串出等多种功能的双向移位寄存器，其引脚排列图和功能如图 9.24 所示，逻辑功能如表 9.2 所示。表 9.2 中的“×”表示任意状态，“↑”表示所加的计数脉冲（上升沿触发）。

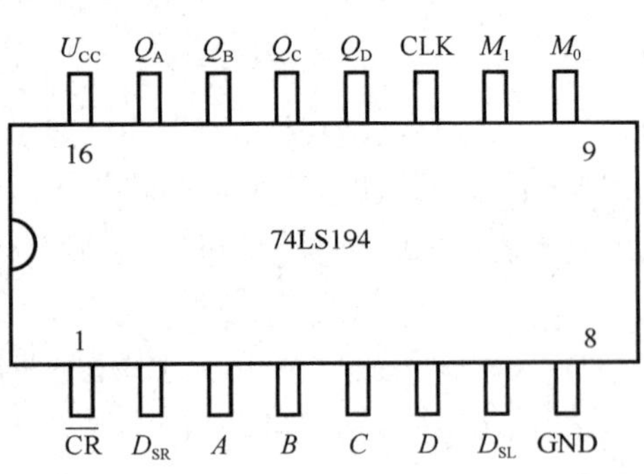

Q_A、Q_B、Q_C、Q_D：并出

A、B、C、D：并入

D_{SR}：右移串入

D_{SL}：左移串入

M_1、M_0：方式控制

$\overline{CR}$：清零

CLK：移位脉冲

U_{CC}-GND：+5V

图 9.24　74LS194 引脚排列图和功能

表 9.2　74LS194 逻辑功能

$\overline{CR}$	CLK	M_1	M_0	功　能
0	×	×	×	输出端 Q_A、Q_B、Q_C、Q_D 清零
1	↑	0	0	保持
1	↑	0	1	右移：D_{SR}→Q_A→Q_B→Q_C→Q_D
1	↑	1	0	左移：D_{SL}→Q_D→Q_C→Q_B→Q_A
1	↑	1	1	并入：$Q_AQ_BQ_CQ_D$=$ABCD$

【例 9.4】　用 74LS194 构成的四位脉冲分配器（又称环形计数器）的电路如图 9.25 所示。试分析其工作原理，并画出工作波形。

【解】　工作前先在 M_1 端加预置正脉冲，使 M_1M_0=11，寄存器处于并入状态，$ABCD$ 的数码 1000 在 CLK 移位脉冲作用下并行存入 $Q_AQ_BQ_CQ_D$。预置正脉冲过后，M_1M_0=01，寄存器处于右移状态。然后每来一个移位脉冲，Q_A～Q_D 端循环右移一位，右移工作波形如图 9.26 所示。从 Q_A～Q_D 端均可输出脉冲，但彼此相隔时间为 CLK 移位脉冲的一个周期。

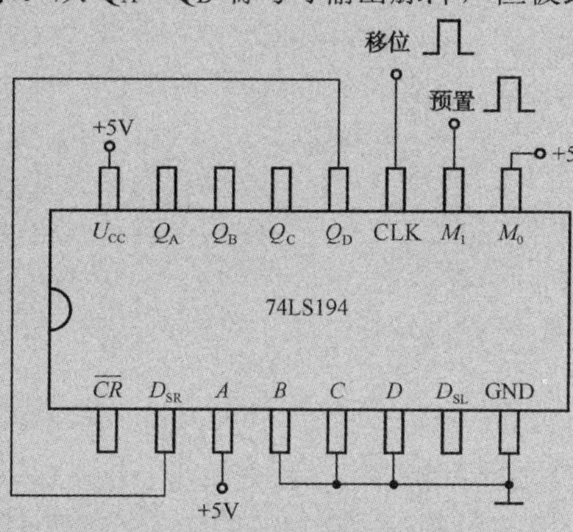

图 9.25　例 9.4 电路

图 9.26　例 9.4 波形

自启动脉冲分配器（又称扭环形计数器）的电路如图 9.27 所示，工作时先用 $\overline{CR}$ 端清零，然后在 CLK 移位脉冲的作用下，从 Q_A～Q_D 端依次输出系列脉冲，工作波形如图 9.28 所示。

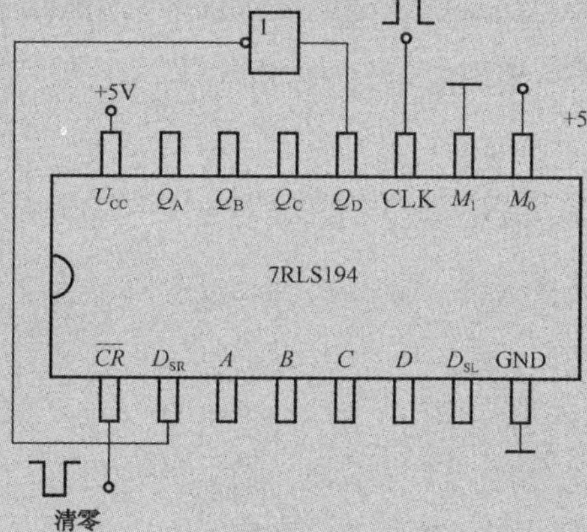

图 9.27　自启动脉冲分配器的电路

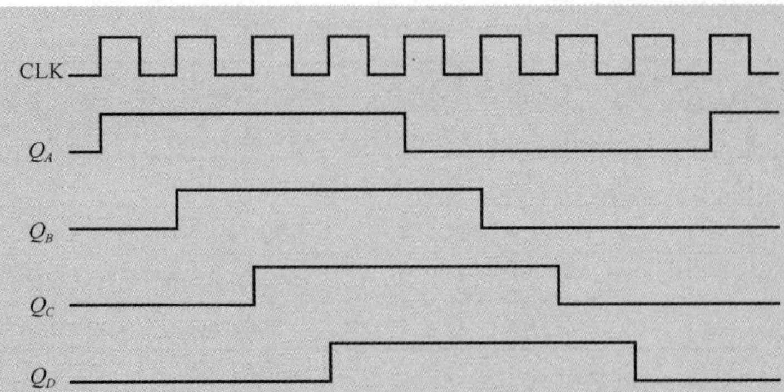

图 9.28　图 9.27 工作波形

9.3　计数器的分类与功能

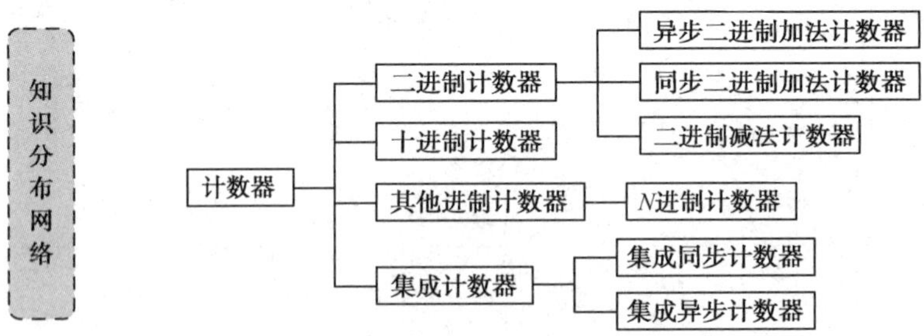

计数器是数字电路中广泛应用的一种部件。所谓计数，就是累计（累加或累减）输入脉冲的个数。除了计数功能，计数器还可用于分频、时序控制等。

计数器有多种分类方法。按计数制来分，计数器有二进制（模二）、十进制（模十）和进制（模 N）等类型。N 进制计数器的模为 N，即每经过 N 次计数，计数器的变化循环一周按功能的不同，计数器可分为加法计数器（累加）、减法计数器（累减）和可逆计数器（既累加又可累减）。由于计数器是由若干触发器组成的，它工作时各触发器要不断翻转。因此计数器还可按其中各触发器翻转的时刻是否一致分为同步计数器和异步计数器两类。同步数器在工作时需要翻转的触发器在同一时刻翻转；异步计数器在工作时，低位触发器先翻转高位触发器再依次翻转。因此，各触发器的翻转时刻都不相同。还可以把同步计数器和异计数器组合起来，构成混合式计数器。混合式计数器在工作时，有一部分触发器同步翻转，但全部触发器的翻转并不同步。

9.3.1　二进制计数器逻辑功能的描述方法

二进制计数器是最常用的计数器，也是构成其他进制计数器的基础，它按二进制加减算规律累计输入脉冲的数目。

1．异步二进制加法计数器

二进制加法运算的规则是“逢二进一”，即 0+1=1，1+1=10。也就是每当本位是 1 时，再加 1，则本位变为 0，向高位进位，高位加 1。由于稳态触发器有 1 和 0 两个状态，所以个态触发器可以表示一位二进制数。若要表示 n 位二进制数，则需要用 n 个触发器。例如，欲设计一个四位二进制加法计数器，必须用 4 个触发器，并且应使它们的状态按如表 9.3 所示的状态表变化。

表 9.3 二进制加法计数器的状态表

计数脉冲	二进制数				十进制数
	Q_3	Q_2	Q_1	Q_0	
0	0	0	0	0	0
1	0	0	0	1	1
2	0	0	1	0	2
3	0	0	1	1	3
4	0	1	0	0	4
5	0	1	0	1	5
6	0	1	1	0	6
7	0	1	1	1	7
8	1	0	0	0	8
9	1	0	0	1	9
10	1	0	1	0	10
11	1	0	1	1	11
12	1	1	0	0	12
13	1	1	0	1	13
14	1	1	1	0	14
15	1	1	1	1	15
16	0	0	0	0	0

为实现二进制数加法计数要求的“逢二进一”，应当使用 T′ 触发器来构成计数器。由于 T′ 触发器每输入一个脉冲，其输出端状态就改变一次，如果每次输入两个脉冲循环，就可作为一位二进制计数器。因此，将 n 个 T′ 触发器串联起来就能构成一个 n 位二进制加法计数器。

当用 n 个 T′ 触发器串联，构成 n 位异步二进制计数器时，由于后级（高位）触发器的翻转晚于前级（低级）触发器的翻转，所以可以用前级触发器输出端 Q 或输出端 $\overline{Q}$ 在翻转时电平的变化（低变高或高变低）作为后级触发器的时钟脉冲。该时钟脉冲取自前级触发器的输出端 Q 还是输出端 $\overline{Q}$，取决于异步二进制计数器的功能（是加法计数还是减法计数）及使用的触发器的触发方式（是上升沿触发还是下降沿触发）。

因为 JK 触发器在 J=K=1 时具有计数功能，即 T′ 触发器，所以一个四位异步二进制加法计数器也可以由四个主从型 JK 触发器组成，如图 9.29 所示，后级触发器的时钟脉冲由前级触发器的 Q 端提供。该电路的工作原理如下。

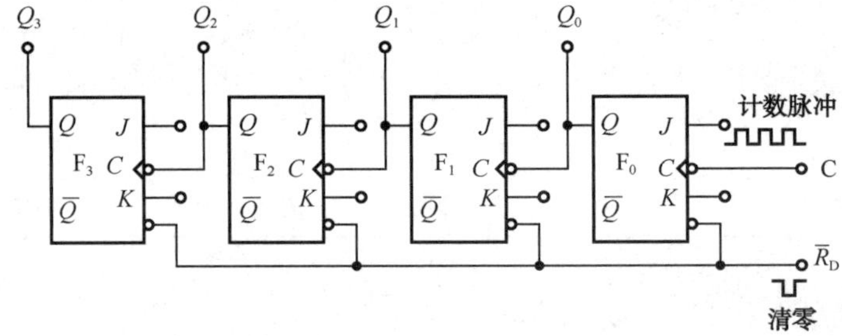

图 9.29　由主从型 JK 触发器组成的四位异步二进制加法计数器

开始计数前，先将计数器清零，使各触发器的 Q 端处于 0 态（低电平）。第一个时钟脉冲（计数脉冲）C 到来后，最低位触发器 F_0 的 Q 端，即 Q_0，由 0 变为 1，但这一正跳变（上升沿）不会令触发器 F_1 翻转。所以，第一个计数脉冲到来后，计数器的各触发器状态变为 $Q_3Q_2Q_1Q_0$=0001，表示计入了一个脉冲。第二个计数脉冲到来后，Q_0 端翻转，Q_0 由 1 变为 0，这一负跳变（下降沿）作为触发器 F_1 的时钟脉冲使 F_1 翻转，其 Q 端，即 Q_1，由 0 变为 1，但 F_1 翻转并不会引起触发器 F_2 翻转，因为作为触发器 F_2 时钟脉冲的 Q_1 产生的不是下降沿而是上升沿。因此，第二个计数脉冲到来后，计数器状态变为 $Q_3Q_2Q_1Q_0$=0010，表示累计输入了两个脉冲。第三个计数脉冲到达后，触发器 F_0 又翻转，Q_0 由 0 变为 1，触发器 F_1 不翻转，所以计数器状态变为 $Q_3Q_2Q_1Q_0$=0011。随着计数脉冲不断输入，计数器各位对应的触发器 Q 端状态将按二进制加法计数的规律做相应变化，波形如图 9.30 所示。

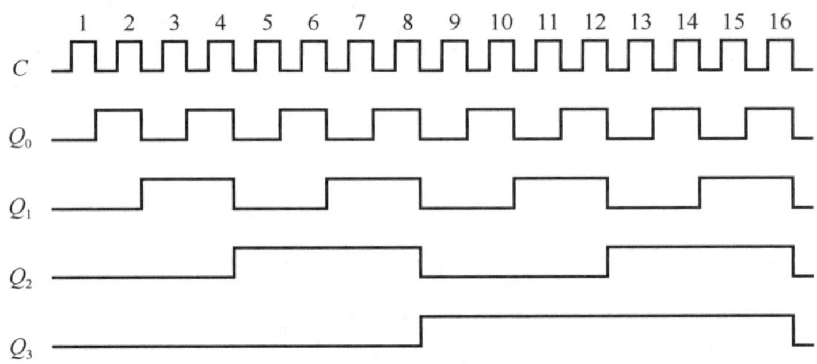

图 9.30　如图 9.29 所示的二进制加法计数器的波形

在如图 9.29 所示的计数器中，不同触发器的输出信号 Q 为 1 代表的脉冲数不同。Q_0=1 表示有 1 个脉冲，Q_1=1 表示有 2 个脉冲，Q_2=1 表示有 4 个脉冲，Q_3=1 表示有 8 个脉冲。所以，四位二进制计数器共可计入 8+4+2+1=15 个脉冲（$Q_3Q_2Q_1Q_0$=1111），当第 16 个计数脉冲到来后，各触发器 Q 端的状态全变为 0，同时由 Q_3 端向第五位数对应的触发器（如果有）输出一个进位脉冲。由于在如图 9.29 所示的计数器中只有 4 个触发器，因此这一进位脉冲将丢失，这一现象被称为计数器的溢出。n 位二进制加法计数器能记录的最大二进制数为 2^n-1，当第 2^n 个计数脉冲到来时，将产生溢出，该计数器的各触发器也将全部翻转成 0 态。

由以上分析可知，如图 9.29 所示的计数器的 Q 端的状态变化情况符合表 9.3，所以它实现了四位二进制加法计数功能。

2．同步二进制加法计数器

异步二进制计数器的电路连接简单，但工作速度较慢。若要提高工作效率，可采用同步计数器。同步计数器在工作时，计数脉冲同时供给各位对应的触发器，作为每个触发器的时钟脉冲。但是，触发器在时钟脉冲的作用下能否翻转，取决于该触发器输入控制端的状态。显然，除最低位触发器外，其他触发器都不能像异步计数器那样接成T′触发器。因此，同步计数器的逻辑电路比异步计数器复杂。

同步二进制加法计数器中的各触发器输入控制的规律可以在表 9.3 中查找。由表 9.3 可以看出，计数器中最低位触发器每接收一个计数脉冲就翻转一次，而其他触发器则要在比它低的位对应的各触发器输出端 Q 全都为 1 时才能翻转。因此，在用由 4 个主从型 JK 触发器构成的四位同步二进制计数器时，可用低位对应的触发器的输出端 Q 来控制高位触发器，如图 9.31 所示。

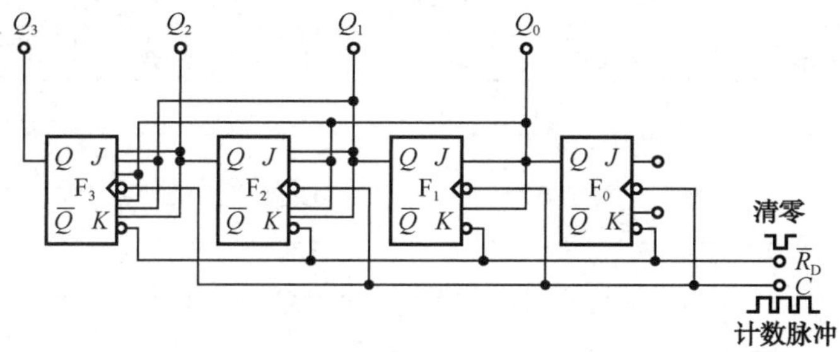

图 9.31　由主从型 JK 触发器组成的四位同步二进制加法计数器

当某个触发器的各低位对应的触发器的 Q 端全部为 1 时，该触发器的所有 J 端、K 端都为 1，时钟脉冲（计数脉冲）到来后它便翻转。相反，只要有一个低位对应的触发器的 Q 端不为 1，该触发器的 J 端、K 端就会有一个为 0，因此它就不会翻转。因此，各触发器的翻转条件可以用逻辑函数式（也称触发器的驱动方程）表示，具体如下。

F_0：每来一个数字脉冲就翻转一次，$J_0=K_0=1$。

F_1：在 $Q_0=1$ 时再来一个脉冲才翻转，$J_1=K_1=Q_0$。

F_3：在 $Q_1=Q_0=1$ 时再来一个脉冲才翻转，$J_2=K_2=Q_1Q_0$。

F_3：在 $Q_2=Q_1=Q_0=1$ 时再来一个脉冲才翻转，$J_3=K_3=Q_2Q_1Q_0$。

图 9.31 所示的四位同步二进制加法计数器各触发器 Q 端状态变化情况及其波形图与异步计数器的相同。

从图 9.30 可以看出二进制计数器每输入两个计数脉冲，最低位对应的触发器 F_0 的 Q 端就输出一个脉冲，即 Q_0 端输出的脉冲数为输入计数脉冲数目的一半，而 Q_3 端输出的脉冲数为输入计数脉冲数目的 1/16。计数器输出的脉冲数目低于输入脉冲数目，这种情况被称为分频，许多数字电路需要具有这种功能。实现分频功能的电路被称为分频器。分频器输出脉冲频率是输入脉冲频率的几分之一，就称其为几分频器。例如，一位二进制计数器可作为二分频器，四位二进制计数器可作为十六分频器，后面介绍的十进制计数器也可作为十分频器。

3．二进制减法计数器

二进制数加法运算的规则是 1+1=10，本位由 1→0，并且向高位进一位，在异步计数器中，此进位脉冲使高位对应的触发器翻转。二进制数减法运算的规则是 10−1=01，本位由 0→1，并且从高位借一位，在异步计数器中，此借位脉冲使高位对应的触发器翻转。

减法和加法使高位对应的触发器发生翻转的条件正好相反，因此异步加法计数器和异步减法计数器中各触发器级间的连接方式应相反。具体方法是，对于由下降沿触发的触发器构成的计数器，在加法计数器中将前级（低位）触发器的 Q 端接至后级（高位）触发器的 C 端；在减法计数器中将前级触发器的 $\overline{Q}$ 端接至后级触发器的 C 端。对于由上升沿触发的触发器构成的计数器，级间连接方式恰好相反：在构成加法计数器时，要将前级触发器的 $\overline{Q}$ 端接到后级触发器的 C 端；在构成减法计数器时，要将前级触发器的 Q 端接到后级触发器的 C 端。

表 9.4 所示为四位二进制减法计数器的状态表。从表 9.4 中可以看出，随着输入计数脉冲数的递增，计数器的数值依次递减。需要注意的是，减法计数器开始计数前不是先清零，而是先置数。

表 9.4　四位二进制减法计数器的状态表

计数脉冲数	Q_3	Q_2	Q_1	Q_0	十 进 制 数
0	1	1	1	1	15
1	1	1	1	0	14
2	1	1	0	1	13
3	1	1	0	0	12
4	1	0	1	1	11
5	1	0	1	0	10
6	1	0	0	1	9
7	1	0	0	0	8
8	0	1	1	1	7
9	0	1	1	0	6
10	0	1	0	1	5
11	0	1	0	0	4
12	0	0	1	1	3
13	0	0	1	0	2
14	0	0	0	1	1
15	0	0	0	0	0
16	1	1	1	1	15

表 9.4 中是将各触发器全置 1，使计数器的初始状态为“1111”，即能表示的最大数值是 15。第 15 个计数脉冲来到后，计数器减至 0，此时若再来第 16 个计数脉冲，计数器将恢复为“1111”状态。在同步二进制减法计数器中，各触发器输入端的规律可根据表 9.4 得出，最低位对应的触发器的 Q 端输出的信号全为 0（$\overline{Q}$ 端输出的信号全为 1）时才能翻转。因此，只要将前述同步二进制加法计数器中各触发器的翻转条件中的 Q 改成 $\overline{Q}$，就可以得到相应的减法计数器的翻转条件，即

F_0：$J_0=K_0=1$。

F_1：$J_1=K_1=\overline{Q}_0$。

F_2：$J_2=K_2=\overline{Q}_1\overline{Q}_0$。

F_3：$J_3=K_3=\overline{Q}_2\overline{Q}_1\overline{Q}_0$。

根据上述条件，只要将图 9.31 中各 J 端、K 端从接前级的 Q 端改为接 $\overline{Q}$ 端，就可以得到一个与之对应的减法计数器。当然，为了能在计数开始前将各触发器全置 1，需将各个 $\overline{S}_D$ 端连在一起，并且在计数脉冲到来前，在 $\overline{S}_D$ 端加一个“置 1”负脉冲。

9.3.2　十进制计数器逻辑功能的描述方法

十进制计数器是在二进制计数器的基础上得到的，用四位二进制数来代表十进制数的每一位，所以也称为二—十进制计数器。

前面介绍的最常用的 8421 编码方式是用四位二进制数 0000～1001 来表示十进制数 0～9 的 10 个数码，而去掉 1010～1111 这 6 个数。采用 8421 码的十进制计数器在结构上与二进制计数器基本相同，每一位十进制计数器由 4 个触发器组成。但在十进制加法计数器中，当计数到 9，即 4 个触发器的状态为 1001 时，再来一个计数脉冲，这 4 个触发器不能像二进制加法计数器那样翻转成 1010，必须翻转成 0000，这是十进制加法计数器与四位二进制加法计数器的不同之处。表 9.5 所示为十进制加法计数器的状态表。

表 9.5　十进制加法计数器的状态表

计数脉冲数	二进制数				十进制数
	Q_3	Q_2	Q_1	Q_0	
0	0	0	0	0	0
1	0	0	0	1	1
2	0	0	1	0	2
3	0	0	1	1	3
4	0	1	0	0	4
5	0	1	0	1	5
6	0	1	1	0	6
7	0	1	1	1	7
8	1	0	0	0	8
9	1	0	0	1	9
10	0	0	0	0	进位

对于十进制加法计数器而言，为了实现上述第 10 个脉冲到来时由 1001 变为 0000，而不是变为 1010，要求第二位对应的触发器 F_1 不得翻转，仍保持 0 态，第四位对应的触发器 F_3 必须由 1 态翻转为 0 态。若二进制加法计数器仍由 4 个主从型 JK 触发器组成，则应将触发器 F_1 和触发器 F_3 的 J 端、K 端的逻辑关系修改如下。

F_1：在 $Q_0=1$ 且 $Q_3=0$ 时，再来一个脉冲翻转；在 $Q_3=1$ 时，不得翻转，所以驱动方程为 $J_1=Q_0\overline{Q}_3$，$K_3=Q_0$。

F_3：在 $Q_2=Q_1=Q_0=1$ 时，再来一个脉冲翻转，并在第 10 个脉冲到来时由 1 翻转为 0，所以驱动方程为 $J_3=Q_2Q_1Q_0$，$K_3=Q_0$。

触发器 F_0 和触发器 F_2 的 J 端、K 端的逻辑关系仍与四位二进制加法计数器相同，即

F_0：$J_0=K_0=1$。

F_2：$J_2=K_2=Q_1Q_0$。

可见，只有 F_1 触发器的 J 端和 F_3 触发器的 K 端的逻辑关系与四位二进制加法计数器不同。

采用 8421 码的十进制减法计数器与四位二进制减法计数器的不同之处在于：当计数到 0，即 4 个触发器的状态为 0000 时，再来一个计数脉冲，这 4 个触发器应翻转成 1001，而不是像二进制减法计数器那样翻转成 1111。

9.3.3 其他进制计数器与集成计数器逻辑功能的描述方法

除上述二进制计数器和十进制计数器外，有时还需要其他进制计数器。N 进制计数器，即每来 N 个计数脉冲，计数器的状态就循环一次。这些计数器若采用 8421 编码方式，则其构成方法与十进制计数器类似，即改变各触发器的连线或附加控制门，以使计数器跳过二进制计数器的某些状态。

> **提示**：对于同步计数器，由于计数脉冲连接到每个触发器的 C 端，触发器的状态翻转与否应由驱动方程判断；对于异步计数器，同时还应考虑各触发器的 C 端脉冲是否出现。

随着电子技术的发展，已经有很多性能好、功能多的中规模集成计数器。

1．集成同步计数器

1）74LS161

图 9.32（a）所示为同步四位二进制加法计数器 74LS161 的逻辑功能示意图，图 9.32（b）所示为引脚排列图，其中 CP 端为计数脉冲输入端；$\overline{CR}$ 端为清零输入端，低电平有效；$\overline{LD}$ 端为预置数控制输入端，低电平有效；D_3 端、D_2 端、D_1 端、D_0 端为数据输入端；CT_P 端、CT_T 端为选择输入端；Q_3 端、Q_2 端、Q_1 端、Q_0 端为状态输出端，CO 端为进位输出端，有 $CO=CT_T\cdot Q_3\cdot Q_2\cdot Q_1\cdot Q_0$。74LS161 的功能表如表 9.6 所示，表中的“×”表示该信号为任意状态。

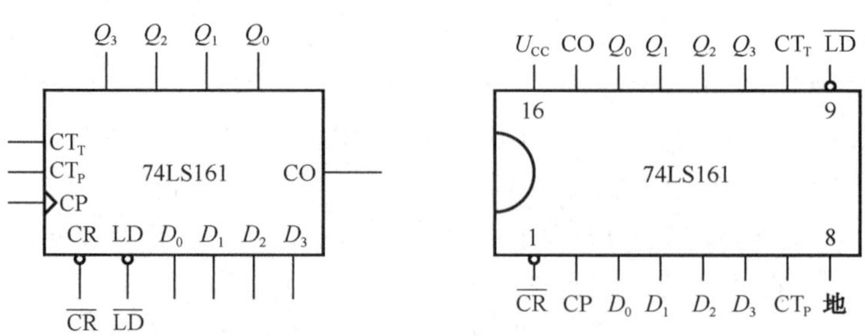

（a）逻辑功能示意图　　（b）引脚排列图

图 9.32　集成同步计数器

表 9.6 74LS161 的功能表

清零	预置	使	能	时钟	预置数据输入				输	出			工作模式
$\overline{CR}$	$\overline{LD}$	CT_T	CT_P	CP	D_3	D_2	D_1	D_0	Q_3	Q_2	Q_1	Q_0	
0	×	×	×	×	×	×	×	×	0	0	0	0	异步清零
1	0	×	×	↑	d_3	d_2	d_1	d_0	d_3	d_2	d_1	d_0	同步置数
1	1	0	×	×	×	×	×	×	保持				数据保持
1	1	×	0	×	×	×	×	×	保持				数据保持
1	1	1	1	↑	×	×	×	×	计数				加法计数

2）集成计数器的应用

数字集成电路中的计数器产品许多型号，利用这些数字集成电路可以实现需要的计数功能和时序逻辑功能。在设计时序逻辑电路时有两种方法：一种为反馈清零法；另一种为反馈置数法。

反馈清零法利用反馈逻辑电路产生一个让集成计数器复位的信号，使计数器各输出端为零（清零）。反馈电路一般是组合逻辑电路，将计数器的部分输出或全部输出作为其输入，在计数器一定的输出状态下即时产生复位信号，使计数电路同步或异步复位。

反馈置数法将反馈逻辑电路产生的信号送到计数电路的置位端，在满足条件时，计数电路输出状态为给定的二进制码。下面通过举例说明它们的具体使用方法。

【例 9.5】 试用一片 74LS161 组成一位十二进制同步加法计数器。

【解】 分别用反馈清零法和反馈置数法来实现。

（1）反馈清零法。十二进制同步加法计数器应该有 12 种计数状态，即 74LS161 从 $Q_3Q_2Q_1Q_0$=0000 开始到 $Q_3Q_2Q_1Q_0$=1011。在下一个 CP 脉冲作用后，计数器输出变为 0000。因为 74LS161 是异步清零的，只要 $\overline{CR}$=0，输出就变为 0000，这个过程不受时钟脉冲 CP 控制，所以计数要计到 $Q_3Q_2Q_1Q_0$=1100 状态再通过门电路控制 $\overline{CR}$ 端，即 $\overline{CR}=\overline{Q_3Q_2}$，连接电路如图 9.33 所示。

（2）反馈置数法。反馈置数法通过反馈产生置数信号 $\overline{LD}$，将预置数 $D_3D_2D_1D_0$ 预置到输出端。74LS161 是同步置数的，$\overline{LD}$ 和 CP 都有效才能置数，因此 $\overline{LD}$ 应先于 CP 出现。在本例中，输出为 1011（十进制数为 11）时就应反馈控制 $\overline{LD}$，所以 $\overline{LD}=\overline{Q_3Q_1Q_0}$，连接电路如图 9.34 所示。

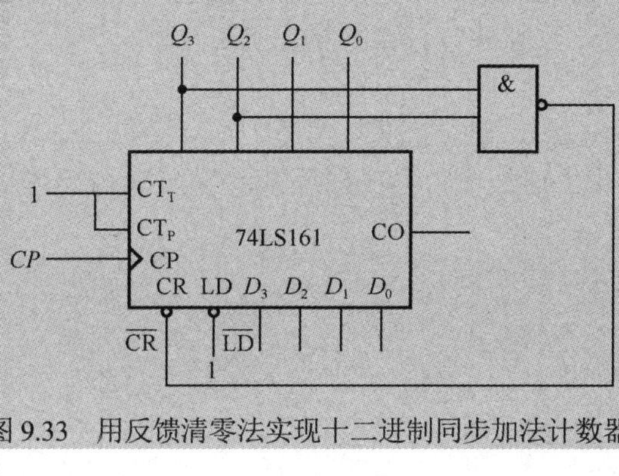

图 9.33 用反馈清零法实现十二进制同步加法计数器

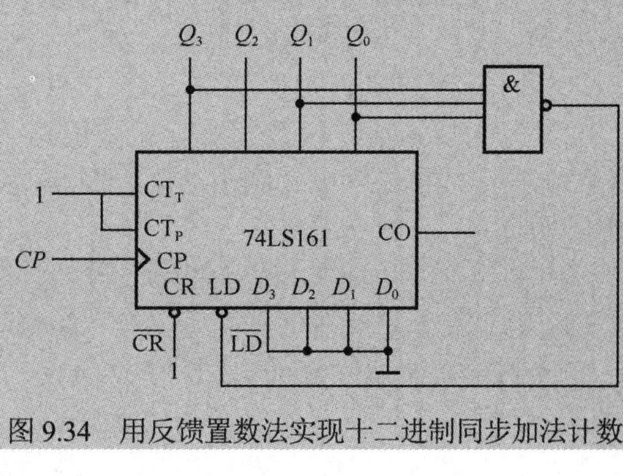

图 9.34 用反馈置数法实现十二进制同步加法计数器

2．集成异步计数器

图 9.35（a）所示为集成异步二—五—十进制计数器 CT74LS290 的电路结构框图（未画出置 0 输入端和置 9 输入端）。由图 9.35（a）可看出，CT74LS290 由一个二进制计数器和一个五进制计数器组成。图 9.35（b）所示为 CT74LS290 的逻辑功能示意图，图中 R_{0A} 和 R_{0B} 为置 0 输入端，S_{9A} 和 S_{9B} 为置 9 输入端。表 9.7 所示为 CT74LS290 的功能表，其中“×”表示任意状态。

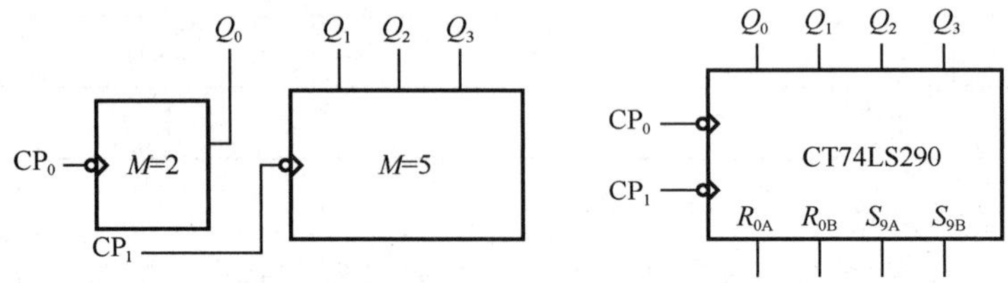

（a）电路结构框图　　（b）逻辑功能示意图

图 9.35　CT74LS290 的电路结构框图和逻辑功能示意图

表 9.7　CT74LS290 的功能表

输入					输出				功能
$R_{0A}\cdot R_{0B}$	$S_{9A}\cdot S_{9B}$	CP			Q_3	Q_2	Q_1	Q_0	
		CP_0	CP_1	顺序					
1	0	×	×	—	0	0	0	0	异步置 0
×	1	×	×	—	1	0	0	1	异步置 9
0	1	↓	↓	0	0	0	0	0	2～5 进制计数
				1	0	0	0	1	
				2	0	1	0	0	
				3	0	1	1		
				4	1	0	0		
				5	0	0	0		

利用异步计数器的异步置 0 功能，可以方便地获得 N 进制计数器。只要异步置 0 输入端出现置 0 信号，计数器便立刻被置 0。因此，在利用异步置 0 输入端获得 N 进制计数器时，应在输入第 N 个计数脉冲 CP 后，通过控制电路（或反馈电路）产生一个置 0 信号加到置 0 输入端，使计数器置 0，从而实现 N 进制计数，具体方法如下。

用 S_1、S_2……S_N 表示输入 1 个、2 个……N 个计数脉冲时计数器的状态。

（1）写出 N 进制计数器状态 S_N 的二进制代码。

（2）写出反馈清零函数。实际上是根据 S_N 写出置 0 端的逻辑表达式。

（3）画连线图。可以先画出 8421 码十进制计数器连线图，再根据反馈清零函数画反馈复位连线图。

【例 9.6】 试用 CT74LS290 构成 8421 码六进制计数器。

【解】（1）写出 S_6 的二进制代码：S_6=0110。

（2）写出反馈清零函数，即

$$R_0 = R_{0A}\cdot R_{0B} = Q_2\cdot Q_1$$

（3）画连线图，如图 9.36 所示。

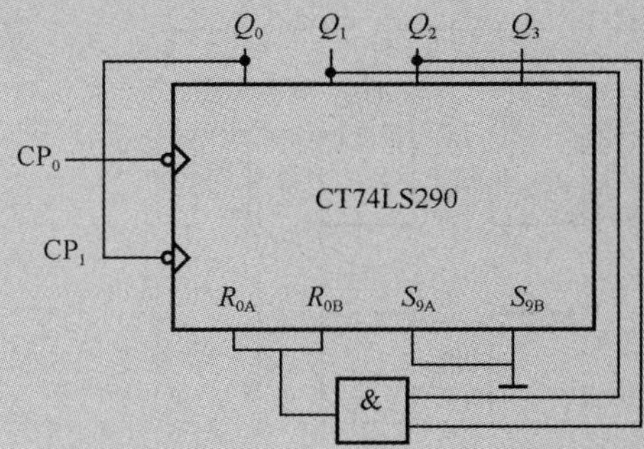

图 9.36　用 CT74LS290 构成的 8421 码六进制计数器

9.4　555 定时器及其应用

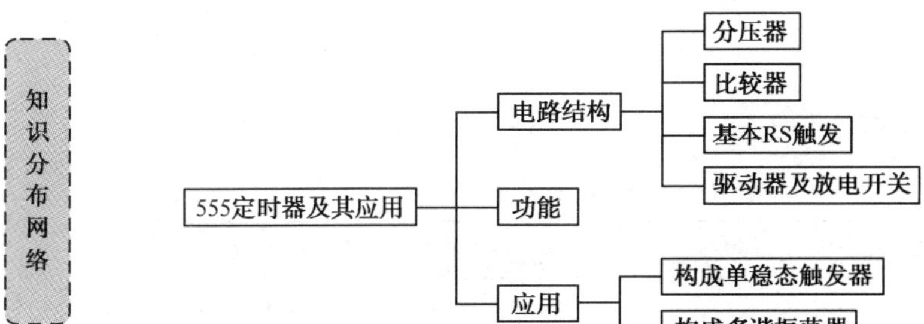

555 定时器又称 555 时基电路，是一种多用途的数字/模拟混合集成电路。该电路只需外接少量阻容元器件，就可以构成各种功能电路，因此在波形产生与变换、控制与检测及家用电路等领域被广泛应用。

9.4.1　555 定时器的电路结构

1．电路结构

555 定时器内部原理电路如图 9.37（a）所示，引脚排列图如图 9.37（b）所示。

555 定时器一般由分压器、比较器、基本 RS 触发器、驱动器及放电开关组成。

（1）分压器。分压器由 3 个 5kΩ电阻组成，串联在电源电压 U_{CC} 与地之间，它的作用是为两个比较器提供基准电压。

（2）比较器。比较器 A_1、比较器 A_2 由两个结构相同的集成运算放大器构成，比较器 A_1 的反相输入端 TH 为高电平触发端，比较器 A_2 的同相输入端 $\overline{TR}$ 为低电平触发端。

（3）基本 RS 触发器。基本 RS 触发器由两个与非门组成，其输出信号 Q 取决于两个比较器的输出信号。$\overline{R}_D$ 端为直接复位端。若 $\overline{R}_D=0$，则无论触发器是什么状态，都将强行复位，使 $Q=0$。

（4）驱动器及放电开关。驱动器即反相器 D_3，用于提高定时器的负载能力并隔离负载对定时器的影响。放电开关晶体管 VT 的基极受与非门 D_1 控制。当 $Q=0$，$\overline{Q}=1$ 时，VT 导通，放电端 D 通过导通的 VT 为外电路提供放电通路；当 $Q=1$，$\overline{Q}=0$ 时，VT 截止，放电通路阻断。

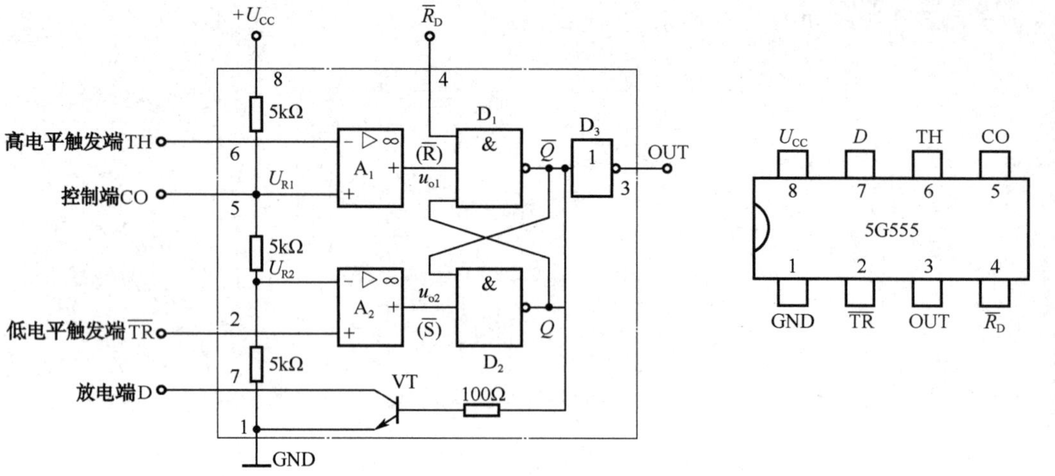

（a）内部原理电路　　　　（b）引脚排列图

图 9.37　555 定时器

2．功能

555 定时器的功能表如表 9.8 所示，其中“×”表示任意状态。

表 9.8　555 定时器的功能表

TH(6)	$\overline{TR}$(2)	$\bar{R}_D$(4)	OUT(3)	放电管 VT
×	×	0	0	导通
$>\frac{2}{3}U_{CC}$	$>\frac{1}{3}U_{CC}$	1	0	导通
$<\frac{2}{3}U_{CC}$	$>\frac{1}{3}U_{CC}$	1	不变	不变
$<\frac{2}{3}U_{CC}$	$<\frac{1}{3}U_{CC}$	1	1	截止

9.4.2　555 定时器构成的单稳态触发器及其应用

单稳态触发器具有一个稳态和一个暂稳态，在无外加触发脉冲时，电路处于稳态；在外加触发脉冲作用下，电路由稳态进入暂稳态。电路维持一段时间暂稳态后，又自动返回稳态其中暂稳态维持时间的长短取决于电路中使用的定时元器件的参数，与外加触发脉冲无关。

1．电路组成

555 定时器构成的单稳态触发器的电路图如图 9.38（a）所示，555 定时器的 6 脚和 7 脚相连并与定时元件电阻 R、电容 C 相连，2 脚接输入触发信号。

2．工作原理

1）稳态阶段

输入端未加负向脉冲时，u_i 为高电平 U_{CC}，即 $U_{\overline{TR}}>\frac{1}{3}U_{CC}$。在电源接通的瞬间，电路

一个稳定过程，即电源通过电阻 R 对电容 C 充电，当 u_C 上升至 $\frac{2}{3}U_{CC}$ 时，输出为 0，VT 导通，电容 C 快速放电，即 $U_{TH}=u_C=0<\frac{2}{3}U_{CC}$，电路保持 0 态不变。所以，在接通电源后，电路经过一段时间后，输出稳定在 0 态。

2）触发翻转阶段

当输入端加入负脉冲 u_i 时，$U_{\overline{TR}}=u_i<\frac{1}{3}U_{CC}$，并且 $U_{TH}=u_C<\frac{2}{3}U_{CC}$，则输出由 0 态翻转为 1 态，VT 截止，定时开始。

3）暂稳态维持阶段

电路翻转为 1 态后，此时触发脉冲已消失，u_i 恢复为高电平。因 VT 截止，电源经电阻 R 对电容 C 充电，$\tau_{充}=RC$，$U_{TH}=u_C$ 按指数规律上升，$U_{TH}=u_C<\frac{2}{3}U_{CC}$，维持 1 态不变。

4）自动返回阶段

当 $U_{TH}=u_C$ 上升到 $\frac{2}{3}U_{CC}$ 时，电路由 1 态自动返回到 0 态，VT 由截止变为导通，电容 C 经放电晶体管 VT 对地快速放电，定时结束，电路由暂稳态重新转入稳态。

当下一个触发脉冲到来时，电路重复上述过程。工作波形如图 9.38（b）所示。

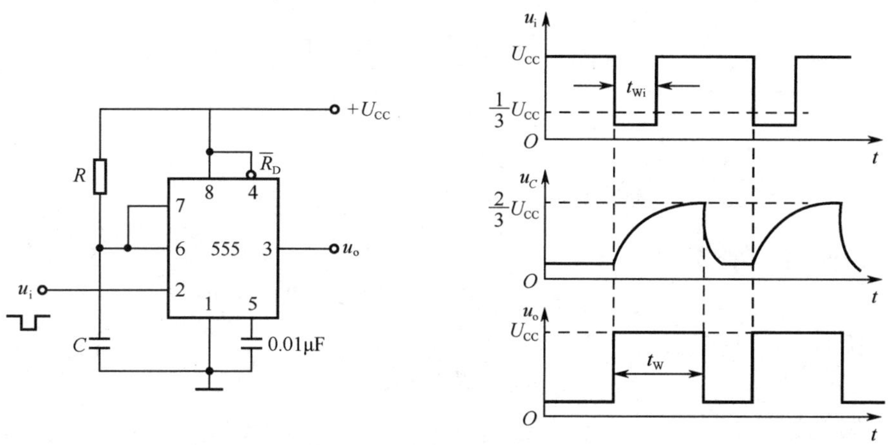

（a）电路图　　（b）工作波形

图 9.38　555 定时器构成的单稳态触发器

电路暂稳态持续时间又被称为输出脉冲宽度，也就是电容 C 充电的时间，由电路可得

$$t_w \approx 1.1RC \tag{9.1}$$

可见输出脉冲的宽度与 R、C 有关，与输入信号无关，调节 R 和 C 可改变输出脉冲的宽度。单稳态触发器被广泛用于整形、定时、延时电路中。

9.4.3　555 定时器构成的多谐振荡器及其应用

多谐振荡器又被称为方波振荡器，是一种无稳态电路，只有两个暂稳态。该电路在接通电源后，无须外加触发信号就可以在两个暂稳态间来回跳变，产生一定频率和幅值的矩形脉冲。由于矩形脉冲波形是由基波和许多高次谐波组成的，所以称之为多谐振荡器。

1．电路组成

如图 9.39（a）所示，555 定时器的 6 脚和 2 脚直接相连，放电端 D 接在电阻 R_1 和电阻 R_2 之间，无外加信号，电阻 R_1、电阻 R_2、电容 C 为定时元件。

2．工作原理

假设在接通电源的瞬间电容 C 没有电压，$U_{TH}=U_{\overline{TR}}=u_C=0V$，则 OUT =1，VT 截止。电源 U_{CC} 通过电阻 R_1、电阻 R_2 对电容 C 充电，$\tau_{充}=(R_1+R_2)C$，电容电压逐渐上升，当 u_C 达到 $\frac{2}{3}U_{CC}$ 时，输出由 1 态翻转为 0 态，同时 VT 导通。充电电流从放电端入地，使电容 C 通过电阻 R_2 及 VT 放电，$\tau_{放}=R_2C$。当 u_C 下降至 $\frac{1}{3}U_{CC}$ 时，输出由 0 态翻转为 1 态，同时 VT 截止，电容 C 又重新充电。以后重复上述过程，获得如图 9.39（b）所示的工作波形。

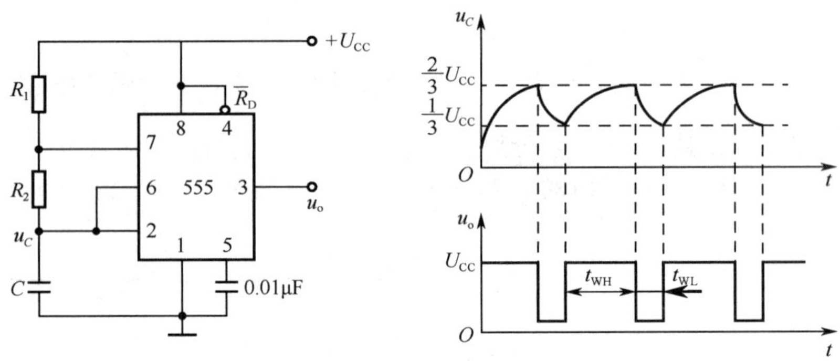

（a）电路图　　（b）工作波形

图 9.39　555 定时器构成的多谐振荡器

电容充电时间：

$$t_{WH}=(R_1+R_2)C\ln 2\approx 0.7(R_1+R_2)C \quad (9.2$$

电容放电时间：

$$t_{WL}=R_2C\ln 2\approx 0.7R_2C \quad (9.3$$

振荡周期：

$$T=t_{WH}+t_{WL}=0.7(R_1+2R_2)C \quad (9.4$$

振荡频率：

$$f=\frac{1}{T}=\frac{1.43}{(R_1+2R_2)C} \quad (9.5$$

占空比：

$$q=\frac{t_{WH}}{T}=\frac{R_1+R_2}{R_1+2R_2} \quad (9.6$$

知识梳理与总结

（1）时序逻辑电路在任一时刻的输出状态不仅取决于同一时刻的输入信号，还与电路的原状态有关。因此，时序逻辑电路中必须包括具有记忆功能的存储器件，触发器是最常用的存储器件，是时序电路的基本单元。

（2）触发器按其稳定工作状态可分为双稳态触发器、单稳态触发器和无稳态触发器（多谐振荡器），其中双稳态触发器的应用范围最广。

（3）寄存器是用于暂存数码的数字器件，主要由具有记忆功能的双稳态触发器构成。寄存器分为数码寄存器和移位寄存器。

（4）计数器是累计输入脉冲数目的器件，主要由双稳态触发器构成。计数器按计数制可分为二进制计数器、十进制计数器、其他进制计数器；按功能可分为加法计数器、减法计数器等。

参考文献

[1] 曲桂英．电工基础及实训[M]．北京：高等教育出版社，2005．

[2] 陆国和．电路与电工技术[M]．北京：高等教育出版社，2003．

[3] 常晓玲．电工技术[M]．西安：西安电子科技大学出版社，2004．

[4] 陆国和．电工实验与实训[M]．北京：高等教育出版社，2001．

[5] 刘志民．电路分析[M]．西安：西安电子科技大学出版社，2002．

[6] 邱海霞．电工与电气设备安装实习[M]．北京：中国建筑工业出版社，2003．

[7] 王浩．电工电子技术基础[M]．北京：清华大学出版社，2009．

[8] 庄丽娟．电子技术基础[M]．北京：机械工业出版社，2010．

[9] 史仪凯．电子技术[M]．北京：科学出版社，2008．

[10] 阎石．数字电子技术基础[M]．北京：高等教育出版社．1981．

[11] 吴劲松．电子产品工艺实训[M]．北京：电子工业出版社，2009．

[12] 严仲兴．数字电路基础[M]．北京：中国铁道出版社，2008．

[13] 陈利永，郑明．数字电路与逻辑设计[M]．北京：中国铁道出版社，2010．

[14] 王兆安，黄俊．电力电子技术[M]．北京：机械工业出版社，2009．

[15] 胡宴如．模拟电子技术[M]．北京：高等教育出版社，2003．

[16] 刘淑英．数字电子技术及应用[M]．北京：机械工业出版社，2007．

[17] 叶致诚，唐冠宗．电子技术基础实验[M]．北京：机械工业出版社，2005．

[18] 何利民，尹全英．简明电工手册（修订版）[M]．北京：中国建筑工业出版社，2002．